国家自然科学基金项目
江西理工大学课程体系建设项目　资助

普通高等教育"十四五"规划教材

冶金工业出版社

地理信息系统基础算法

陈优良　兰小机　编著

U0323073

北　京

冶 金 工 业 出 版 社

2024

内 容 提 要

本书共分 12 章，主要内容包括：绪论；GIS 空间数据结构与空间关系；计算几何基础；空间数据变换算法；空间数据压缩算法；空间数据转换算法；空间度量算法；空间数据索引算法；空间数据内插算法；TIN 与 Voronoi 图构建算法；空间分析算法；空间统计分析算法。

本书可作为高等院校地理信息科学、测绘工程、计算机科学与技术等专业的本科生和研究生教材，也可供从事地理信息系统（GIS）工程的技术人员和研究人员阅读参考。

图书在版编目（CIP）数据

地理信息系统基础算法/陈优良，兰小机编著 .—北京：冶金工业出版社，2024.5

普通高等教育"十四五"规划教材

ISBN 978-7-5024-9833-7

Ⅰ.①地… Ⅱ.①陈… ②兰… Ⅲ.①地理信息系统—算法理论—高等学校—教材 Ⅳ.①P208

中国国家版本馆 CIP 数据核字（2024）第 073489 号

地理信息系统基础算法

出版发行	冶金工业出版社	电 话	(010)64027926
地 址	北京市东城区嵩祝院北巷 39 号	邮 编	100009
网 址	www.mip1953.com	电子信箱	service@ mip1953.com

责任编辑 郭冬艳 美术编辑 吕欣童 版式设计 郑小利
责任校对 梅雨晴 责任印制 窦 唯
北京富资园科技发展有限公司印刷
2024 年 5 月第 1 版，2024 年 5 月第 1 次印刷
787mm×1092mm 1/16；17.25 印张；418 千字；264 页
定价 59.00 元

投稿电话 (010)64027932 投稿信箱 tougao@cnmip.com.cn
营销中心电话 (010)64044283
冶金工业出版社天猫旗舰店 yjgycbs.tmall.com
（本书如有印装质量问题，本社营销中心负责退换）

前　言

地理信息系统（Geographical Information System，GIS）是在计算机硬、软件系统支持下，对整个或部分地球表层（包括大气层）中有关地理分布的空间数据进行采集、储存、管理、运算、分析、显示和描述的技术系统。GIS 是伴随信息化时代计算机技术的发展而兴起的新兴领域。我国自 20 世纪 80 年代开始大力赶超世界先进水平，随着国民经济的全面发展，很快对"信息革命"作出积极响应。在大力开展遥感应用的同时，GIS 也全面进入试验阶段，在典型试验中主要研究数据规范和标准、空间数据库建设、数据处理和分析算法及应用软件的开发等。目前 GIS 已基本达到与国际先进水平齐平，在某些方面甚至还有所超越，已经从一个概念发展为一门科学。

GIS 算法作为地理信息科学的核心，为理解、分析和利用地理空间数据提供了独特而不可或缺的工具。无论是制作详细的地图、执行空间分析、进行地理数据可视化，还是管理庞大的地理数据库，GIS 算法都是不可或缺的工具。"算法"从字面意义上解释，就是用于计算的方法，通过这种方法可以达到预期的计算结果。现在被广泛认可的"算法"专业定义是：算法是模型分析的一组可行的、确定的、有穷的规则。随着 GIS 在各领域的广泛应用，研究 GIS 算法变得愈发重要。作为解决地理科学问题的关键工具，GIS 算法具有独特的特点。首先，GIS 算法虽然旨在解决地理问题，但很多时候它们并不孤立存在，而是在其他学科的研究成果基础上不断借鉴与发展。例如，空间分析中使用的缓冲区算法可以追溯到计算几何学，这种跨学科性质使 GIS 算法更加丰富和多样化。其次，GIS 算法往往需要处理大规模地理信息数据，涉及复杂的空间运算，与简单的数据查询和编辑操作相比，要求更高的计算复杂性。最后，GIS 通常与实际应用和工程开发密切相关，而与通用算法相比，GIS 算法必须应对地理数据的不确定性，这使得问题不容易定性或定量成一个明确的算法任务。

本书以面向对象程序设计语言 C#为基础，充分发挥其面向对象、可读性好、类型安全、可移植性高、丰富的类库支持和并发编程等特性，其中的大部分代码基于.NET Core，支持跨平台开发，覆盖 Windows、Linux 和 MacOS 等多个操作系统。虽然主要以 C#为例，但本书介绍的原理和算法并非限定于特定编程语言，读者可以根据个人偏好选择其他编程语言进行实际开发，这种设计为读者提供更灵活的学习和应用 GIS 算法的方式。本书采用循序渐进的方式，从简单到复杂，确保读者容易掌握。在阐述基本概念和理论时，强调了学术性和文字的流畅性，以帮助读者更好地理解。本书的结构安排具有逐步深入的特点，图例丰富多样，旨在提升读者的理解能力；书中包含了众多实际项目示例，这些项目已经在 Visual Studio 2019 开发环境中经过测试和运行。

本书的读者对象包括地理学、测绘科学与技术、地理信息科学、测绘工程等学科专业的研究生与本科生，以及 GIS 爱好者、计算机开发人员等，GIS 专业人员可通过深入学习提升在项目中的技术水平，而计算机开发人员则能够了解如何在面向对象语言中实现 GIS 算法。同时，学术界的研究人员和 GIS 领域的学生可通过本书深入了解算法的原理和应用，为研究和实践提供有力支持。这有助于读者将理论知识应用到实际实践中，提升他们的编程技能。本书的结构和内容都旨在帮助读者更好地学习和掌握相关主题。

本书是作者根据二十余年的教学经验和科研成果，参考了国内外出版的多种 GIS 算法、GIS 原理以及数据结构等著作，精心组织编写而成的。本书的讲义已在江西理工大学的地理学、测绘科学与技术、测绘工程等学科专业教学中使用，历经多次修改。本书的编写工作得到了江西理工大学相关部门及地理信息科学、测绘工程同仁们的帮助，刘德儿教授、李恒凯教授、康俊锋博士、况润元博士、程小龙博士、贺小星博士、陈文进博士、刘星根博士等给予了很多宝贵建议，同时陆展韬、昝寒莉、祖维涛、范琴、李芊芊、李伟等硕士研究生参与了资料整理、图表制作、代码调试等工作，在此一并致以衷心感谢。

本书是作者多年教学经验的总结和体现，尽管作者写作时非常认真和努力，但由于水平所限，书中难免有疏漏和不妥之处，敬请读者批评指正。

陈优良

2024 年 2 月于江西理工大学三江校区

目　　录

1 绪 论

算法是指完成一个任务所需要的具体步骤和方法。完成同样任务，不同的算法可能使用不同的时间和空间。地理信息系统（Geographical Information System，GIS）算法作为地理信息科学领域中各种问题的分析求解方法，是 GIS 的核心，与地理科学、计算机科学及数学有着千丝万缕的关系。很多 GIS 算法即是从计算几何、图形学、离散数学演化而来，需要借鉴和发展其他学科的研究成果；另外，GIS 算法不同于简单的数据查询与编辑，处理的往往是海量的地理信息，涉及许多复杂的空间运算，并且很多待处理的问题具有不确定性，本书主要从算法的角度来阐述空间图形处理、空间数据处理、空间度量与分析等，内容包括 GIS 几何算法、空间数据变换算法、空间数据压缩算法、空间数据转换算法、空间度量算法、空间数据索引算法、空间数据内插算法、TIN 与 Voronoi 图构建算法、空间分析算法、空间统计分析算法、地形分析算法等。

1.1　什么是算法

"算法"一词最早源于公元 9 世纪波斯数学家比阿勒·霍瓦里松的著作《代数对话录》。算法是指解决问题的准确而完整的描述，是一系列解决问题的明确而有限的程序或步骤，这一系列程序或步骤是清晰、简单的，不包含主观判断，严格遵守了一系列规则。算法的描述方法主要有自然语言、图形、算法语言以及形式语言，其与代码的区别在于算法着重体现思路和方法，程序着重体现计算机的实现。此外，一个算法并不总是有效的，如果一个算法有缺陷，或者不适合于某个问题，那么执行这个算法将不会解决这个问题。有的算法有效，但效率却并不是很高，例如 A 到 B 的曲线路径有效，但效率却不如直线路径高。严格来说，一个算法必须满足以下五个特性：

（1）有穷性：是指算法在执行有限的步骤之后，自动结束而不会出现无限循环，并且每一个步骤在可接受的时间内完成。

（2）确定性：算法的每一个步骤都具有确定的含义，不会出现二义性。算法在一定条件下，只有一条执行路径，相同的输入只能有唯一的输出结果。算法的每个步骤都应该被精确定义而无歧义。

（3）可行性：算法的每一步都必须是可行的，也就是说，每一步都能够通过执行有限次数完成。

（4）有输入性：算法具有零个或多个输入。尽管对于绝大多数算法来说，输入参数都是必要的。但有些算法的表面上没有输入，事实上已经被嵌入算法之中。

（5）有输出性：算法至少有一个或多个输出。它是一组与"输入"有确定关系的量值，是算法进行信息加工后得到的结果，这种确定关系即为算法的功能。

【例 1-1】　下述描述是否为算法？

```
void Samp1( )
{
    int i = 10;
    while( i > = 10) i++;
    Console. Write( i);
}
```

解：上述描述不是算法，违犯了算法的有穷性。

1.2　算法设计

算法设计是在问题求解过程中建立数学过程的一种具体方法。算法设计能力不仅仅体现在简单地应用一些具体算法上，更在于对算法设计方法的全面掌握。只有深入理解算法设计的策略、技术和方法，才能在面对新问题时创造出新的算法。算法设计的任务是设计有效的算法来解决各种问题以及研究、掌握设计算法的规律和方法。要使计算机能完成人们预定的工作，首先必须设计一个算法为解决人们预定的工作，然后再根据算法编写程序来具体解决预定的工作。

1.2.1　算法设计方法

算法设计是一件非常困难的工作，常用的算法设计方法有分治法、动态规划法、贪心算法、回溯法、分支界限法、递推法等。另外，为了更简洁的形式设计和描述算法，在算法设计时又常常采用递归技术，用递归描述算法。

1.2.2　算法设计原则

所谓原则，是指经过长期检验所整理出来的合理化现象。做任何事情都有它本身已有的原则，算法设计也不例外。一个优秀算法的设计应该包括以下基本原则：

（1）正确性。算法的正确性是指算法至少应该具有输入、输出和加工处理无歧义性、能正确反映问题的需要、能够得到问题的正确答案。倘若一个算法自身有错误，或者不适合用于该问题的求解，那么该算法将无法解决问题得到答案。

（2）确定性。算法的确定性是指算法的每一个步骤都具有确定的含义，并执行确定的操作。解决某一问题时，只要输入相同，初始状态相同，则无论执行多少遍，所得结果都应该相同的。

（3）清晰性。算法的清晰性是指组成算法的每条指令都是清晰合理的。算法的设计要模块化，即将一个整体进行分块，分成若干小的、简单的模块，对模块进行独立编写算法，最终组装成一个完整的算法，模块化使算法的结构更加清晰。设计算法的目的是为了让计算机执行，但还有一个重要目的就是为了便于他人的阅读，让人理解和交流，并使算法易于调试和修改。

1.3　算法分析与评价

算法分析是对一个算法的计算时间和存储空间做出定量的分析，通常计算出相应的数量级，通常用算法的时间复杂度（$T(n)$）和空间复杂度（$S(n)$）进行描述，统称为算法复杂度。分析算法的目的在于选择合适算法和改进算法，即降低算法的时间复杂度和空间复杂度，提高算法的执行效率。此外，一个算法的优劣主要从算法的执行时间和所需占用的存储空间两个方面衡量。

1.3.1 算法的时间复杂度

时间复杂度是描述问题规模的函数，它定量描述了运行算法所需的时间，并可以视为对排序数据的总操作次数。一个算法的时间花费与其中语句的执行次数成正比，即语句执行次数越多，算法所需时间越长。语句的执行次数称为语句频度或时间频度，用某个关于 n 的函数 $f(n)$ 表示，其中 n 表示问题规模，用于衡量问题的大小。

所谓语句频度（Frequency Count）即为语句重复执行的次数。例如，下面的程序段：

（1）x=x+1;

（2）for(i=1;i<=n;i++) x++;

（3）for(i=1;i<=n;i++)

　　 for(j=1;j<=n;j++) ++x;

假定（1）中语句 $x+1$ 不在任何的循环中，则语句频度为 1，其执行是一个常数；而在（2）中，同一语句执行 n 次，其频度为 n；显然，在（3）中，语句频度为 n^2。因此，这三个语句的复杂度为 $O(1)$、$O(n)$、$O(n^2)$，它们分别称为常数阶、线性阶和平方阶。算法还可能呈现的时间复杂度有对数阶 $O(\log_2 n)$、指数阶 $O(2^n)$ 等。

由于算法的时间复杂度考虑的只是对于问题规模 n 的增长率，则在难以精确计算基本操作执行次数（或语句频度）的情况下，只需求出它关于 n 的增长率或阶即可。

算法效率的主要指标是基本操作次数的增长次数。小规模输入在运行时间上的差别不足以将高效的算法和低效的算法区别开来，因此我们可以将操作次数的增长率，即 $f(n)$ 的增长速度，作为评估算法效率的主要指标。为了对这些增长次数进行比较和归类，主要是用以下符号进行描述。

1.3.1.1 O 符号

大 O 符号表示上界，小于或等于的意思，即函数在增长到一定程度时总小于一个特定函数的常数倍。

"O" 的数学含义：若存在两个常量 c 和 n_0，当 $n \geq n_0$ 时，有 $T(n) \leq cg(n)$，则记作 $T(n) = O(g(n))$。

时间复杂度通常用大 O 阶表示，即 $T(n) = O(g(n))$。随着模块 n 的增大，算法执行时间的增长率与 $g(n)$ 的增长率成正比，所以 $g(n)$ 越小，算法的时间复杂度越低，算法的效率越高。

例如，$g(n) = 2^n$ 和 $T(n) = n + 2$ 的曲线，如图 1-1 所示。

由图 1-1 看出，当 $n \geq 2$ 时，$g(n) = 2^n$ 总是大于或等于 $T(n) = n + 2$ 的，则 $g(n)$ 的增长速度是大于或者等于 $T(n)$ 的，即 $g(n)$ 是 $T(n)$ 的上界，表示为 $T(n) = O(g(n))$。可以用 $g(n)$ 的增长速度来度量 $T(n)$ 的增长速度，所以我们说这个算法的时间复杂度是 $O(2^n)$。

【例 1-2】 求下列各程序段的时间复杂度。

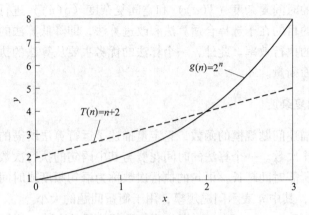

图 1-1 $g(n)$ 与 $T(n)$ 的曲线图

```
(1) void mult(int[,] a, int[,] b, ref int[,] c)
{ for (i=1; i<=n; ++i)
  for (j=1; j<=n; ++j)
  {
    c[i,j]=0;
    for(k=1; k<=n; ++k)
      c[i,j]+=a[i,k]*b[k,j];
  }
}
(2) int sum=0;
    for(int i=1;i<=n;i*=3)
      for(int j=1;j<=i;j++) sum+=i*j;
```

解：程序段（1）实现了两个矩阵相乘，频度最高的语句是 c[i,j] += a[i,k]*b[k, j]，为 n^3，故本程序段的时间复杂度为 $O(n^3)$；程序段（2）中，外层循环执行 $\log_3^n$ 次，外层循环每执行一次，i 就乘以 3，直至大于 n。内层循环执行次数恒为 n。此时，总的循环次数为 $\sum_{i=1}^{\log_3^n} i = O(n\log_3^n)$，则时间复杂度为 $O(n\log_3^n)$。

按数量级递增排列，常见的时间复杂度有常数阶 $O(1)$、对数阶 $O(\lg n)$、线性阶 $O(n)$、线性对数阶 $O(n\lg n)$、平方阶 $O(n^2)$、立方阶 $O(n^3)$、k 次方阶 $O(n^k)$、指数阶 $O(2^n)$ 等，如图 1-2 所示。随着问题规模 n 的不断增大，上述时间复杂度也不断增大，算法的执行效率则越低。

1.3.1.2 Ω 符号

Ω 符号表示下界，大于或等于的意思，即函数在增长到一定程度时总大于一个特定函数的常数倍。

定义：对于足够大的 n，$t(n)$ 的下界由 $g(n)$ 的常数倍确定，即 $t(n) \geqslant cg(n)$，c 为常数，记为 $t(n) \in \Omega(g(n))$。

例如：$n^3 \in \Omega(n^3)$；$n(n+1) \in \Omega(n^2)$；$4n^2+1 \in \Omega(n^2)$

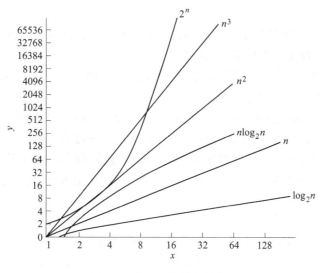

图 1-2 典型函数增长情况

大 Ω 符号的定义与大 O 符号的定义类似,但主要区别是:大 O 符号表示函数在增长到一定程度时总小于一个特定函数的常数倍,大 Ω 符号则表示总大于一个特定函数的常数倍。

1.3.1.3 Θ 符号

Θ 符号既是上界也是下界,等于的意思,即表示函数的增长不大于大 O,也不小于大 Ω。

定义:对于足够大的 n,$t(n)$ 的上界和下界由 $g(n)$ 的常数倍确定,即:$c_1 g(n) \leq t(n) \leq c_2 g(n)$,$c_1$、$c_2$ 为常数;或表示为:$\lim \dfrac{t(n)}{g(n)} = c$,则称 $t(n)$ 和 $g(n)$ 是同一个数量级的函数,记为 $t(n) \in \Theta(g(n))$。

例如:$n^2 + 2n + 1 \in \Theta(n^2)$;$n(n+1)/2 \in \Theta(n^2)$

在解决一个问题时通常会有多种算法可供选择,我们通过对这些算法进行评价来选择出最有效的一种,一个算法的优劣主要从算法的正确性、可读性和复杂性三个方面考虑。其中,算法的正确性在前面也有描述,正确性是评价算法的首要条件,在合理的输入数据时,一个正确的算法能够在有限的执行时间内得到正确的结果。算法的可读性是指人们对算法的理解容易程度,一个算法的可读性好,那么它便于人们的阅读交流和推广,也便于调试及修改。因此,一个算法的简明易懂也是很重要的。此外,一个好的算法通常是时间效率高和需要的存储空间少,但是空间复杂性对一个算法的影响较小,往往是时间复杂性的影响较大,因此这里着重介绍时间复杂性中的最坏情况和平均情况。

每个算法需要耗费一定的时间在计算机中运行,它大致相当于计算机执行比较、赋值等简单操作所需的时间与执行次数的乘积。通常我们把算法中执行简单操作次数的数量称为所有情况的时间复杂度,记为 $T(n)$。对于大多数算法来说,其时间复杂度会根据输入数据的不同而不同,我们考虑的内容主要有以下两类。

(1)最差情况时间复杂度:根据最差输入数据得到的最大值,用 $W(n)$ 表示。

（2）平均情况时间复杂度：根据概率、统计计算出来的对所有输入数据的平均值，用 $A(n)$ 表示。

下面以同一个例子来分析最差情况时间复杂度和平均情况复杂度的计算。将数组中一个项与 x 比较，输入规模 n 为数组中的项数。

最差情况时间复杂度分析：不管 x 是数组中的最后一个项还是 x 不在此数组中，基本运算最多执行 n 次，所以最差情况时间复杂度 $W(n) = n$。

平均情况时间复杂度分析：我们需要分成 x 在数组中和 x 可能不在数组中两种情形来分别分析。当 x 在数组中，数组中的项目各不相同，且 x 处于数组中某个位置的可能性与处于其他位置的可能性无法确定，所以对于 x 在第 k 个位置的概率为 $1/k$；当 x 在 k 位置时，我们找出 x 而进行的基本运算次数为 k，这时可计算出平均情况时间复杂度为：

$$A(n) = \sum_{k=1}^{n} \left(k \times \frac{1}{n} \right) = \frac{1}{n} \times \sum_{k=1}^{n} k = \frac{n+1}{2} \tag{1-1}$$

对于特定问题，平均输入的构成并不明显，平均情况时间复杂度分析的范围很有限，所以我们往往集中于只求最差情况时间复杂度，主要有以下原因：

（1）对部分算法而言，最差情况时常出现。例如，在图书馆检索系统检索某图书时，如果该图书不在图书馆系统内，则检索算法的最差情况会时常出现。

（2）最差情况时间复杂度给出了任何输入运行时间的上界。确定了这个上界，我们就能确保该算法不需要更长的运行时间，这样就不必对算法的运行时间做更复杂的猜测。

（3）平均情况时间复杂度分析必须知道所有输入的分布概率，而且在很多情况下，假设有一个很理想的输入分布，分析也是比较繁杂的。

从上述可知，掌握好算法复杂度的评价尤为重要，这样就能避免把大量的精力投入到低效算法的实现中去。

1.3.2　算法的空间复杂度

空间复杂度是指该算法在计算机内运行时所需存储空间的度量。一个算法在计算机存储器上占用的存储空间，包括存储算法程序占用的存储空间、算法的输入初始数据和输出结果数据占用的存储空间，以及算法在运行过程中所需的额外存储空间这三个方面。算法空间复杂度也是问题规模 n 的函数，记作 $S(n) = O(f(n))$，$f(n)$ 为算法关于 n 所占存储空间的函数。

分析一个算法占用的存储空间要从各方面综合考虑。对于递归算法来说，一般都比较简短，算法本身占用的存储空间较少，但运行时需要一个附加堆栈，从而占用较多的临时工作单元；若写成非递归算法，一般可能比较长，算法本身占用的存储空间较多，但运行时将可能需要较少的存储单元。有的算法需要占用的临时工作单元数与问题规模 n 有关，问题规模 n 越大，算法在运行过程中所需的额外存储空间也越大，例如快速排序和归并排序算法。

1.3.3　算法优化

算法优化的几种常用方法如下：

（1）寻找问题的本质特征，以减少重复操作。算法的复杂度分析不仅能够客观评估算法的优劣，同时还可以对算法的设计本身提供指导，在解决实际问题时，算法设计者需要判断提出的算法是否可行。通过对算法进行事先评估，可以大致了解这个算法的优劣，从而决定是否采用该算法。

（2）尽可能利用前面已有的结论，比如递推法、构造法和动态规划就是这一策略的典型应用，利用以前计算的结果在后面的计算中不需要重复。

（3）时间和空间往往是矛盾的，时间复杂性和空间复杂性在一定条件下也是可以相互转化的，有时候为了提高程序运行的速度，在算法的空间要求不苛刻的前提下，设计算法时可考虑充分利用有限的剩余空间来存储程序中反复要计算的数据，这就是"用空间换时间"策略，是优化程序的一种常用方法。相应的，在空间要求十分苛刻时，程序所能支配的自由空间不够用时，也可以以牺牲时间为代价来换取空间，由于计算机硬件技术发展很快，程序所能支配的自由空间一般比较充分，这一方法在程序设计中不常用到。

1.4 算 法 描 述

算法描述（Algorithm Description）指的是用自然语言、伪代码或计算机语言给出算法的详细描述。未做特别说明，本书采用面向对象程序设计语言 C#来描述，下面介绍 C#语言描述算法的相关内容。

1.4.1 类

（1）类的定义。将数据和对数据的操作视为一个整体，符合人们对现实世界的思维习惯。类的定义形如：

```
[类修饰符] class 类名[:基类类名]
{
    类的成员
}
```

类是一种自定义的数据类型，可以包括字段、属性、方法等。例如，下面声明了一个 Rectangle 类：

```
public class Rectangle
{
private float width;
private float height;
public Rectangle(float width, float height)
    {
    this. width = width;
    this. height = height;
    }
}
```

一旦声明了一个类，就可以用它作为数据类型来定义对象。例如，以下定义了 Rectangle 类的一个对象 r1：

```
Rectangle r1 = new Rectangle(3.5f,10);
```

（2）自引用的类。算法中经常会有指针，为了提高安全性，这里采用自引用的类（self-referential class）来表示指针。自引用的类包含一个指向同一类的引用成员，例如：

```
public class Node
{
  object data;
  Node next;
}
```

1.4.2　数据表示

算法中的数据可以用类中的字段来表示，例如：

```
public class A
{
  private int x = 123;
  public int x
  {
    get{return x;}
    set{x = value;}
  }
}
```

可以使用语句 A a1 = new A(); 创建类 A 的对象 a1，然后通过 a1. X 对字段进行读写。

有时为了在同一个类的不同对象之间共享数据，还会用到静态字段，定义静态字段只需要加上 static 即可，例如：

```
public class B
{
public static string code = "000000";
}
```

静态字段要通过"类名．静态字段名"来访问。

1.4.3　操作表示

算法中的操作可以用类中的方法来表示，定义方法时需要指定访问级别、返回值、方法名称以及方法的参数。面向对程序设计语言一般有两个特殊的方法（函数）：构造函数和析构函数。构造函数是当对象创建时首先自动执行的函数，主要用于为类中的实例变量赋初值。析构函数是当实例（也就是对象）从内存中销毁。

例如，下面代码中的 Rectangle 为构造函数，用来初始化参数，CalcArea 为自定义方法，用来计算矩形面积。

```
public class Rectangle
{
    private float width;
    private float height;
    public Rectangle(float width, float height)
    {
        this. width = width;
        this. height = height;
    }
    public float CalcArea()
    {
        return this. width * this. height;
    }
}
```

1.5 常 见 算 法

计算机常见算法包括冒泡排序、选择排序、插入排序、快速排序等排序算法，线性查找、二分查找和哈希查找等查找算法，分治算法，动态规划算法，贪心算法，回溯算法和分类算法等。

1.5.1 递归算法

递归算法是一种解决问题的方法，其中函数在解决问题时会调用自身。递归在计算机科学和编程中非常常见，特别是在解决涉及树形结构、分治策略、分支问题等的情况下，它往往使算法的描述简洁而且易于理解。

递归算法的实质是将一个问题转化为规模更小的同类问题的子问题，然后递归调用函数（或过程）来表示问题的解。利用递归算法解决问题的特点：（1）递归就是在过程或函数里调用自身。（2）在使用递归策略时，必须有一个明确的递归结束条件，称为递归出口。（3）递归算法解题通常显得很简洁，但递归算法解题的运行效率较低，所以一般不提倡用递归算法设计程序。（4）在递归调用的过程中系统为每一层的返回点、局部量等开辟了栈来存储。虽然递归算法可以使问题更具可读性，但在实际编程中需要小心处理递归深度和性能问题，以免导致堆栈溢出或效率低下。

解递归题的关键在于：需要根据以上递归的特点判断题目是否可以用递归来解，经过判断可以用递归后，解题的基本步骤是：

（1）先定义一个函数，明确这个函数的功能。由于递归的特点是问题和子问题都会调用函数自身，所以这个函数的功能一旦确定了，之后只要找寻问题与子问题的递归关系即可。

（2）寻找问题与子问题间的关系（即递推公式），这样由于问题与子问题具有相同解决思路，只要子问题调用步骤（1）定义好的函数，问题即可解决。所谓的关系最好能用一个公式表示出来，如 $f(n) = n * f(n-1)$，如果暂时无法得出明确的公式，可以用伪代码表示；发现递推关系后，要寻找最终不可再分解的子问题的解，即用临界条件来确保子问题不会无限分解下去。由于步骤（1）中已经定义了这个函数的功能，所以当问题拆分成子问题时，子问题可以调用步骤（1）定义的函数，符合递归的条件（函数里调用自身）。

（3）将步骤（2）中的递推公式用代码表示出来补充到步骤（1）定义的函数中。

（4）最后也是很关键的一步，根据问题与子问题的关系，推导出时间复杂度。如果发现递归时间复杂度不可接受，则需转换思路对其进行改造，寻找是否有更合适的解法。

【例 1-3】 编程实现用递归算法计算数值的阶乘。

解： 检查输入的 n 是否小于或等于 1，如果是，直接返回 1，因为 0 的阶乘和 1 的阶乘都是 1。如果 n 大于 1，那么函数递归地调用自身，将 n 减去 1，然后将结果乘以 n，以计算 n 的阶乘。

具体实现过程如下：

（1）在 Visual Studio 中新建一个 Windows 应用项目 CalculateFactApp。

（2）定义 CalculateFactorial（int n）方法，代码如下：

```
private long CalculateFactorial(int n)
{
    //基本情况:当 n 等于 0 或 1 时,阶乘为 1
    if (n <= 1) return 1;
    //递归情况:n 阶阶乘等于 n 乘以(n-1)阶阶乘
    else
    {
        return n * CalculateFactorial(n - 1);
    }
}
```

（3）创建 Form1 类，添加 2 个文本框（TextBox）、1 个按钮（Button）以及 2 个标签（Label），设计界面如图 1-3（a）所示。主要事件代码如下：

```
public void button1_Click(object sender, EventArgs e)
{
    if (int.TryParse(textBox1.Text, out int n) && n >= 0)
    {
        long Result = CalculateFactorial(n);
        textBox2.Text = Result.ToString();
    }
    else
    {
        MessageBox.Show("请输入一个非负整数。", "输入错误", MessageBoxButtons.OK, MessageBoxIcon.Error);
    }
}
```

（4）调试运行：输入数字 6，测试结果显示 6 的阶乘为 720，测试结果如图 1-3（b）所示。

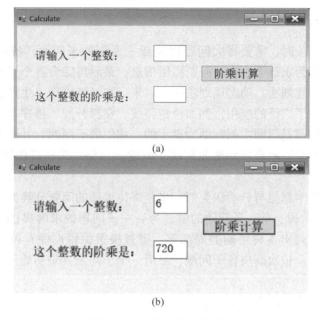

图 1-3　n 阶乘计算实践项目
（a）设计界面；（b）测试结果

1.5.2　分治法

分治就是把问题分成若干子问题，然后"分而治之"。分治策略是：对于一个规模为 n 的问题，若该问题可以容易地解决（比如，规模 n 较小）则直接解决，否则将其分解为 k 个规模较小的子问题，这些子问题互相独立且与原问题形式相同，递归地求解这些子问题，然后将各子问题的解合并得到原问题的解。依据分治法设计程序时的思维过程实际上就是类似于数学归纳法，找到解决本问题的求解方程公式，然后根据方程公式设计递归程序。使用分治法可以求解一些经典问题，比如二分搜索、大整数乘法、合并排序以及快速排序等。

分治法能解决的问题一般具有以下特征：

（1）该问题的规模缩小到一定程度就可以容易地解决。

（2）该问题可以分解为若干个规模较小的相同问题，即该问题具有最优子结构性质。

（3）利用该问题分解出的子问题的解可以合并为该问题的解。

（4）该问题分解出的各个子问题是相互独立的，即子问题之间不包含公共的子问题。

分析以上特征认为：特征（1）是绝大多数问题都可以满足的，因为问题的计算复杂性一般是随着问题规模的增加而增加。特征（2）是应用分治法的前提，它也是大多数问题可以满足的，此特征反映了递归思想的应用。特征（3）是关键，分治法的可用性完全取决于问题是否具有该特性，如果具备了特征（1）和特征（2），而不具备特征（3），则可以考虑用贪心法或动态规划法。特征（4）涉及分治法的效率，如果各子问题是不独立的则分治法要做许多不必要的工作，重复地解公共的子问题，此时虽然可用分治法，但一般用动态规划法较好。

1.5.3 动态规划法

有些问题难以解决时，需要将大问题拆分成一系列的子问题，按顺序依次求解子问题，前一子问题的解为求解下一个子问题提供信息，最后再综合各个子问题的解求出大问题的解，这就是动态规划法。动态规划法问世以来，在经济管理、生产调度、工程技术和最优控制等方面得到了广泛的应用，例如最短路线、资源分配、排序等问题。动态规划法与分治法类似，它们都是问题实例归纳为更小的、相似的子问题，并通过求解子问题产生一个全局最优解。但是，动态规划法先解决子问题，存储结果在后面需要时再调用结果，而不是重新计算。

动态规划法的基本思想与分治法类似，也是将待求解的问题分解为若干个子问题（阶段），按顺序求解子阶段，前一子问题的解，为后一子问题的求解提供了有用的信息。在求解任一子问题时，列出各种可能的局部解，通过决策保留那些有可能达到最优的局部解，丢弃其他局部解。依次解决各子问题，最后一个子问题就是初始问题的解。动态规划法的步骤如下：

（1）刻画最优解的结构特征，并分析其性质；

（2）递归地定义最优解；

（3）采用自底向上或者自顶向下的方法计算最优解；

（4）根据计算得出的结果，构造问题的最优解。

动态规划法的主要难点在于理论上的设计，也就是上面 4 个步骤的确定，一旦设计完成，实现部分就会非常简单。使用动态规划法求解问题，最重要的就是确定动态规划三要素：

（1）问题的阶段；

（2）每个阶段的状态；

（3）从前一个阶段转化到后一个阶段之间的递推关系。

递推关系必须是从次小的问题转化为较大的问题（的过程）。从这个角度来说，动态规划法通常使用递归程序来实现，不过因为递推可以充分利用前面保存的子问题的解来减少重复计算，所以对于大规模问题来说，递推具有不可比拟的优势，这也是动态规划算法的核心之处。

确定了动态规划法的三要素，整个求解过程就可以用一个最优决策表来描述，最优决策表是一个二维表，其中的行表示决策的阶段、列表示问题状态，表格需要填写的数据一般对应此问题在某个阶段某个状态下的最优值（如最短路径，最长公共子序列、最大价值等）填表的过程就是根据递推关系，从第 1 行第 1 列开始，以行或者列优先的顺序，依次填写表格，最后根据整个表格的数据通过简单的取舍或者运算求得问题的最优解。

$$f(n,m) = \max\{f(n-1,m), f(n-1, m-w[n]) + P(n,m)\} \tag{1-2}$$

需要注意的是动态规划法并不是万能的，能采用动态规划法求解的问题一般要具有 3 个性质：最优化原理、无后效性和有重叠子问题。

1.5.4 贪心算法

贪心算法又称贪婪算法，它是指在对问题进行求解时，总是作出当前最好的选择。也就是说，该法不从整体最优上加以考虑，而是在某种意义上的局部最优解。贪心算法的基本思路是：从问题的某一个初始解出发一步一步地进行，根据某个优化测度，每一步都要确保能获得局部最优解。每一步只考虑一个数据，它的选取应该满足局部优化的条件。若下一个数据和部分最优解连在一起不再是可行解时，就不把该数据添加到部分解中，直到把所有数据枚举完，或者不能再添加算法停止。

贪心算法主要包括以下过程：

（1）建立数学模型来描述问题；

（2）把求解的问题分成若干个子问题；

（3）对每一子问题求解，得到子问题的局部最优解；

（4）把子问题的局部最优解合成原来解问题的一个解。

贪心算法不是对所有问题都能得到整体最优解，关键是贪心策略的选择，选择的贪心策略必须具备无后效性，即某个状态以前的过程不会影响以后的状态，只与当前状态有关。由于用贪心算法只能通过解局部最优解的策略来达到全局最优解，因此一定要注意判断问题是否适合采用贪心算法策略，找到的解是否一定是问题的最优解。

【例1-4】 如果你想把超过 100 元的现金换为小于 100 元组成的零钱，编程用贪心算法实现便利店货币找零功能。

解：首先按硬币面额降序排序硬币数组，然后从最大面额的硬币开始，尽可能多地使用每个硬币，直到凑齐特定金额或无法再添加更多硬币为止。

具体实现过程如下：

（1）在 Visual Studio 中新建一个 Windows 应用项目 GreedyApp。

（2）定义 CalculateChange（int amount, List<int> coins）方法，代码如下：

```
private Dictionary<int, int> CalculateChange(int amount, List<int> coins)
{
    Dictionary<int, int> change = new Dictionary<int, int>();
    coins.Sort((a, b) => b.CompareTo(a)); // 按面额降序排序
    foreach (int coin in coins)
    {
        int coinCount = amount;
        if (coinCount > 0)
        {
            change[coin] = coinCount;
            amount -= coin * coinCount;
        }
    }
    return change;
}
```

（3）创建 Form1 类，添加 2 个文本框（TextBox）、2 个按钮（Button）以及 2 个标签（Label），设计界面如图 1-4（a）所示。主要事件代码如下：

```
private void button1_Click(object sender, EventArgs e)
```

```
    {
        int totalAmount;
        if ( int. TryParse( AmountTextBox. Text, out totalAmount))
        {
            List<int> coins = new List<int>{ 50, 20, 10, 5, 1 }; // 货币单位:元
            Dictionary<int, int> change = CalculateChange( totalAmount, coins);

            ResultListBox. Items. Clear( );
            foreach ( var coin in change. Keys)
            {
                int coinCount = change[ coin];
                ResultListBox. Items. Add( $"{coinCount} x {coin}元");
            }
            int totalChangeAmount = CalculateTotalChangeAmount( change);
            textBox1. Text = $"{totalChangeAmount}元";
        }
        else
        {
            MessageBox. Show("请输入有效的金额。");
        }
    }
    private int CalculateTotalChangeAmount( Dictionary<int, int> change)
    {
        int totalAmount = 0;
        foreach ( var coin in change. Keys)
        {
            int coinCount = change[ coin];
            totalAmount += coin * coinCount;
        }
        return totalAmount;
    }
    private void button2_Click( object sender, EventArgs e)
    {
        AmountTextBox. Clear( );
        ResultListBox. Items. Clear( );
        textBox1. Text = " ";
    }
```

（4）调试运行。测试结果如图 1-4（b）所示，显示在输入要找零的金额 189 元时，点击"计算"按钮便会出现需要找 3 张 50 元、1 张 20 元、1 张 10 元、4 张 1 元的零钱。

1.5.5　回溯法

回溯法是一种选优搜索法，又称为试探法，按选优条件向前搜索，以达到目标。但当

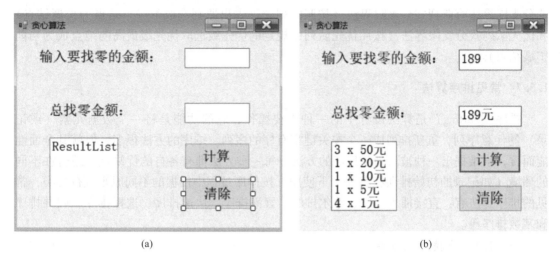

图 1-4 贪心算法项目实例

（a）设计界面；（b）测试结果

探索到某一步时，发现原先选择并不优或达不到目标，就退回一步重新选择，这种走不通就退回再走的技术为回溯法，而满足回溯条件的某个状态的点称为"回溯点"。

回溯法的基本思想：在包含问题的所有解的解空间树中，按照深度优先搜索的策略，从根结点出发深度探索解空间树。当探索到某一结点时，要先判断该结点是否包含问题的解；如果包含，就从该结点出发继续探索下去，如果该结点不包含问题的解，则逐层向其祖先结点回溯（其实回溯法就是对隐式图的深度优先搜索算法）。若用回溯法求问题的所有解时，要回溯到根，且根结点的所有可行的子树都要已被搜索遍才结束。而若使用回溯法求任一个解时，只要搜索到问题的一个解就可以结束。

使用回溯法解题的基本步骤：

（1）针对所给问题，定义问题的解空间；

（2）确定易于搜索的解空间结构；

（3）以深度优先方式搜索解空间，并在搜索过程中用剪枝函数避免无效搜索。

1.5.6 分支限界法

类似于回溯法，分支限界法也是一种在问题的解空间树 T 上搜索问题解的算法。但在一般情况下，分支限界法与回溯法的求解目标不同。回溯法的求解目标是找出 T 中满足约束条件的所有解，而分支限界法的求解目标则是找出满足约束条件的一个解，或者在满足约束条件的解中找出使某一目标函数值达到极大或极小的解，即在某种意义下的最优解。

分支限界法的基本思想：对有约束条件的最优化问题的所有可行解（数目有限）空间进行搜索。该算法在具体执行时，把全部可行的解空间不断分割为越来越小的子集（称为分支），并为每个子集内的解的值计算一个下界或上界（称为定界）。在每次分支后，对凡是界限超出已知可行解值那些子集不再做进一步分支。这样，解的许多子集（即搜索树上的许多结点）就可以不予考虑了，从而缩小了搜索范围。这一过程一直进行到找出可行解为止，该可行解的值不大于任何子集的界限，因此这种算法一般可以求得最优解，常见的分支限界法有队列式分支限界法（按照队列先进先出原则选取下一个结点为扩展结点）和优先队列式分支限界法（按照优先队列中规定的优先级选取优先级最高的结点成为当前扩展结点）。

1.5.7　常见排序算法

排序（Sorting）是算法设计中的一种重要操作，它的功能是将一个数据元素（或记录）的任意序列，重新排列成一个按关键字有序的序列。排序的方法很多，但就其全面性能而言，很难提出一种被认为是最好的方法，每一种方法都有各自的优缺点，适合在不同的环境（如记录的初始排列状态等）下使用。按排序过程中依据的不同原则进行分类，常见的排序算法有：直接插入排序、希尔排序、冒泡排序、快速排序、选择排序、归并排序和基数排序等。

1.5.7.1　直接插入排序

直接插入排序（Straight Insertion Sort）是一种最简单的排序方法，它的基本操作是：将一个记录插入到已排好序的有序表中，从而得到一个新的、记录数增 1 的有序表。即每次选择一个元素 K 插入之前已排好序的部分 $A[1, \cdots, m]$ 中，插入过程中 K 依次由后向前与 $A[1, \cdots, m]$ 中的元素进行比较。若发现 $A[x] \geqslant K$，则将 K 插入到 $A[x]$ 的后面，插入前需要移动元素。算法描述如下：

```
//对顺序表 L 进行插入排序
public void InsertSort(SortSqList L)
{
    for(int i=2;i<=L. length;i++)
    if(L. r[i]. Key<L. r[i-1]. Key) //将 L. r[i]插入有序子表
    {
        L. r[0]=L. r[i];    //复制为哨兵
        L. r[i]=L. r[i-1];
        for(int j=i-2;L. r[0]. Key<L. r[j]. Key;--j)
            L. r[j+1]=L. r[j];    //记录后移
        L. r[j+1]=L. r[0];    //插入到正确位置
    }
}
```

时间复杂度：由于直接插入排序的基本操作是比较两个关键字的大小和移动记录，故在最好的情况下，即正序有序（从小到大），只需要比较 n 次，不需要移动，时间复杂度为 $O(n)$；最坏的情况下，即逆序有序，每一个元素就需要比较 n 次，共有 n 个元素，实际复杂度为 $O(n^2)$；平均情况下时间复杂度为 $O(n^2)$。

1.5.7.2　希尔排序

希尔排序（Shell's Sort）又称"缩小增量排序"（Diminishing Increment Sort），是一种插入排序类的方法，但在时间效率上较直接插入排序方法有较大的改进。

希尔排序的基本思想是：先将整个待排记录序列分割成为若干子序列分别进行直接插入排序，待整个序列中的记录"基本有序"时，再对全体记录进行一次直接插入排序。先

取定一个小于 n 的整数 d_1 作为第一个增量,把表的全部记录分成 d_1 个组,所有距离为 d_1 倍数的记录放在同一个组中,在各组内进行直接插入排序;然后,取第二个增量 $d_2(< d_1)$,重复上述的分组和排序,直至所取的增量 delt $= 1$(delt $<$ delt $- 1 < \cdots < d_2 < d_1$),即所有记录放在同一组中进行直接插入排序为止。算法描述如下:

```
public void ShellInsert( ref SortSqList L,int dk )
{
    for( int i=dk+1;i<=L.length;++i)
      if( L.r[i].Key<L.r[i-dk].Key)
      {     //需将 L.r[i]插入有序增量子表
            L.r[0]=L.r[i];  //暂存在 L.r[0]
            for( int j=i-dk;j>0&&L.r[0].Key<L.r[j].Key;j-=dk)
            L.r[j+dk]=L.r[j];  //记录后移,查找插入位置
            L.r[j+dk]=L.r[0];  //插入
      }
}
```

时间复杂度:希尔排序的分析是一个复杂的问题,因为它的时间是所取"增量"序列的函数。因此,到目前为止尚未有人求得一种最好的增量序列,但大量的研究已得出一些局部的结论。如有人指出,当增量序列为 delt$[k] = 2^{t-k-1} - 1$ 时,希尔排序的时间复杂度为 $O(n^{\frac{3}{2}})$,其中 t 为排序趟数,$1 \leqslant k \leqslant t \leqslant \left[\log_2^{n+1} \right]$。还有人在大量的实验基础上推出:当 N 在某个特定范围内,希尔排序所需的比较和移动次数约为 $n^{1.3}$,当 $n \to \infty$,可减少到 $n(\log_2^n)2$。增量序列可以有各种取法(如,$\cdots$,9,5,3,2,1),但需注意:应使增量序列中的值没有除 1 之外的公因子,并且最后一个增量值必须等于 1。

最坏情况下:$O(n \cdot \log2n)$;最坏的情况下和平均情况下差不多。

平均情况下:$O(n \cdot \log2n)$。

1.5.7.3 冒泡排序

冒泡排序的过程很简单,通过无序区中相邻记录关键字间的比较和位置的交换,使关键字最小的记录像气泡一样逐渐往上"漂浮"直至"水面"。

冒泡排序的基本思想是:首先将第一个记录的关键字和第二个记录的关键字进行比较,若为逆序,则将两个记录交换之,然后比较第二个记录和第三个记录的关键字;依次类推,直至第 $n-1$ 个记录和第 n 个记录的关键字进行过比较为止,上述过程称为第一趟冒泡排序,其结果使得关键字最大的记录被安置到最后一个记录的位置上。然后进行第二趟冒泡排序,对前 $n-1$ 个记录进行同样操作,其结果是使关键字次大的记录被安置到第 $n-1$ 个记录的位置上。

分析冒泡排序的效率,容易看出,若初始序列为"正序"序列,则只需进行一趟排序,在排序过程中进行 $n-1$ 次关键字间的比较,且不移动记录;反之,若初始序列为"逆序"序列,则需进行 $n-1$ 趟排序,需进行 $\sum_{i=n}^{2} (i-1) = n(n-1)/2$ 次比较,并做等数量级的记录移动。因此,总的时间复杂度为 $O(n^2)$。

1.5.7.4　快速排序

快速排序（Quick Sort）是对冒泡排序的一种改进。它的基本思想是：通过一趟排序将待排记录分割成独立的两部分，其中一部分记录的关键字均比另一部分记录的关键字小，则可分别对这两部分记录继续进行排序，以达到整个序列有序。

一趟快速排序的具体做法是：假设两个指针 low 和 high，它们的初值分别指向第一个关键字和最后一个关键字，设枢轴记录的关键字为 pivotkey，则首先从 high 所指位置起向前搜索找到第一个关键字小于 pivotkey 的记录和枢轴记录互相交换，然后从 low 所指位置起向后搜索，找到第一个关键字大于 pivotkey 的记录和枢轴记录互相交换，重复这两步直至 low＝high 为止。

通常，快速排序被认为是在所有同数量级（$O(n\log 2n)$）的排序方法中，其平均性能最好。但是，若初始记录序列按关键字有序或基本有序时，快速排序将蜕化为冒泡排序，其时间复杂度为 $O(n^2)$。

1.5.7.5　选择排序

选择排序（Selection Sort）的基本思想是：每一趟在 $n-i+1(i=1,2,\cdots,n-1)$ 个记录中选取关键字最小的记录作为有序序列中第 i 个记录。首先在未排序序列中找到最小元素，存放到排序序列的起始位置；然后，再从剩余未排序元素中继续寻找最小元素，放到排序序列末尾。以此类推，直到所有元素均排序完毕。

时间复杂度：在最好情况下，交换 0 次，但是每次都要找到最小的元素，因此大约必须遍历 $n\cdot n$ 次，因此为 $O(n^2)$。

1.5.7.6　归并排序

归并排序（Merging Sort）是又一类不同的排序方法。"归并"的含义是将两个或两个以上的有序表组合成一个新的有序表。无论是顺序存储结构还是链表存储结构，都可在 $O(m+n)$（假设两个有序表的长度分别为 m 和 n）的时间量级上实现，利用归并的思想容易实现排序。假设初始序列含有 n 个记录，则可看成是 n 个有序的子序列，每个子序列的长度为 1，然后两两归并，得到 m 个长度为 2 或 1 的有序子序列；再两两归并，如此重复，直至得到一个长度为 n 的有序序列为止，这种排序方法称为 2 路归并排序。

时间复杂度：最好的情况下，一趟归并需要 n 次，总共需要 $\log 2n$ 次，因此为 $O(n\log 2n)$；最坏的情况下，接近于平均情况下为 $O(n\log 2n)$。

说明：对长度为 n 的文件，需进行 $\log 2n$ 趟 2 路归并，每趟归并的时间为 $O(n)$，故其时间复杂度无论是在最好情况下还是在最坏情况下均是 $O(n\log 2n)$。

【例 1-5】　编程实现直接插入排序和希尔排序（对待排序关键字序列进行升序排列）。

解：解析输入的待排序关键字序列存储在顺序表中，根据直接插入排序和希尔排序方法升序排列关键字。

具体实现过程如下：

（1）在 Visual Studio 中新建一个 Windows 应用项目 SortingApp。

（2）定义 TableElem 类和 SortSqList 类，TableElem 类中 key 的类型定义为 float。在 SortSqList 类中添加方法 Add（TableElem te）和 InsertSort（），其中 Add 方法代码如下：

```
public void Add(TableElem te)
```

```
    {
        len++;
        r[len]=te;
    }
//记录类
public class TableElem
{
    private object key; //关键字
    private string info; //相关信息
    public object Key
    {
        get{return this. key;}
        set{this. key=value;}
    }
}
//排序顺序表类
public class SortSqList
{
    public const int MAXSIZE=100; //预先设置的顺序表最大长度
    private TableElem[] r; //r[0]闲置或作"哨兵"用
    private int len; //顺序表长度
    public SqList( ): this(MAXSIZE){}
    public SqList(int size)
    {
        r =new TableElem[size+1];
        this. length=0;
    }
    public int Len
    {
    get{ return this. len;}
    }
}
```

（3）创建 Form1 类，添加 2 个 TextBox、3 个 Button，设计界面如图 1-5（a）所示。该类的主要事件代码如下：

```
//生成初始顺序表
private void button1_Click(object sender, EventArgs e)
{
    if( this. textBox1. Text. Trim( )= = "" )
    {
        MessageBox. Show("请输入待排序关键字序列!");
        return;
    }
```

```
        string[ ] keylist = this. textBox1. Text. Split( new char[ ]{ " } ,
StringSplitOptions. RemoveEmptyEntries) ;
        foreach( string s in keylist)
        {
            float x = float. Parse( s) ;
            TableElem te = new TableElem( x) ;
            sqlist. Add( te) ;
        }
        MessageBox. Show( "成功生成。" ) ;
    }
//直接插入排序
private void button2_Click( object sender, EventArgs e)
{
        if( sqlist. Len = = 0)
        {
            MessageBox. Show( "请先生成初始顺序表!" ) ;
            return ;
        }
        sqlist. InsertSort( ) ;
        this. textBox2. Text = sqlist. ToString( ) ;
    }
//希尔排序
private void button3_Click( object sender, EventArgs e)
{
        if( sqlist. Len = = 0)
        {
            MessageBox. Show( "请先生成初始顺序表!" ) ;
            return ;
        }
        int[ ] dks = { 5, 3, 1 } ;
        foreach( int dk in dks)
        {
            sqlist. ShellInsert( dk) ;
        }
        this. textBox2. Text = sqlist. ToString( ) ;
    }
```

（4）调试运行：输入待排序关键字序列"48 35 63 96 72 17 21 48"，关键字之间以空格间隔，生成初始表；然后执行"直接插入排序"，测试结果如图 1-5（b）所示；执行"希尔排序"，测试结果如图 1-5（c）所示。

1.5.8 分类算法

分类是一种重要的数据挖掘技术。分类的目的是根据数据集的特点构造一个分类函数

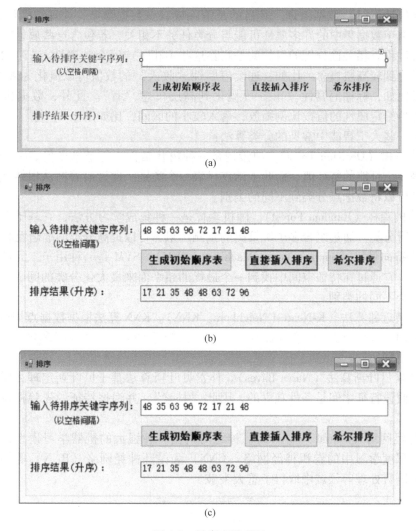

图 1-5　排序实践项目

（a）设计界面；（b）直接插入排序测试结果；（c）希尔排序测试结果

或分类模型（也常常称为分类器），该模型能把未知类别的样本映射到给定类别中的某一个。分类和回归都可以用于预测。和回归方法不同的是，分类的输出是离散的类别值，而回归的输出是连续或有序值，本书只讨论分类。

构造模型的过程一般分为训练和测试两个阶段。在构造模型之前，要求将数据集随机地分为训练数据集和测试数据集。在训练阶段，使用训练数据集，通过分析由属性描述的数据库元组来构造模型，假定每个元组属于一个预定义的类，由一个称为类标号的属性来确定。训练数据集中的单个元组也称为训练样本，一个具体样本的形式可为：$(u_1, u_2, \cdots, u_n; c)$；其中 u_i 表示属性值，c 表示类别。由于提供了每个训练样本的类标号，该阶段也称为有指导的学习，通常，模型用分类规则、判定树或数学公式的形式提供。在测试阶段，使用测试数据集来评估模型的分类准确率，如果认为模型的准确率可以接受，就可以用该模型对其他数据元组进行分类。一般来说测试阶段的代价远远低于训练阶段。

为了提高分类的准确性、有效性和可伸缩性，在进行分类之前，通常要对数据进行预处理，主要包括：（1）数据清理。其目的是消除或减少数据噪声，处理空缺值。（2）相关性分析。由于数据集中的许多属性可能与分类任务不相关，若包含这些属性将减慢和可能误导学习过程。相关性分析的目的就是删除这些不相关或冗余的属性。（3）数据变换。数据可以概化到较高层概念。比如，连续值属性"收入"的数值可以概化为离散值：低、中、高。又比如，标称值属性"市"可概化到高层概念"省"。此外，数据也可以规范化，规范化将给定属性的值按比例缩放，落入较小的区间，比如 [0，1] 等。

以下是一些人工智能中常见的分类算法：

（1）决策树（Decision Trees）。决策树是一种树状结构，每个结点代表一个特征，每个分支代表一个可能的特征值，而叶子结点代表一个类别。通过沿着树从根结点到叶子结点的路径，可以将数据点分类到不同的类别。

（2）随机森林（Random Forest）。随机森林是一种集成学习方法，它基于多个决策树的投票来进行分类。通过组合多个决策树的预测结果，可以提高分类的准确性和稳定性。

（3）支持向量机（Support Vector Machines，SVM）。SVM 是一种用于二元和多元分类的强大算法，它通过在特征空间中找到一个最优的超平面来最大化分类的间隔，从而将数据点分为两个不同的类别。

（4）K 最近邻算法（K-Nearest Neighbors，KNN）。KNN 算法根据数据点周围最近的 K 个邻居的类别来进行分类，它基于距离度量来找到最近的邻居，并采用多数投票策略来确定数据点的类别。

（5）朴素贝叶斯算法（Naive Bayes）。朴素贝叶斯算法基于贝叶斯定理，用于处理分类问题。它假设特征之间是条件独立的，因此"朴素"，并根据特征的先验概率来估计类别的后验概率。

（6）神经网络（Neural Networks）。神经网络是一种强大的机器学习模型，可以用于分类任务。深度学习中的卷积神经网络（CNN）和循环神经网络（RNN）等架构在图像分类和自然语言处理等领域中取得了重大突破。

习   题

1-1 算法设计的主要方法主要有哪几种，其主要思想是什么？

1-2 简述算法的评价策略。

1-3 比较贪心算法和动态规划法的异同之处。

1-4 什么是排序，什么排序方法是稳定的，什么排序方法是不稳定的？

1-5 试分析下列各算法的时间复杂度。

```
（1）for(i=0; i < n; i++)
        for (j=0; j < m; j++)
        a[i][j]=0;
（2）s=0;
    for(i=0; i < n; i++)
    for(j=0; j < n; j++)
        s+=B [i] [j];
    sum=s;
```

2 GIS 空间数据结构与空间关系

GIS 是以数字形式表达的现实世界，是对特定地理环境的抽象和综合性表达。在现实世界与数字世界转换过程中，数据模型起着极其重要的作用。对现实世界进行抽象和综合后，首先必须选择一个数据模型来对其进行数据组织，然后选择相应的数据结构和相应的存储结构，将现实世界对应的信息映射为实际存储的比特数据。空间数据结构是地理信息系统沟通现实信息的桥梁，只有充分理解地理信息系统采用的特定数据结构，才能正确有效地使用系统。地理信息系统的空间数据结构主要有矢量结构和栅格结构。

2.1 概　　述

GIS 的空间数据结构是指用于存储、组织和管理地理空间数据的方式和格式。GIS 空间数据结构的选择取决于数据的类型、规模以及所需的分析和查询操作。GIS 空间数据结构模型由概念数据模型、逻辑数据模型和物理数据模型三个不同的层次组成。其中，概念数据模型是关于实体和实体间联系的抽象概念集，逻辑数据模型表达概念模型中数据实体（或记录）及其它们之间的关系，而物理数据模型则描述数据在计算机中的物理组织、存储路径和数据库结构，三者间的相互关系如图 2-1 所示。

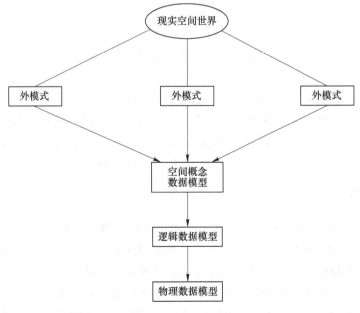

图 2-1　GIS 空间数据模型

（1）空间概念数据模型。概念数据模型是人们对客观事实或现象的一种认识，有时也称为语义数据模型。不同的人由于所关心的问题、研究对象、期望的结果等方面存在着差异，对同一客观现象的抽象和描述会形成不同的用户视图，称为外模式。GIS 概念数据模型是考虑用户需求的共性，用统一的语言描述、综合、集成的用户视图。目前存在的概念数据模型主要有矢量数据模型、栅格数据模型和矢量-栅格一体化数据模型，其中矢量数据模型和栅格数据模型应用最为广泛。

（2）空间逻辑数据模型。逻辑数据模型将前面的概念数据模型确定的空间数据库信息内容（空间实体和空间的关系），具体地表达为数据项、记录等之间的关系，这种表达有多种不同的实现方式，常用的数据模型包括层次模型、网络模型和关系数据模型。

层次模型和网络模型都能显示表达数据实体间的关系，层次模型能反映实体间的隶属或层次关系，网络模型能反映实体复杂的多对多关系，但这两种模型都存在结构复杂的缺点。关系数据模型使用二维表格来表达数据实体间的关系，通过关系操作来查询和提取数据实体间的关系，其优点是操作灵活，以关系代数和关系操作为基础，具有较好的描述一致性；缺点是难以表达复杂对象关系，在效率、数据语义和模型扩展等方面还存在一些问题。

（3）物理数据模型。逻辑数据模型并不涉及最底层的物理实现细节，而计算机处理的只能是二进制数据，所以必须将逻辑数据模型转换为物理数据模型，即要求完成空间数据的物理组织、空间存取方法和数据库总体存储结构等的设计工作。1）物理表示组织。层次模型的物理表示方法有物理邻接法、表结构法、目录法。网络模型的物理表示方法有变长指针法、位图法和目录法等。关系模型的物理表示通常用关系表来完成。物理组织主要是考虑如何在外存储器上以最优的形式存储数据，通常要考虑操作效率、响应时间、空间利用和总的开销等因素。2）空间数据的存取。常用的空间数据存取方法主要有文件结构法、索引文件和点索引结构三种。其中，文件结构法包括顺序结构、表结构和随机结构。

2.2　空间数据特征

空间数据按数据源可分为地图数据、影像数据、地形数据、属性数据、元数据。想要完整地描述空间实体或现象的状态，一般需要同时有空间数据和属性数据。如果要描述空间实体或现象的变化，则还需记录空间实体或现象在某一时刻的状态，所以，一般认为空间数据具有三个基本特征：空间特征、属性特征、时间特征。

2.2.1　空间特征

空间特征（Spatial Features）是指在 GIS 和地理空间数据分析中，用于描述和表达地理实体在空间中位置、形状、大小、关系等属性或属性集合。空间特征可以是点、线、面等地理实体的基本属性，这些属性在地图上或在地理信息系统中可以被捕获、存储、分析和展示。空间特征又称为几何特征或定位特征，一般以坐标数据表示。

不同类型的地理实体（如城市、河流、湖泊、道路、建筑物等）可以通过不同的空间特征进行描述，这些特征有助于更好地理解和分析地理空间数据。在地理信息系统和地理空间分析中，空间特征被用于执行各种任务，如地图绘制、空间查询、地理空间分析等。

2.2.2 属性特征

属性特征（Attribute Features）是指与地理实体相关的非空间性质信息，也称为属性数据。在 GIS 和地理空间数据中，属性特征提供了关于地理实体的详细描述，包括名称、分类、数量、质量等方面的信息。这些属性信息可以与空间特征（如点、线、面等）结合，从而为地理数据提供更丰富的信息内容。属性特征在地理信息系统中的应用非常广泛，它们可以用于标识、分类、查询和分析地理实体，以下有一些常见的属性特征。

（1）名称：地理实体的名称，如城市的名称、山脉的名称等。

（2）分类：地理实体所属的类别，如道路的类型、土地用途分类等。

（3）数量：描述地理实体的数量或数量关系，如人口数量、车辆数量等。

（4）质量：地理实体的质量特征，如建筑物的结构质量、水体的水质等。

（5）时间属性：描述地理实体的时间相关信息，如事件发生时间、数据采集时间等。

（6）属性值：描述地理实体特性的具体数值，如温度值、海拔高度等。

（7）标识符：用于唯一标识地理实体，以便在数据管理和查询中进行引用。

属性特征通常以表格或数据库的形式存储，与空间特征结合使用，使得地理数据可以同时包含空间信息和非空间信息。

2.2.3 时间特征

时间特征（Temporal Features）是指在地理信息系统和地理空间数据分析中，用于描述地理实体随时间变化的属性或信息。时间特征用于捕捉地理实体的时空变化情况，使得地理数据不仅具有空间信息，还包含了时间维度上的信息。时间特征在地理信息系统中的应用非常重要，可以用于分析地理现象的动态演变、进行时序数据分析、预测未来趋势等，下面为一些常见的时间特征。

（1）时间段：描述地理实体在一个时间段内的状态或变化，可以是一个时间段的开始和结束时间。

（2）周期性变化：描述地理现象随时间呈现的周期性变化，如季节变化、天气变化等。

（3）事件：记录地理实体与某个特定事件相关的时间信息，如地震发生时间、洪水事件时间等。

（4）历史数据：描述地理实体过去的状态或属性信息，可以用于分析历史变化趋势。

（5）未来预测：基于过去数据分析，预测地理实体未来可能的状态或趋势。

（6）时间序列：一系列连续的时间点对应的属性值，用于分析时间上的变化模式。

位置特征和属性特征相对于时间特征来说，常常呈相互独立的变化，即在不同的时间空间位置不变，但是属性类型可能已经发生变化，或者相反。因此，空间数据的管理是十分复杂的。有效的空间数据管理要求位置数据和非位置数据互相作为单独的变量存放，并分别采用不同的软件来处理这两类数据，这种数据组织方法对于随时间而变化的数据，具有更大的灵活性。

2.3　空间数据组织

　　空间数据组织是指如何有效地存储、管理和表示与地理空间相关的信息，地理空间信息可以包括地图数据、地理位置坐标、地理特征、地理分析结果等。在 GIS 和其他与地理空间数据有关的应用中，空间数据组织的目标是实现对地理信息的高效访问、查询、分析和展示。在 GIS 系统中我们常常习惯于按不同比例尺、横向分幅（标准分幅或区域分幅等）、纵向分层（专题层等）来组织海量空间数据。将现实世界中的空间对象层层细分，先将地图按专题分层，每层再按照临近原则分块，每块也称为对象集合。如有需要，再将大块分为小块，最后为单个对象。对象集合是由多个单个对象组成的。图块结构和图层结构是空间数据库从纵、横两个方向的延伸，同时空间数据库是两者的逻辑再集成。

2.3.1　纵向分层组织

　　空间数据的纵向分层组织（见图 2-2）是指将地理空间信息按照不同的分辨率、精度或抽象级别进行层次化组织。这种组织方式能够根据需求和应用，将地理空间信息分成多个层次，从而在不同情境下实现更高效的数据存储、查询和分析。

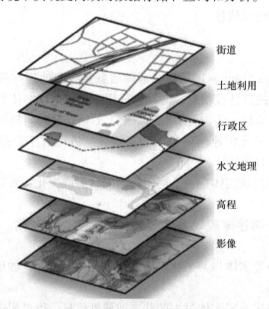

图 2-2　纵向分层结构示意图

　　最底层的基础地理信息包括地球表面的基本地理要素，如陆地、海洋、河流、湖泊等，这些要素在较高层次的数据中作为基础构建块。地形地貌层这一层次包括地球表面的地形高程信息，如山脉、山谷、高原等地形特征，数字高程模型（DEM）通常用于表示这些信息。地物类型层包括地球表面上的不同类型地物，如街道、建筑物、农田等，这些信息通常以矢量数据形式存储，可以用于识别和分类地物。在遥感影像方面，遥感影像能够提供地球表面的图像信息，通常按照不同波段和分辨率分层组织。高分辨率遥感影像用于详细的地物提取，而低分辨率影像则用于更广泛的区域分析。

2.3.2　横向分块组织

横向分块组织是将某一区域的空间信息按照某种分块方式，分割成多个数据块，以文件或表的形式存放在不同的目录或数据库。图幅对应一块区域，分块的方式主要有：标准经纬度分块、矩形分块和任意区域多边形分块。标准经纬度分块是根据经纬线将空间数据划分成多个数据块；矩形分块是按照一定大小的矩形将空间数据划分成多个数据块；任意区域多边形分块顾名思义就是按任意多边形将空间数据划分为多个数据块。横向分块组织的目的是提高数据查询和处理的效率，使得对特定区域内的数据访问更加快速。在横向分块组织中，地理空间区域被划分为多个相等大小的块，每个块被赋予唯一的标识符，这种组织方式可以帮助将不同领域的地理数据进行分类、管理和分析，使得数据更加结构化和易于使用。

横向分块组织也需要考虑块大小、块边界的管理、查询跨块的情况等问题，选择合适的分块方式和块大小需要根据具体应用需求和数据特点进行权衡。例如：全国 1：1000000 地理数据库对我国连续的地理区域进行了硬性的分割分片存储，数据分为 77 个区块，每个区块为纬差 4°，经差 6°。

2.4　矢量数据结构

谈到地理信息系统（GIS）中的数据表示时，矢量数据结构是一种方式，它通过使用几何形状和相关属性来描述地理现象。这种结构基于位置信息和属性信息，用于表示地理空间中的点、线和面等要素。矢量数据结构通过将地理现象抽象为这些几何要素和属性信息，使得在计算机系统中能够存储、查询和分析地理数据。

简单来说，矢量数据结构就是一种用数字方式描述地图上位置和特征的方法。它类似于在纸上画图，但是以计算机可以理解和处理的方式进行。每个点、线和面都可以附带关于它们的属性，比如名称、类型、高度等。通过将这些信息组合起来，GIS 可以实现对地理空间的各种操作，比如查找位置、测量距离、分析区域等。矢量数据结构的特点是：定位明显、属性隐含，其定位是根据坐标直接存储的，而属性则一般存于文件头或数据结构中某些特定的位置上，这种特点使得其图形运算的算法总体上比栅格数据结构复杂得多，有些甚至难以实现，当然有些地方也有便利和独到之处，在计算长度、面积、形状和图形编辑、几何变换操作中，矢量结构有很高的效率和精度。

2.4.1　点的表示方法

点（Point）代表一个地理位置的坐标点，通常由经度和纬度（或其他坐标系统的坐标）组成。点用于表示离散的地理实体，如城市、监测站、兴趣点等。每个点可以包含属性信息，如名称、类型等。点对象通常是由 xy 坐标表示，因此在算法中表示点对象一般需要定义两个坐标变量。

如下为 C#语言描述的平面点结构：

//平面点类
public class Point2D

```
{
    private long id;
    private double x;
    private double y;

    public Point2D(double x, double y)
    {
        this. x = x;
        this. y = y;
    }
    public Point2D( ) : this(0, 0){ }
    public double X
    {
        get
        {
            return x;
        }
        set{ x = value; }
    }
    public double Y
    {
        get
        {
            return y;
        }
        set{ y = value; }
    }
    public long ID
    {
        get
        {
            return id;
        }
        set{ id = value; }
    }
}
```

【例 2-1】　随机生成 n 个平面点，并计算任意两点之间的欧氏距离。

解: 利用随机函数生成 n 个 Point，保存在数组中，根据用户输入，计算任意两点之间的欧式距离，主要代码如下:

```
public List<Geometries. Point2D> pointList = new List<Geometries. Point2D>( );
//随机生成点并绘制
private void button1_Click(object sender, EventArgs e)
```

```
{
    Graphics g=this. pictureBox1. CreateGraphics();
    int n=int. Parse(this. textBox1. Text);
    Pen pointPen=new Pen(Color. Red, 3);
    Random r=new Random();
    //随机生成 n 个点,并存储在 List 中
    for (int i=0; i < n; i++)
    {
        int x=r. Next(0, this. pictureBox1. Width);
        int y=r. Next(0, this. pictureBox1. Height);
        Geometries. Point2D p=new Geometries. Point2D (x, y);
        p. ID=i;
        pointList. Add(p);
        g. DrawEllipse(pointPen, (float)p. X, (float)p. Y, 2. 0F, 2. 0F);
        g. DrawString(p. ID. ToString(),new Font("宋体", 10), Brushes. Blue, Converts. DotNetConvert. ToPointF(p));
    }
}
//计算欧式距离
private void button2_Click(object sender, EventArgs e)
{
    int i=int. Parse(this. textBox2. Text);
    int k=int. Parse(this. textBox3. Text);
    double d=Math. Sqrt((( pointList[i]. X − pointList[k]. X) ∗ (pointList[i]. X − pointList[k]. X) +
(pointList[i]. Y − pointList[k]. Y) ∗ (pointList[i]. Y − pointList[k]. Y));
    this. textBox4. Text=d. ToString();
}
```

程序执行后输入 $n=30$,随机生成 30 个点;计算点 0 与点 10 之间的欧氏距离,参考界面如图 2-3 所示。

2.4.2 线的表示方法

线(Line)由一系列连接的点构成,用于表示线状地理特征,如道路、河流、管道、铁路等。线段可以是简单的直线,也可以是曲线。线对象通常是由两个点 P_1、P_2 构成,因此在算法中表示线对象一般需要定义两个点对象。

如下为 C#语言描述的平面线结构:

```
//平面线结构
public class Line
    {
        private Point2D p1, p2;  //直线的两个端点
        public Line(Point2D s, Point2D e)
        {
            this. p1=s;
```

```
        this. p2 = e;
    }
    public Line( ) : this(null, null){    }

    public Point2D P1
    {
        get
        {
            return this. p1;
        }
        set{  this. p1 = value;  }
    }
    public Point2D P2
    {
        get
        {
            return this. p2;
        }
        set{  this. p2 = value;  }
    }
}
```

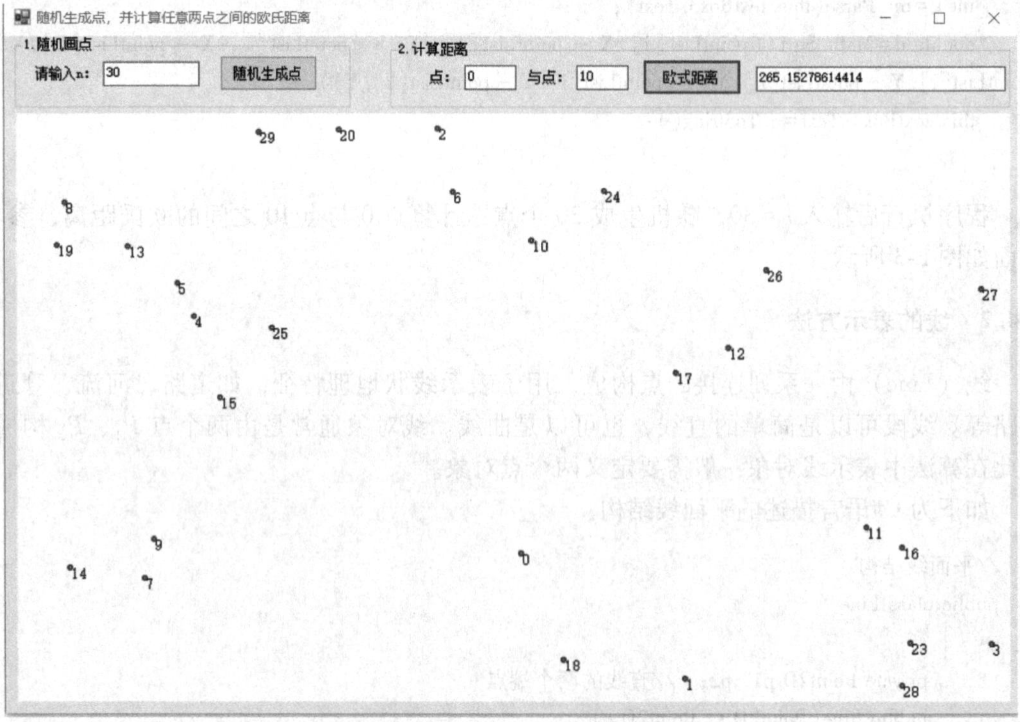

图 2-3 随机生成点并计算欧氏距离

2.4.3 面的表示方法

面（Polygon）在地理信息系统中，面对象是一种用于表示区域和多边形几何形状的地理要素。面对象通常由一组连续的边界点构成闭合的多边形，因此在算法中表示面对象一般需要定义点对象的集合。

如下为 C#语言描述的平面结构：

```
//平面结构
public class Polygon
{
        private List< Point2D > vertices;
        public Polygon( List< Point2D > vertices)
        {
            this. vertices = vertices;
        }
    public Polygon( ) : this( new List<Point2D>( )){ }

    public virtual List< Point2D > Vertices
      {
            get{ return vertices; }
            set{ vertices = value; }
      }
    public void Add( double x, double y)
    {
        vertices. Add( new Point2D( x, y));
    }
    }
```

2.5 栅格数据结构

2.5.1 栅格数据的基本概念

我们把工作区域的平面表象按一定分解力作行和列的规则划分，形成许多格网，每个网格单元称为像素。栅格数据结构实际上就是像元阵列，即像元按矩阵形式的集合，栅格中的每个像元是栅格数据中最基本的信息存储单元，其坐标位置可以用行号和列号确定。由于栅格数据是按一定规则排列的，所以表示的实体位置关系是隐含在行号、列号之中的。网格中每个元素的代码代表了实体的属性或属性的编码，根据所表示实体的表象信息差异，各像元可用不同的"灰度值"来表示。若每个像元规定 N 比特（bit），则其灰度值范围可在 $0 \sim (2N-1)$；把白→灰→黑的连续变化量化成 8 比特，其灰度值范围就允许在 $0 \sim 255$，共 256 级；若每个像元只规定 1 比特，则灰度值仅为 0 和 1，这就是所谓二值图像，其中 0 代表背景、1 代表前景。实体可分为点实体、线实体和面实体。点实体在栅格数据中表示为一个像元；线实体则表示为在一定方向上连接成串的相邻像元集合；面实体由聚集在一起的相邻像元集合表示，这种数据结构便于计算机对面状要素的处理。

用栅格数据表示的地表是不连续的，是量化和近似离散的数据，这意味着地表一定面积内（像元地面分辨率范围内）地理数据的近似性，例如平均值、主成分值或按某种规则在像元内提取的值等。另外，栅格数据的比例尺就是栅格大小与地表相应单元大小之比。像元大小相对于所表示的面积较大时，对长度、面积等的度量有较大影响。这种影响除对像元的取舍外，还与计算长度面积的方法有关。如图 2-4（a）中 a 点与 c 点之间的距离是5 个单位，但在图 2-4（b）中，ac 之间的距离可能是 7，也可能是 4，取决于算法。例如，以像元边线计算则为 7，以像元为单位计算则为 4。同样图 2-4（a）中三角形的面积为 6个平方单位，而图 2-4（b）中则为 7 个平方单位，这种误差随像元的增大而增加。

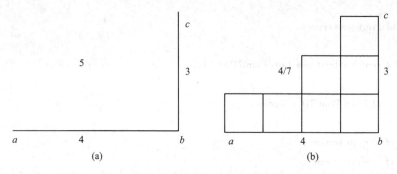

图 2-4　栅格数据结构对观测值的影响

2.5.2　栅格数据层的概念

GIS 对现实世界的描述可以以地理空间位置为基础，按道路、行政区域、土地使用、土壤、房屋、地下管线、自然地形等不同专题属性来组织地理信息。在栅格数据结构中，物体的空间位置就用其在笛卡尔平面网格中的行号和列号坐标表示；物体的属性用像元的取值表示，每个像元在一个网格中只能取值一次；同一像元要表示多重属性的事物就要用多个笛卡尔平面网格，每个笛卡尔平面网格表示一种属性或同一属性的不同特征，这种平面称为层。地理数据在栅格数据结构中必须分层组织存储，每一层构成单一的属性数据层或专题信息层。例如，同样以线性特征表示的地理要素，河流可以组织为一个层，道路可以作为另一层；同样以多边形特征表示的地理要素，湖泊可以作为一个层，房屋可以作为另一层。根据使用目的不同，可以确定需要建立哪些层及需要建立哪些描述性属性。

栅格数据层是 GIS 和遥感分析中的一种数据表示方式，用于描述地球表面上的地理信息。栅格数据是将地球表面划分为规则的网格单元，每个单元称为像元（Pixel），并在每个像元上存储一个或多个属性值。栅格数据通常以网格形式表示，类似于像素化的图像。像元的大小决定了数据分辨率，较小的像元能提供更高的数据分辨率，但可能需要更大的数据存储空间。每个像元上存储一个或多个属性值，表示特定地理现象或特征，这些属性值可以是连续型（如高程、温度等）也可以是离散型（如土地类型、土地利用等）。栅格数据的分辨率是指每个像元所表示的地理区域的大小。高分辨率栅格数据提供更精细的地理信息，但需要更多的存储和计算资源。在图 2-5 中，左图是现实世界按专题内容的分层表示，其中第三层为植被、第二层为土壤、第一层为地形，中间是现实世界各专题层对应的栅格数据层，右图是对不同栅格数据层进行叠加分析得出的分析结论。

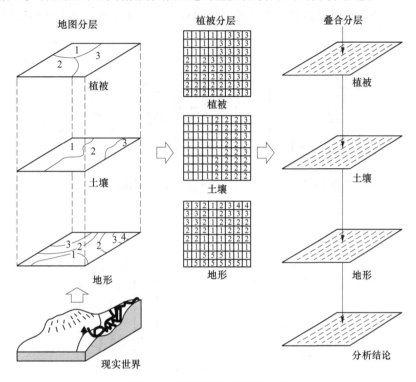

图 2-5　栅格数据的分层与叠合

2.5.3　栅格数据的表示

栅格数据结构以一种网格形式表示地理空间数据，将地理区域划分为规则的网格单元，并在每个单元中存储一个值来表示地理现象。这种数据结构适用于连续分布的现象，如地形、遥感影像、气象数据等。

2.5.3.1　二维数组

把栅格数据中各像素的值对应于二维数组相应的各元素加以存储的方式，适合于灰度级大的浓淡图像的存储以及在通用计算机中的处理，所以是最常采用的一种方式。在采用二维数组的方式中，还有组合方式和比特面方式。

组合方式是在计算机的一个字长中存储多个像素的方式。从节约存储量的观点来考虑，经常在保存数据时采用。例如：16 比特/字的计算机中，按每个像素 8 比特的数据对待的时候，如图 2-6（a）所示，可以把相邻的两个像素数据分别存储到上 8 比特和下 8 比特中。同样，如果是按每个像素 4 比特数据，则一个字可以存储连续 4 个像素的数据；如果是按每个像素 1 比特数据，则一个字可以存储 16 个像素的数据。比特面方式，就是把数据存储到能按比特进行存取的二维数组（可以理解为 1 比特/1 字）即比特面中的方式。

对于 n 个比特的浓淡图像, 如图 2-6 (b) 所示, 要准备 n 个比特面。在比特面 k 中 ($k =$ 0, 1, $\cdots$, $n-1$), 存储的是以二维形式排列着的各个像素值的第 k 比特 (0 或者 1) 的数据。另外, 也有对于 n 比特/字的二维数组, 把它作为 n 个比特面考虑, 从而把二维图像存储到各比特面中的用法。以比特面作为单位进行处理时, 其优点是能够在各面间进行高效率的逻辑运算, 存储设备利用率高等, 但也存在对浓淡图像处理上耗费时间的问题。

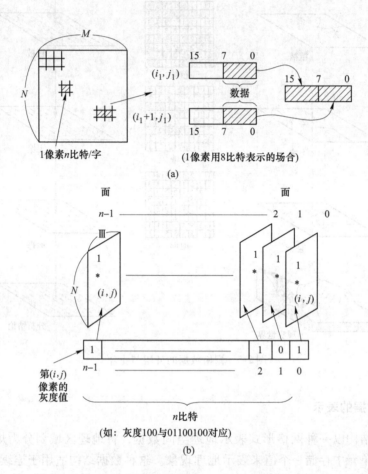

图 2-6　组合方式和比特面方式

(a) 组合方式; (b) 比特面方式

2.5.3.2　一维数组

如果给栅格数据内的全体像素赋予按照某一顺序的一维的连续号码, 则能够把栅格数据存储到一维数组中。对于上面的二维数组, 在计算机内部如图 2-7 所示, 实际上也变为一维数组。

实际应用中也有的不是存储栅格数据全体, 而只是把应该存储像素的信息, 按照一定规则存储到一维数组中的方法。这种方法主要是在栅格数据中用来存储图形轮廓线信息等, 具体来讲是坐标序列、链码等。

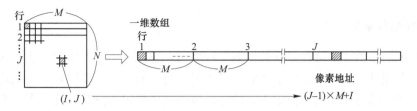

图 2-7　栅格数据（二维数组）存储到一维数组中

2.5.4 栅格数据的组织方法

假设基于笛卡尔坐标系上的一系列叠置层的栅格地图文件已建立起来，那么如何在计算机内组织这些数据才能达到最优数据存取、最少的存储空间、最短处理过程呢？如果每一层中每一个像元在数据库中都是独立单元，即数据值、像元和位置之间存在着一对一的关系，按上述要求组织数据的可能方式有三种方法。

方法 1：以像元为记录的序列。不同层上同一像元位置上的各属性值表示为一个列数组，如图 2-8（a）所示。

方法 2：以层为基础，每一层又以像元为序记录它的坐标和属性值，一层记录完后再记录第二层，如图 2-8（b）所示。这种方法较为简单，但需要的存储空间最大。

方法 3：以层为基础，但每一层内则以多边形（也称制图单元）为序记录多边形的属性值和充满多边形的各像元的坐标，如图 2-8（c）所示。

这三种方法中方法 1 节省了许多存储空间，因为 N 层中实际只存储了一层的像元坐标；方法 3 则节省了许多用于存储属性的空间，同一属性的制图单元的 n 个像元只记录一次属性值。它实际上是地图分析软件包中所使用的分级结构，这种多像元对应一种属性值的多对一的关系，相当于把相同属性的像元排列在一起，使地图分析和制图处理较为方便；方法 2 则是每层每个像元一一记录，它的形式最为简单。

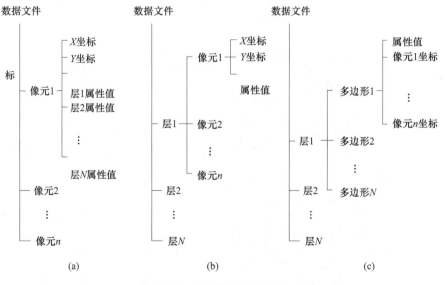

图 2-8　栅格数据组织方式
（a）方法 1；（b）方法 2；（c）方法 3

2.5.5　栅格数据取值方法

栅格数据的取值方法可以根据数据类型和应用需求而变化，地图在现实生活中用来表示不同的专题属性。如何在地图上获取栅格数据，简单的方法是在专题地图上均匀地划分网格，或者将一张透明方格网叠置于地图上，每一网格覆盖部分的属性数据，即为该网格栅格数据的取值。但是常常会遇到一些特殊的情况，同一网格可能对应地图上多种专题属性，而每一个单元只允许取一个值，目前对于这种多重属性的网格，以下有一些常见的栅格数据取值方法。

（1）中心归属法：每个栅格单元的值以网格中心点对应的面域属性值来确定，如图 2-9（a）所示。

（2）长度占优法：每个栅格单元的值以网格中线（水平或垂直）的大部分长度所对应的面域的属性值来确定，如图 2-9（b）所示。

（3）面积占优法：每个栅格单元的值以在该网格单元中占据最大面积的属性值来确定，如图 2-9（c）所示。

（4）重要性法：根据栅格内不同地物的重要性程度，选取特别重要的空间实体决定对应的栅格单元值，如稀有金属矿产区，其所在区域尽管面积很小或不位于中心，也应采取保留的原则，如图 2-9（d）所示。

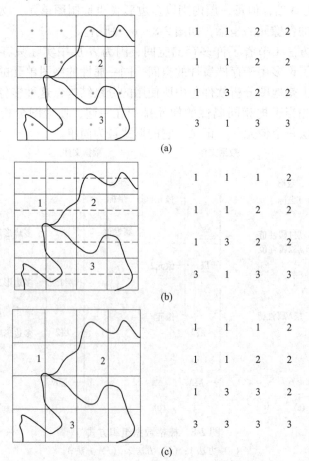

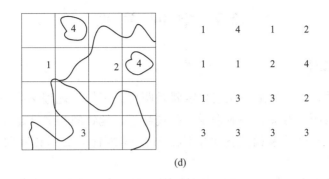

图 2-9　栅格数据取值方法

（a）中心归属法；（b）长度占优法；（c）面积占优法；（d）重要性法

2.6　矢量栅格一体化结构

　　矢量栅格一体化（Vector-Raster Integration）是在 GIS 环境中将矢量数据和栅格数据进行整合和协同处理的方法。这种整合旨在利用矢量数据和栅格数据各自的优势，从而实现更全面、更准确的地理分析和空间数据可视化。

　　对于面状地物，矢量数据用边界表达的方法将其定义为多边形的边界和一内部点，多边形的中间区域是空洞。而在基于栅格的 GIS 中，一般用元子空间充填表达的方法将多边形内任一点都直接与某一个或某一类地物联系。显然，后者是一种数据直接表达目标的理想方式。对线状目标，以往人们仅用矢量方法表示。事实上，如果将矢量方法表示的线状地物也用元子空间充填表达，就能将矢量和栅格的概念辩证统一起来，进而发展矢量栅格一体化的数据结构。假设在对一个线状目标数字化采集时，恰好在路径经过的栅格内部获得了取样点，这样的取样数据就具有矢量和栅格双重性质。其中，一方面，它保留了矢量的全部性质，以目标为单元直接聚集所有的位置信息，并能建立拓扑关系；另一方面，它建立了栅格与地物的关系，即路径上的任一点都直接与目标建立了联系。

　　因此，可采用填满线状目标路径和充填面状目标空间的表达方法作为一体化数据结构的基础。每个线状目标除记录原始取样点外，还记录路径通过的栅格；每个面状地物除记录它的多边形周边以外，还包括中间的面域栅格。无论是点状地物、线状地物，还是面状地物均采用面向目标的描述方法，因而它可以完全保持矢量的特性，而元子空间充填表达建立了位置与地物的联系，使之具有栅格的性质，这就是一体化数据结构的基本概念。从原理上说，这是一种以向量方式来组织栅格数据的数据结构。

　　矢量栅格一体化的目标是将这两种不同类型的数据整合在一起，以便在一个综合性的环境中进行地理分析、可视化和决策支持。例如，可以将矢量数据（如行政边界、道路网络）叠加在栅格数据（如遥感影像、地形数据）之上，从而获得更丰富的空间信息。这种一体化可以帮助我们更好地理解地理现象之间的关系，支持更精确的分析。

2.7　空 间 关 系

2.7.1　空间关系概述

谈到空间关系，我们的第一反应肯定就是距离，正如"地理学第一定律"表明地物之间的相关关系与距离有关，一般来说，距离越近，地物间相关性越大；距离越远，地物间相异性越大。空间关系就是各个实体，在空间位置上面的相互关系，有如下四种定义。

（1）空间拓扑关系：是描述实体之间是否存在包含、分割、穿越、相交等，如2.7.2小节所述的空间拓扑关系。

（2）空间顺序关系：指的是实体之间的相对空间关系描述，比如东南西北、上下左右、前后里外等。

（3）空间度量关系：可以进行定量描述，当然也可以进行定性描述，定量描述通常用数学语言来进行描述，而定性可以简单描述为距离的远近、时间的长短、面积的大小等。空间度量关系在本书第7章详细介绍。

（4）空间方向关系：是描述物体或事物在三维空间中相对于其他物体或坐标轴的朝向或方向，如前后方向、左右方向、上下方向等。

空间关系模型是地理信息系统中的重要概念，它帮助我们理解和表达不同地理要素（如点、线、面）之间的拓扑关系和相互位置。九交模型是二维空间关系模型，维数扩展的九交模型则将其扩展到三维空间关系模型，以适应三维地理空间数据的处理需求。这些模型用于描述和分析地理空间中不同对象之间的空间关系，以便更好地理解地理现象、进行地理数据查询、规划和分析等任务。这些模型的使用使得我们能够以一种标准化的方式描述和查询地理空间数据，从而更好地理解和处理地理空间信息。

2.7.2　空间拓扑关系

拓扑关系是指满足拓扑几何学原理的各空间数据间的相互关系，即用结点、弧段和多边形表示的实体之间的邻接、关联、包含和连通关系。拓扑关系表达时侧重于多边形间的关系描述，尤其是在二维拓扑空间中，九交模型中多边形（有空多边形和无空多边形）间拓扑关系的存在需满足一定的条件，九交模型中任意多边形之间拓扑关系存在的基本条件有9个；而在地图表达时常常遇到无空多边形间拓扑关系的描述，相对于有空多边形，无空多边形的边界是连续的，且多边形间的拓扑关系在满足9个基本条件的同时，还需更多限制条件，如：若两多边形的边界都与对方的内部相交，则两边界也相交等。

国际学术界对空间目标间空间关系的语义、描述、表达等基本理论进行了大量研究，提出了描述空间关系的模型与方法，初步建立了空间关系语义、描述以及表达的理论体系。其中，最具代表性的是Egenhofer等学者提出的基于点集拓扑学的四交、九交模型。以上两种拓扑关系模型都是基于目标分解后，得到空间目标内部、边界和外部，并以两两间的交集结果是否为空来判断空间目标间的拓扑关系。

2.7.2.1 四交模型

四交模型以点集拓扑学为基础，通过边界和内部两个点集的交的"空"与"非空"进行关系判别，并根据其边界与边界的交集、边界与内部的交集、内部与边界的交集、内部与内部的交集构成的 22 矩阵。假设有 A、B 两个实体对象，$B(A)$、$B(B)$ 表示 A、B 的边界，$I(A)$、$I(B)$ 表示 A、B 的内部，用公式表示如下：

$$R(A,B) = \begin{bmatrix} I(A) \cap I(B) & I(A) \cap B(B) \\ B(A) \cap I(B) & B(A) \cap B(B) \end{bmatrix} \tag{2-1}$$

式（2-1）中的元素为"空"，或为"非空"，总共可产生 16 种情形。排除现实世界中不具有物理意义的关系，即可得出 8 种面面关系、13 种线线关系、3 种点面关系、16 种线点关系、3 种点线关系。这里我们列出它所能描述的 8 种面面关系，如图 2-10 所示。

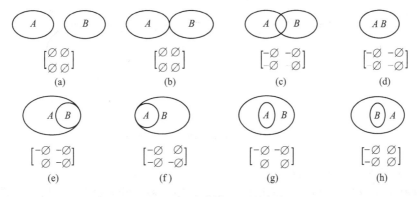

图 2-10　四交模型面面关系

（a）相离；（b）相接；（c）相交；（d）相等；（e）覆盖；（f）被覆盖；（g）包含；（h）被包含

2.7.2.2 九交模型

平面几何图形间有着各种各样的拓扑关系（见图 2-11），我们凭借肉眼观察很容易看出不同几何图形间的拓扑关系，而在计算机中如何来表示平面几何间各种各样的拓扑关系呢？这就是九交模型做的事情。九交模型是开放空间信息协会（Open Geospatial Consortium，OGC）制定的一套适用空间查询的一套模型，该模型能够表示平面几何图形间的拓扑关系。

九交模型定义了点、线、面的内部、边界、外部，假设 $I(a)$、$B(a)$、$E(a)$ 分别表示几何图形 a 的内部、外部、边界，然后通过表示任意两个几何图形的内部、边界、外部间相交情况来表示任意两个几何图形间的拓扑关系。这样任意两个对象之间的空间关系则可表示成 9 种情况，每一种情况又有"空"与"非空"两种取值，9 种情况可产生 $2^9 = 512$ 种不同的空间关系情形，但其中有些关系并不存在。九交模型形式化地描述了离散空间对象之间的拓扑关系，虽然理论上可表达 512 种关系，但大部分关系无实际意义或不存在，可以说九交模型描述的拓扑关系只是拓扑关系的类别，每一类别又可能有多种情形。由于地理对象又可分为点、线、面三类，而且其中任意两者的交集又有 T、F、$*$、0、1、2 六种取值，因而九交模型的空间关系又可拓展成 $6^9 = 10077696$ 种非常复杂的空间情形，形成维数扩展的九交模型，并通过对大量的空间关系进行归纳和分类，得出 5 种基本的空间关系：相离关系（Disjoint）、相接关系（Touches）、相交关系（Crosses）、包含于关系

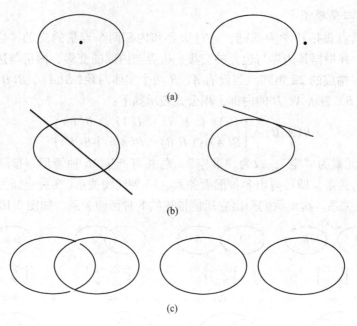

图 2-11　几何图形的空间关系
（a）点与面；（b）线与面；（c）面与面

（Contains）、交叠关系（Overlaps）。

假设函数 $\dim(x)$：返回 x 中几何体的最大维数。$\dim(\varnothing) = -1$，$\varnothing$ 表示空集；$\dim(\text{点}) = 0$；$\dim(\text{线}) = 1$；$\dim(\text{面}) = 2$。则维数扩展的九交集矩阵（DE-9IM）可推出公式，见表 2-1。

表 2-1　DE-9IM

项目	内　部	边　界	外　部
内部	$\dim(I(a) \cap I(b))$	$\dim(I(a) \cap B(b))$	$\dim(I(a) \cap E(b))$
边界	$\dim(B(a) \cap I(b))$	$\dim(B(a) \cap B(b))$	$\dim(B(a) \cap E(b))$
外部	$\dim(E(a) \cap I(b))$	$\dim(E(a) \cap B(b))$	$\dim(E(a) \cap E(b))$

基于此，不少学者又研究更为复杂对象之间更加复杂、细致的空间关系，如 Clementini 首先对平面上复杂几何对象（不连通并含有洞的面、闭曲线和自相交的折线集和多点集）进行了定义，明确了其边界、内部等的含义，然后用 CBM（Calculated Based Method）对这些对象之间的拓扑关系进行了描述，并证明了这 5 种关系的互斥性；还有学者提出基于 Voronoi 图的混合方法，它利用控件对象的 Voronoi 区域作为其外部对原九交扩展模型进行了修改。

A　相离

相离关系指的是两个空间对象之间没有相交、接触或包含的情况，即它们之间没有任何重叠的部分。具体来说，对于两个面对象，如果它们之间没有交叠或包含的部分，则它们之间的空间关系可以被称为相离（Disjoint）。同样，对于点与面、线与面等不同类型的空间对象，如果它们之间没有交叠或接触，则它们的空间关系也可以被描述为相离。用符号定义为：a. Disjoint(b)⇔$a \cap b = \varnothing$，在 DE-9IM 中表示为 a. Disjoint(b)⇔$(I(a) \cap I(b) = \varnothing) \wedge (I(a) \cap B(b) = \varnothing) \wedge (B(a) \cap I(b) = \varnothing) \wedge (B(a) \cap B(b) = \varnothing)$⇔a. Relate$(b, 'FF*FF****')$。相离关系如图 2-12 所示。

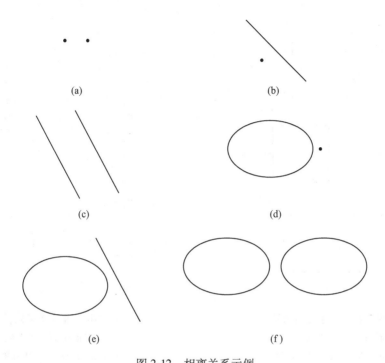

图 2-12　相离关系示例

（a）点与点；（b）点与线；（c）线与线；（d）点与面；（e）线与面；（f）面与面

B　相接

相接关系指的是两个空间对象之间具有共同的边界，即它们在空间上有一部分是重叠或接触的。如果两个面对象之间共享一条或多条边界，即它们的边界线有公共的部分，那么它们的空间关系可以被称为相接（Touches）。同样，对于点与线、点与面、线与面等不同类型的空间对象，如果它们之间存在公共的边界线或接触点，那么它们的空间关系也可以被描述为相接。用符号定义为：a. Touches(b)⇔$(I(a) \cap I(b) = \varnothing) \wedge (a \cap b) \neq \varnothing$。在 DE-9IM 中表示为 a. Touches(b)⇔$(I(a) \cap I(b) = \varnothing) \wedge (I(a) \cap B(b) \neq \varnothing) \vee (B(a) \cap I(b) \neq \varnothing) \vee (B(a) \cap B(b) \neq \varnothing)$⇔a. Relate$(b, 'FT*******')$ $\wedge$ a. Relate$(b, 'F**T*****')$ $\vee$ a. Relate$(b, 'F***T****')$。相接关系如图 2-13 所示。

C　相交

相交关系指的是两个空间对象之间有共同的部分，即它们在空间上存在交叉或重叠的情况，即它们的边界线有交叉或共享一些点，那么它们的空间关系可以被称为相交（Crosses）。对于点与线、点与面、线与面等不同类型的空间对象，如果它们之间存在交叉或有一些公共点，那么它们的空间关系也可以被描述为相交。用符号定义为：a. Crosses(b)⇔$(\dim(I(a) \cap I(b))) < \max(\dim(I(a)), \dim(I(b))) \wedge (a \cap b) \neq a$

$\wedge\ (a \cap b \neq b)$。在 DE-9IM 中表示为 a. Crosses$(b) \Leftrightarrow (I(a) \cap I(b) \neq \varnothing) \wedge (I(a) \cap E(b) \neq \varnothing) \Leftrightarrow$ a. Relate$(b, \text{'} F * T * * * * * * \text{'})$。相交关系如图 2-14 所示。

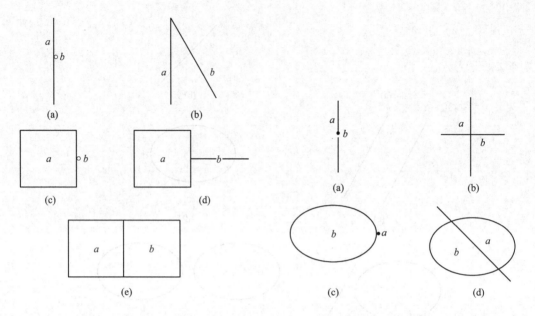

图 2-13 相接关系示例   图 2-14 相交关系示例

(a) 点与线；(b) 线与线；(c) 点与面；   (a) 点与线；(b) 线与线；

(d) 线与面；(e) 面与面   (c) 点与面；(d) 线与面

D 包含关系

包含关系指的是一个空间对象完全包含另一个空间对象，即一个对象的所有点都在另一个对象的内部。具体来说，对于两个面对象，如果一个面对象的边界完全包围了另一个面对象，那么它们之间的空间关系可以被称为包含关系（Within）。例如，一个大的圆形面对象完全包含了一个小的正方形面对象。用符号定义为：a. Within$(b) \Leftrightarrow (a \cap b = a) \wedge (I(a) \cap I(b) \neq \varnothing)$。在 DE-9IM 中表示为 a. Within$(b) \Leftrightarrow (I(a) \cap I(b) \neq \varnothing) \wedge (I(a) \cap E(b) = \varnothing) \wedge (B(a) \cap E(b) = \varnothing) \Leftrightarrow$ a. Relate$(b, \text{'} F * T * * F * * * \text{'})$。包含关系如图 2-15 所示。

E 叠置关系

叠置关系指的是两个空间对象在空间上有一部分是重叠的，即它们的边界线有交叉或共享一些点，但它们并不完全包含彼此。如果两个面对象在空间上有一部分是重叠的，即它们的边界线有交叉或共享一些点，但其中一个面对象的所有点并不完全在另一个面对象的内部，则可以说它们之间存在叠置关系（Overlaps）。例如，两个不完全相同的多边形面对象在某些区域有重叠。用符号定义为：a. Overlaps$(b) \Leftrightarrow (\dim(I(a)) = (\dim(I(b)) = \dim(I(a) \cap I(b))) \wedge (a \cap b \neq a) \wedge (a \cap b \neq b)$。在 DE-9IM 中表示为 a. Overlaps$(b) \Leftrightarrow (I(a) \cap I(b) \neq \varnothing) \wedge (I(a) \cap E(b) \neq \varnothing) \wedge (E(a) \cap I(b) \neq \varnothing) \Leftrightarrow$ a. Relate$(b, \text{'} T * T * * * T * * \text{'})$。叠置关系如图 2-16 所示。

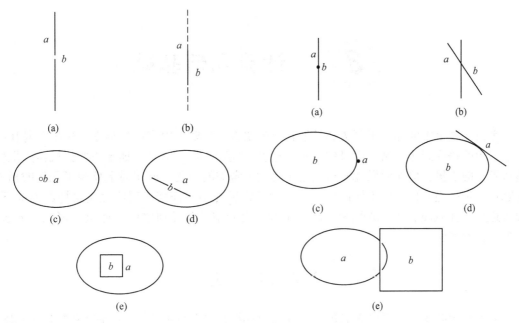

图 2-15　包含关系示例　　　　图 2-16　叠置关系示例
（a）点与线；（b）线与线；（c）点与面；　　（a）点与线；（b）线与线；（c）点与面；
（d）线与面；（e）面与面　　　　（d）线与面；（e）面与面

习　　题

2-1　地理空间数据的基本特征包括_____、_____和_____等。

2-2　地理空间实体主要类型包括_____、_____和_____等。

2-3　地理信息系统的空间数据是指（　　　）。

（A）三维图形数据，它们与时间有关

（B）二维图形数据，它们与时间有关

（C）图形数据与属性数据，它们与时间有关

（D）属性数据，它们与空间有关

2-4　通过实例说明 GIS 空间数据的基本特征及在计算机中的表示方法？

2-5　试比较矢量与栅格数据结构各有什么特征？

2-6　解释栅格数据的基本概念。什么是像素，什么是栅格单元？

2-7　空间数据组织具有哪两种方式。

2-8　简述维数扩展的九交模型。

2-9　试述 GIS 空间拓扑关系编辑的功能及具体算法？

3 计算几何基础

生活在城市中的你，想要去驿站取自己的快递，只要手中有一份地图，你很容易找到一条最短的路径到达驿站，而且中途不会撞上其他障碍物。但是，如果想要让机器人把快递送到你的手里，该如何做呢？虽然这不是大家考虑的问题，但实质上反映了几何的相关问题：给定一组几何形状不同的障碍物，我们需要在不与任何障碍物发生碰撞的前提下，找出连接于任意两点之间的最短通路。本章主要介绍计算几何中的一些重要概念、方法、数据结构及算法。

3.1 概　述

公元前300年，古希腊著名数学家欧几里得撰写《几何原本》，它是欧洲数学的基础，总结了平面几何的五大公设，被广泛认为是历史上最成功的教科书。《几何原本》是欧几里得几何的基础，对几何学的发展做出了里程碑式的贡献。

"计算几何"这个术语最初是1969年由Minsky和Papert作为模型识别的代名词被提出来的，到了A. R. Forrest（1972）才有正式的定义："计算几何是对几何外形信息的计算机表示、分析和综合"。1975年Shamos和Hoey利用计算机有效地计算平面点集的Voronoi图，总结和发展了大量与几何图形有关的算法，并于1978年发表了一篇题为"计算几何"的博士论文。而后，计算几何在全世界迅速发展，其成果在计算机图形学、计算机视觉、地理信息科学等学科和领域有着重要应用。在用计算机解决大规模及超大规模集成电路设计、线性规划、图形识别、人工智能、网络理论、数据库统计问题时，都产生了与几何图形有关的问题。

计算几何原理是地理信息系统重要的理论支柱之一，是地理信息系统充分发挥其空间分析与数据处理功能的基础，所以任何地理信息系统软件，都不可避免地要借助计算几何原理算法来实现软件的许多功能。

计算几何研究的典型问题由几何基元、查找、优化等组成。几何基元包括凸壳和Voronoi图、多边形的Delaunay三角剖分、划分问题与相交问题，几何查找包括点定位、可视化、区域查找等问题，几何优化包括参数查找和线性规划。有很多学者对此进行了研究，武汉大学地理信息系统资深教授毋河海先生、中国测绘学会航测遥感专业委员会委员孙立新博士等人不仅将计算几何原理与自己的科研紧密结合，而且还强调地理信息系统研究与开发人员要高度重视计算几何。

纵观地理信息系统的发展史可以发现，在其发展过程中遇到的许多问题最终都是借助计算几何的原理得到解决的。可以说，计算几何原理在地理信息系统的发展与成长壮大过程中是"功不可没"的。

本章将经典的几何对象以及基础操作使用算法表现出来，主要介绍几何对象数据结构及其相关算法等。

3.2 向 量

3.2.1 向量的定义

　　向量（Vector）又称矢量，它的名称起源于物理学既有大小又有方向的物理量，例如位移、速度、加速度、力、力矩、动量、冲量、电场强度、磁感应强度等，都是向量。在数学中向量（也称为欧几里得向量、几何向量），是指具有大小和方向的量。它可以形象化地表示为带箭头的线段，箭头所指代表向量的方向，线段长度代表向量的大小。与向量对应的叫做数量，只有大小，没有方向（物理学中称为标量）。

　　二维空间中的向量类定义如下：

```
class Vector2D
{
        private double x, y;
        public Vector2D(double x, double y)
        {
            this.x = x;
            this.y = y;
        }
        public double X
        {get{return this.x;}
            set{this.x = value;}
        }
        public double Y
        {get{return this.y;}
            set{this.y = value;}
        }
}
```

　　向量最初被应用于物理学，很多物理量如力、速度、位移以及电场强度、磁感应强度等都是向量。

3.2.2 向量的表示

　　如果一条线段的端点是有次序之分的，我们把这种线段称为有向线段（Directed Segment）。如果有向线段 P_1P_2 的起点 P_1 终点为 P_2，我们可以把它称为矢量 P_1P_2。有向线段的长度表示矢量的大小，有向线段的方向表示矢量的方向。向量的几何表示如图 3-1 所示。

　　向量的代数表示一般印刷用黑体的小写英文字

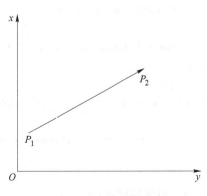

图 3-1　向量的几何表示

母（a、b、c 等）来表示，手写用在 a、b、c 等字母上加一个箭头（→）表示，如 $\vec{a}$、$\vec{b}$、$\vec{c}$，也可以用大写字母（黑体）$\boldsymbol{A}$、$\boldsymbol{B}$、$\boldsymbol{C}$ 表示。

3.2.3　向量的运算

　　向量也支持各种数学运算，最简单的就是加减。我们可以对两个向量相加，得到的仍然是一个向量。设二维向量 $A = (x_1, y_1)$，$B = (x_2, y_2)$，则向量加法定义为：$A + B = (x_1 + x_2, y_1 + y_2)$，向量减法定义为：$B - A = (x_1 - x_2, y_1 - y_2)$，显然有性质：$A + B = B + A$，$B - A = -(A - B)$。若存在常数 $k \neq 0$，则有数乘 $kA = (kx_1, ky_1)$。向量加减运算如图 3-2 所示（向量 A、B 起点均为坐标原点）。而向量的加、减、数乘运算直接坐标分别相加、相减、相乘即可。

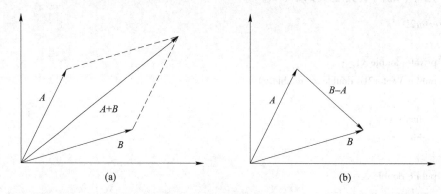

图 3-2　向量加减法运算

（a）向量加法；（b）向量减法

```
//向量加法
public static Vector2D operator +(Vector2D a, Vector2D b)
{
  return new Vector2D{ X=a. X+b. X, Y=a. Y+b. Y};
}
//向量减法
public static Vector2D operator -(Vector2D a, Vector2D b)
{
  return new Vector2D{ X=a. X - b. X, Y=a. Y - b. Y};
}
//向量数乘
public static Vector2D operator *(double scalar, Vector2D vector)
{
  return new Vector2D{ X=scalar * vector. X, Y=scalar * vector. Y};
}
```

3.2.4　向量基础操作

　　向量基础操作有：

（1）向量长度（模长）。向量的模即向量的长度，如果有向量 $A(x, y)$，则向量的模 $|A|$ 为：

$$|A| = \sqrt{x^2 + y^2} \tag{3-1}$$

（2）向量点乘（Dot Product）。点乘是相应元素的乘积的和，结果为数值。

$$A(x_1, y_1) \cdot B(x_2, y_2) = x_1 \cdot x_2 + y_1 \cdot y_2 \tag{3-2}$$

```
public static double DotProduct2D( Vector2D A, Vector2D B)
{
  return( A. X * B. X+ A. Y * B. Y); //点乘,结果为数值
}
```

注意：结果不是一个向量，而是一个标量（Scalar）。

（3）向量夹角。若两向量 A 和 B 之间的夹角为 θ，则点乘为：

$$A \cdot B = |A||B|\cos\theta \tag{3-3}$$

得 $k = \dfrac{AB}{|A||B|}$，即夹角 $\theta = \arccos k$。设 $r = A \cdot B$，当 $r < 0$ 时，两向量夹角为钝角，$\theta \in \left(\dfrac{\pi}{2}, \pi\right)$；当 $r = 0$ 时，两向量夹角为直角，$\theta = \dfrac{\pi}{2}$；当 $r > 0$ 时，两向量夹角为锐角，$\theta \in \left(0, \dfrac{\pi}{2}\right)$。向量夹角如图 3-3 所示。

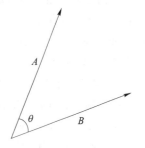

图 3-3　向量夹角

//已知非零向量 OP1 和向量 OP2,计算它们的点积 r。如果 r 小于 0:两向量夹角为钝角;$r=0$:两向量夹角为直角;r 大于 0:两向量夹角为锐角。

```
public static double DotProduct( Point2D O, Point2D P1, Point2D P2)
{
return ( ( P1. X - O. X) * ( P2. X - O. X)+( P1. Y - O. Y) * ( P2. Y- O. Y));
}
```

（4）向量叉乘（Cross Product）。设向量 $A(x_1, y_1, z_1)$ 和 $B(x_2, y_2, z_2)$，向量叉乘又称为向量积，结果依旧是个向量，与这两个向量都垂直且方向在 z 轴上，是这两个向量所在平面的法线向量。若两向量 A 和 B 间的夹角为 θ，z 轴的单位向量为 z，则：

$$
\begin{aligned}
A(x_1, y_1, z_1) \times B(x_2, y_2, z_2) &= (y_1 z_2 - z_1 y_2, z_1 x_2 - x_1 z_2, x_1 y_2 - y_1 x_2) \\
&= |A||B|\sin\theta z
\end{aligned} \tag{3-4}
$$

//三维空间中向量 A 和 B 叉乘

```
public static Vector CrossProduct( Vector A, Vector B)
{
    Vector c = new Vector ( ( A. Y * B. Z-A. Z * B. Y),( A. Z * B. Y-A. X * B. Z),( A. X * B. Y-A. Y * B. X));
    return c;
}
```

在二维空间里,如果暂时忽略它的方向,将结果看成一个数值,那么返回 A. X * B. Y-A. Y * B. X。

//二维空间中向量 **A** 和 **B** 叉乘,其结果返回一个数值。

```
public static double CrossProduct(Vector2D A, Vector2D B)
{
    returnA. X * B. Y-A. Y * B. X;
}
```

//重载:已知 3 点,计算二维空间中向量 OP1 和 OP2 叉乘结果。

```
public static double CrossProduct(Point2D O, Point2D P1, Point2D P2)
{
    Vector2D A=new Vector2D(P1. X-O. X, P1. Y-O. Y);
    Vector2D B=new Vector2D(P2. X-O. X, P2. Y-O. Y);
    returnA. X * B. Y-A. Y * B. X;
}
```

需要注意的是,叉乘的 θ 是有正负之分的,当由 A 到 B 与 x 到 y 轴的方向相同时取+(正)号,相反取-(负)号,图 3-4 为 $-\theta$。叉乘的绝对值就是向量 A 和 B 为两边形成的平行四边形的面积,也就是 AB 所包围三角形面积的 2 倍。在计算面积时,我们经常用到叉乘。

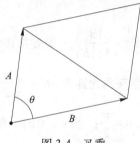

图 3-4 叉乘

叉乘的一个非常重要性质是可以通过它的符号判断两向量相互之间的顺逆时针关系:

1)若 $|AB|>0$,则 A 在 B 的顺时针方向。

2)若 $|AB|>0$,则 A 在 B 的逆时针方向。

3)若 $|AB|>0$,则 A 与 B 共线,但可能同向也可能反向。

3.3 点、线、面的关系判断

3.3.1 概述

点、线、面是地理空间数据中三种最基本、最常见的空间要素,它们之间有着不同的拓扑关系。根据拓扑关系的不同,我们可以使用不同的地理空间分析方法,来解决各种地理问题。

首先,点是一种构成地理空间的基本要素,它代表着地理空间中的一个离散点,比如一个城市的市心、一个地铁站等。这些点通常是独立存在的,没有形态上的延伸。在地理信息系统里,点经常用于表示某些地理特征的位置信息。其次,与点不同的是,线是一种具有空间延伸的空间要素,它由一系列点依照一定的顺序连接而成,代表着一种自然或人为的线性要素,比如公路、河流、铁路、管线等。线是比点更为复杂的空间要素,不仅有起点和终点,还有长度、方向、曲率等属性。线的拓扑关系可以从线的连接方式、交叉方式等多个角度来考虑。最后,面是一种具有两维形态特征的空间要素,通常由若干个连续而相邻的线构成,比如湖泊、建筑物、森林、土地利用等。面的形态和位置对于地理空间分析和空间决策具有重要意义。例如,面可以用于计算土地利用变化、空间分析类似城市扩张的问题。

在点、线、面之间，存在着具有指导意义的拓扑关系。点可以不同的方式组成线，例如可以用结点或边缘等方式，经过组织就形成了线的相关要素。线可以连接点和面，形成复杂流域、陆地和海洋边，这些拓扑关系对于空间分析和地理数据处理非常重要。在进行地理查询、空间关系分析、网络分析、拓扑校验等任务时，了解和处理这些拓扑关系能够确保数据的准确性和一致性。

3.3.2　点与点的关系

点与点的关系如下：

（1）判断两点是否重合。$A(x_1, y_1)$、$B(x_2, y_2)$ 两个点重合，可以采用极值的思想，满足 A 的 x 与 B 的 x 值小于给定的正数 EP，且 A 的 y 与 B 的 y 差值小于给定的正数 EP，则重合。

```
public class Geometry2D
{
    // 需要包含的头文件
    const double EP = 1E-10;//定义一个极小正数值 EP
    public static bool Equal_Point(Point2D A, Point2D B)
    {
        //判断点是否重合
        return ((Math.Abs(A.X - B.X) < EP) && (Math.Abs(A.Y - B.Y) < EP));
    }
}
```

（2）计算两点之间欧氏距离。若两点不重合，则可以计算两点之间的距离，$A(x_1, y_1)$、$B(x_2, y_2)$ 两点之间的欧氏距离为：

$$d = \sqrt{(x_2 - x_1)^2 + (y_2 - y_1)^2} \tag{3-5}$$

```
//返回两点之间欧氏距离
public static double Dist(Point2D A, Point2D B)
{
    return(Math.Sqrt((A.X - B.X) * (A.X - B.X)+(A.Y - B.Y) * (A.Y - B.Y)));
}
```

3.3.3　判断点是否在线段上

3.3.3.1　方法一

设点为 P_0，线段为 L 两端点为 P_1、P_2，判断点 P_0 在该线段上的依据是：$(P_0 - P_1) \times (P_2 - P_1) = 0$，且 P_0 在以 P_1、P_2 为对角顶点的矩形内。前者保证 P_0 点在直线 P_1P_2 上，后者是保证 P_0 点不在线段 P_1P_2 的延长线或反向延长线上，对于这一步骤的判断可以用以下过程实现：

```
//判断点 P0 是否在线段 L 上
public static bool Online(Point2D P0, Point2D P1, Point2D P2)
```

```
    }
    //P0 在线段 L 所在的直线上 && P0 在以线段 L 为对角线的矩形内
    return((CrossProduct(P1, P0, P2) = = 0) && (((P0. X － P1. X) * (P0. X － P2. X) <= 0)
&& ((P0. Y － P1. Y) * (P0. Y － P2. Y) <= 0)));
    }
```

3.3.3.2   方法二

计算 P_0 到直线 P_1P_2 的距离，如果这个距离足够小我们就认为 P_0 在直线上。

已知点 $P_1(x_1, y_1)$、$P_2(x_2, y_2)$ 在直线 $l = ax + b$ 上，求点 $P_0(x_0, y_0)$ 到这条直线的距离，公式如下：

$$Dis = \frac{|(y_2 - y_1) x_0 + (x_2 - x_1) y_0 + b|}{\sqrt{(x_2 - x_1)^2 + (y_2 - y_1)^2}} \tag{3-6}$$

```
//求点 P0 到线段 l 所在直线的距离
public static double PtoLDist(Point2D P0,Linel)
{
    return Math. Abs(CrossProduct(P0, l. P1 l. P2)/Dist(l. P1 l. P2);
}
```

3.3.4   判断折线拐向

折线段的拐向判断方法可以直接由矢量叉乘的性质推出。对于有公共端点的线段 OA 和 AB，通过计算 $(B - O) \times (A - O)$ 的符号便可以确定折线段的拐向：

若 $(B - O) \times (A - O) > 0$，则 OA 在 A 点拐向右侧后得到 AB；

若 $(B - O) \times (A - O) < 0$，则 OA 在 A 点拐向左侧后得到 AB；

若 $(B - O) \times (A - O) = 0$，则 O、A、B 三点共线。

折线拐向的判断如图 3-5 所示。

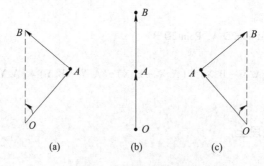

(a)   (b)   (c)

图 3-5   折线拐向的判断

(a) 若 $(B - O) \times (A - O) < 0$，则 OA 在 A 点拐向左侧后得到 AB；

(b) 若 $(B - O) \times (B - O) = 0$，则 O、A、B 三点共线；

(c) 若 $(B - O) \times (A - O) > 0$，则 OA 在 A 点拐向右侧后得到 AB

当 $k = -1$ 时，夹角 $\theta = \pi$。当 $k = 1$ 时，夹角 $\theta = 0$。当 $-1 < k < 1$ 时，点乘 $k = A \cdot B$，$k > 0$，说明夹角 θ 与 xy 正旋转方向相同，即 θ；$k < 0$，说明夹角 θ 与 xy 正旋转方向相反，即 $-\theta$。

//返回顶角在 O 点,起始边为 OA,终止边为 OB 的夹角(单位:弧度)。角度小于 pi,返回正值;角度大于 pi,返回负值。

//可以用于求线段之间的夹角,以及拐向

```
public static double Angle( Point2D O, Point2D A, Point2D B)
{
    doublecosfi, fi, norm;//夹角余弦,夹角 fi,面积
    double dAx=A. X - O. X;//向量 A 的 x
    double dAy=A. Y - O. Y;//向量 A 的 y
    double dBx=B. X - O. X;//向量 B 的 x
    double dBy=B. Y - O. Y;//向量 B 的 y


    cosfi=dAx * dBx+dAy * dBy;//求夹角余弦
    norm=( dAx * dAx+dAy * dAy) * ( dBx * dBx+dBy * dBy) ;
    cosfi / = Math. Sqrt( norm) ;

    if( cosfi >= 1. 0)
        return 0;
    if( cosfi <= -1. 0)
        return -3. 1415926;

    fi=Math. Acos( cosfi) ;
    if( dAx * dBy - dAy * dBx > 0) return fi;//说明向量 os 在向量 oe 的顺时针方向
        return -fi;
}
```

3.3.5 判断线段是否相交

两条线段有且仅有一个公共点,且这个点不是任何一条线段的端点时,称这两条线段是严格相交的。判断两条线段是否相交,需要至少满足两个条件中的一个:每条线段都跨越了包含另一条线段的直线或一条线段的某个端点落在了另一条线段上。在判断线段的相交时,主要是利用向量的叉乘。以下分两步确定两条线段是否相交。

3.3.5.1 快速排斥试验

设以线段 P_1P_2 为对角线的矩形为 R ,设以线段 Q_1Q_2 为对角线的矩形为 T ,如果 R 和 T 不相交,显然两线段不会相交。即:

如果 P_1P_2 中最大的 X 比 Q_1Q_2 中最小的 X 还要小,说明 P_1P_2 在 Q_1Q_2 的最左点的左侧,不可能相交;

如果 P_1P_2 中最小的 X 比 Q_1Q_2 中最大的 X 还要大,说明 P_1P_2 在 Q_1Q_2 的最右点的右侧,不可能相交;

如果 P_1P_2 中最大的 Y 比 Q_1Q_2 中最小的 Y 还要小,说明 P_1P_2 在 Q_1Q_2 的最低点的下方,不可能相交;

如果 P_1P_2 中最小的 Y 比 Q_1Q_2 中最大的 Y 还要大,说明 P_1P_2 在 Q_1Q_2 的最高点的上方,

不可能相交。

　　快速排斥实验能很快地排除掉线段不相交的情况，但并没法成为线段相交的充要条件，在快速排斥实验之后接上跨立实验就能完全的判断两线段是否相交，但其实只用跨立实验这一种办法也能作为判断线段相交的充要条件（见图3-6）。

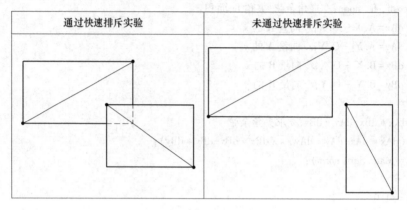

图 3-6　快速排斥实验

3.3.5.2　跨立实验

　　如果两线段相交，则两线段必然相互跨立对方。若 P_1P_2 跨立 Q_1Q_2，则矢量 $(P_1 - Q_1)$ 和 $(P_2 - Q_1)$ 位于矢量 $(Q_2 - Q_1)$ 的两侧，即 $(P_1 - Q_1) \times (Q_1 - Q_2) * (P_2 - Q_1) \times (Q_2 - Q_1) < 0$ 或 $(P_1 - Q_1) \times (Q_2 - Q_1) * (Q_2 - Q_1) \times (P_2 - Q_1) > 0$。

　　当 $(P_1 - Q_1) \times (Q_2 - Q_1) = 0$ 时，说明 $(P_1 - Q_1)$ 和 $(Q_2 - Q_1)$ 共线，但是因为已经通过快速排斥试验，所以 P_1 一定在线段 Q_1Q_2 上。同理，$(Q_2 - Q_1) \times (P_2 - Q_1) = 0$ 说明 P_2 一定在线段 Q_1Q_2 上。

　　所以判断 P_1P_2 跨立 Q_1Q_2 的依据是：$(P_1 - Q_1) \times (Q_2 - Q_1) \cdot (Q_2 - Q_1) \times (P_2 - Q_1) \geqslant 0$。同理，判断 Q_1Q_2 跨立 P_1P_2 的依据是：$(Q_1 - P_1) \times (P_2 - P_1) \cdot (P_2 - P_1) \times (Q_2 - P_1) \geqslant 0$。

　　//如果线段 u 和 v 相交(包括相交在端点处)时，返回 true。

　　//判断 P1P2 跨立 Q1Q2 的依据是:(P1 - Q1) × (Q2 - Q1) * (Q2 - Q1) × (P2 - Q1) >= 0;判断 Q1Q2 跨立 P1P2 的依据是:(Q1 - P1) × (P2 - P1) * (P2 - P1) × (Q2 - P1) >= 0。

　　public static bool Intersect (Line u, Line v)

```
{
    //排斥实验
    return ( ( Math. Max( u. s. X, u. e. X) >= Math. Min( v. s. X, v. e. X) ) &&
    ( Math. Max( v. s. X, v. e. X) >= Math. Min( u. s. X, u. e. X) ) &&
    ( Math. Max( u. s. Y, u. e. Y) >= Math. Min( v. s. Y, v. e. Y) ) &&
    ( Math. Max( v. s. Y, v. e. Y) >= Math. Min( u. s. Y, u. e. Y) ) &&
    //跨立实验
    ( CrossProduct ( v. s, u. e, u. s) * CrossProduct ( u. e, v. e, u. s) >= 0) &&
    ( CrossProduct ( u. s, v. e, v. s) * CrossProduct ( v. e, u. e, v. s) >= 0) );
}
```

```
// （线段 u 和 v 相交）&&（交点不是双方的端点）时返回 true
public static bool Intersect_A(Line u, Line v)
{
        return((Intersect (u, v)) &&
        (！On line (u, v.s)) &&
        (！On line (u, v.e)) &&
        (！On line (v, u.e)) &&
        (！On line (v, u.s)));
}
//线段 v 所在直线与线段 u 相交时返回 true
public static bool Intersect_l (Line u, Line v)
{
        returnCrossProduct (u.s, v.e, v.s) * CrossProduct (v.e, u.e, v.s) >= 0;
}
```

3.3.6　矩形包含判断

矩形包含判断如下：

（1）矩形包含点。已知矩形的坐标为 $A(x_0, y_0)$ 和 $B(x_1, y_1)$，求 $P(x, y)$ 是否在矩形内。只要判断该点的 x, y 是否夹在矩形的左右边和上下边之间即可。

```
if((x0 <x) && (x1 > x) && (y1 < y) && (y< y0))
    {
        Console. WriteLine("P 在点上")
    }
else
    {
        Console. WriteLine("P 不在点上")
    }
```

矩形和点的关系如图 3-7 所示。

（2）矩形包含线段、折线、多边形。因为矩形是一个凸集，所以只要判断所有端点是否都在矩形中就可以了。

（3）矩形包含矩形。只需要比较左右边界和上下边界就可以了。

（4）矩形包含圆。圆在矩形中的充要条件是：圆心在矩形中且圆的半径小于或等于圆心到矩形四边的距离的最小值。

3.3.7　多边形包含判断

3.3.7.1　多边形包含点

判断点 P 是否在多边形中是计算几何中一个非常基本但十分重要的算法，对这个问题有许多令人感兴趣的算法。以点 P 为端点，向右方作射线 L，由于多边形是有边界的，所以射线 L 的左端一定在多边形外，考虑沿着 L 从无穷远处开始自左向右移动，遇到和多边形的第一个交点的时候，进入了多边形的内部，遇到第二个交点的时候，离开了多边形，所以很容易看出当 L 和多边形的交点数目 C 是奇数的时候，P 在多边形内，是偶数的时候 P 在多边形外。多边形和点的关系如图 3-8 所示。

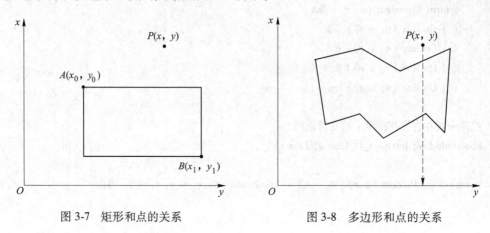

图 3-7　矩形和点的关系　　　　　　图 3-8　多边形和点的关系

//判断当前位置是否在不规则形状里面

```
public static bool PositionPnpoly(int nvert, List<double> vertx, List<double> verty, double testx, double
testy)
    {
        inti, j, c=0;
    for (i=0, j=nvert − 1; i < nvert; j=i++)
        {
        if ((((verty[i] > testy)！=(verty[j] > testy)) && (testx < (vertx[j] − vertx[i]) * (testy − verty
[i])/(verty[j] − verty[i])+vertx[i]))
            {
                c=1+c;
            }
        }
    if (c % 2 == 0)
        {
            return false;
        }
    else
        {
        return true;
        }
    }
```

有些特殊情况要加以考虑。在图 3-9（a）中，L 和多边形的顶点相交，这时候交点只能计算一个；在图 3-9（b）中，L 和多边形顶点的交点不应被计算；在图 3-9（c）和（d）中，L 和多边形的一条边重合，这条边应该被忽略。在使用射线法进行点与多边形的拓扑关系判断时，有一个限定条件，即多边形必须是由一个简单多边形，这个多边形必须是由一个简单的闭合曲线构成的，在多边形所在的平面中只有两个相互分离的部分，即多边形的外部与多边形的内部，且多边形没有自相交与自重叠。

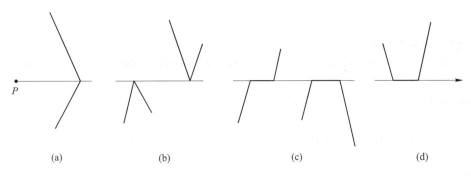

图 3-9 多边形包含的特殊情况

为了计算射线 L 和多边形的交点，需要统一下列三种情况：

（1）对于多边形的水平边不做考虑；

（2）对于多边形的顶点和 L 相交的情况，如果该顶点是其所属的边上纵坐标较大的顶点，则计数，否则忽略；

（3）对于 P 在多边形边上的情形，直接可判断 P 属于多边形。由此得出算法的代码如下：

```
class Program
{
    static void Main(string[] args)
    {
// 定义射线
Point2D rayStart = new Point2D(0, 0);
Point2D rayEnd = new Point2D(5, 5);

// 定义多边形的顶点
List<Point2D> polygon = new List<Point2D>
{
new Point2D(2, 0),
new Point2D(4, 1),
new Point2D(5, 3),
new Point2D(3, 5),
new Point2D(1, 4)
};
// 检查射线和多边形的交点
List<Point2D> intersections = RayPolygonIntersection(rayStart, rayEnd, polygon);

// 打印交点
Console.WriteLine("交点为");
foreach (var intersection in intersections)
```

```
    {
        Console. WriteLine( $ " ({intersection. X} , {intersection. Y})") ;
    }
}

// 计算射线和多边形的交点
static List<Point2D> RayPolygonIntersection( Point2D rayStart, Point2D rayEnd, List<Point2D> polygon)
{
    List<Point2D> intersections = new List<Point2D>() ;

    for ( int i = 0; i < polygon. Count; i++)
    {
        Point2D edgeStart = polygon[i] ;
        Point2D edgeEnd = polygon[ (i+1) % polygon. Count] ;

        if ( DoIntersect( rayStart, rayEnd, edgeStart, edgeEnd))
        {
            Point2D intersection = GetIntersectionPoint( rayStart, rayEnd, edgeStart, edgeEnd) ;
            intersections. Add( intersection) ;
        }
    }
    return intersections;
}


// 检查两条线段是否相交
static bool DoIntersect( Point2D p1, Point2D q1, Point2D p2, Point2D q2)
{
    int o1 = Orientation( p1, q1, p2) ;
    int o2 = Orientation( p1, q1, q2) ;
    int o3 = Orientation( p2, q2, p1) ;
    int o4 = Orientation( p2, q2, q1) ;
    if ( o1 ! = o2 && o3 ! = o4)
    return true;
    return false;
}
    // 获取两条线段的交点
    static Point2D GetIntersectionPoint( Point2D p1, Point2D q1, Point2D p2, Point2D q2)
    {
        double A1 = q1. Y - p1. Y;
        double B1 = p1. X - q1. X;
        double C1 = A1 * p1. X+B1 * p1. Y;
        double A2 = q2. Y - p2. Y;
        double B2 = p2. X - q2. X;
        double C2 = A2 * p2. X+B2 * p2. Y;
```

```
        double det = A1 * B2 - A2 * B1;
        double x = (C1 * B2 - C2 * B1)/det;
        double y = (A1 * C2 - A2 * C1)/det;

        return new Point2D((int)x, (int)y);
    }
    // 判断三个点的方向
    static int Orientation(Point2D p, Point2D q, Point2D r)
    {
        double val = (q.Y - p.Y) * (r.X - q.X) - (q.X - p.X) * (r.Y - q.Y);

        if (val == 0) return 0;   // 三点共线
        return (val > 0) ? 1 : 2; // 顺时针或逆时针方向
    }
}
```

其中作射线 L 的方法：设 P' 的纵坐标和 P 相同，横坐标为正无穷大（很大的一个正数），则 P 和 P' 就确定了射线 L。

判断点是否在多边形中，这个算法的时间复杂度为 $O(n)$。

另外还有一种算法是用带符号的三角形面积之和与多边形面积进行比较，这种算法由于使用浮点数运算，所以会带来一定误差，不推荐大家使用。

3.3.7.2　判断线段是否在多边形内

线段在多边形内的一个必要条件是线段的两个端点都在多边形内，但由于多边形可能为凹多边形，所以这不能成为判断的充分条件。如果线段和多边形的某条边内交（两线段内交是指两线段相交且交点不在两线段的端点），因为多边形的边的左右两侧分属多边形内外不同部分，所以线段一定会有一部分在多边形外（见图 3-10 （a））。于是我们得到线段在多边形内的第二个必要条件：线段和多边形的所有边都不内交。

线段和多边形交于线段的两端点并不会影响线段是否在多边形内；但是如果多边形的某个顶点和线段相交，还必须判断两相邻交点之间的线段是否包含于多边形内部（反例见图 3-10 （b））。

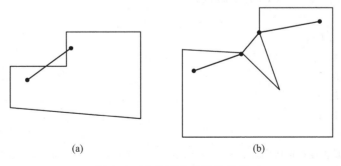

(a)　　　　　　　　　　　　(b)

图 3-10　多边形和线段的关系

因此我们可以先求出所有和线段相交的多边形的顶点，然后按照 $X \to Y$ 坐标排序（X

坐标小的排在前面，对于 X 坐标相同的点，Y 坐标小的排在前面，这种排序准则也是为了保证水平和垂直情况的判断正确），这样相邻的两个点就是在线段上相邻的两交点，如果任意相邻两点的中点也在多边形内，则该线段一定在多边形内。

证明如下：

命题 1：如果线段和多边形的两相邻交点 P_1、P_2 的中点 P' 也在多边形内，则 P_1、P_2 之间的所有点都在多边形内。

证明：假设 P_1、P_2 之间含有不在多边形内的点，不妨设该点为 Q，在 P_1、P' 之间，因为多边形是闭合曲线，所以其内外部之间有界，而 P_1 属于多边形内部，Q 属于多边形外部，P' 属于多边形内部，P_1—Q—P' 完全连续，所以 P_1Q 和 QP' 一定跨越多边形的边界，因此在 P_1，P' 之间至少还有两个该线段和多边形的交点，这和 P_1P_2 是相邻两交点矛盾，故命题成立。

由命题 1 直接可得出推论：

推论 2：设多边形和线段 PQ 的交点依次为 P_1，P_2，…，P_n，其中 P_i 和 P_{i+1} 是相邻两交点，线段 PQ 在多边形内的充要条件是：P、Q 在多边形内且对于 $i = 1$，2，…，$(n-1)$，P_i，P_{i+1} 的中点也在多边形内。

在实际编程中，没有必要计算所有的交点，首先应判断线段和多边形的边是否内交，倘若线段和多边形的某条边内交则线段一定在多边形外；如果线段和多边形的每一条边都不内交，则线段和多边形的交点一定是线段的端点或者多边形的顶点，只要判断点是否在线段上就可以了。至此我们得出算法代码如下：

```
class Program
{
    static void Main(string[] args)
    {

    // 定义射线
    Point2D segmentStart = new Point2D(0, 0);
    Point2D segmentEnd = new Point2D(5, 5);


    // 定义多边形的顶点
    List<Point2D> polygon = new List<Point2D>
    {
    new Point2D(2, 0),
    new Point2D(4, 1),
    new Point2D(5, 3),
    new Point2D(3, 5),
    new Point2D(1, 4)
    };
    // 检查线段是否在多边形内
    bool isInside = IsSegmentInsidePolygon(segmentStart, segmentEnd, polygon);


    // 打印结果
```

```
      if (isInside)
         Console. WriteLine("线段在多边形内");
      else
         Console. WriteLine("线段不在多边形内");
   }
// 判断线段是否在多边形内
static bool IsSegmentInsidePolygon(Point2D segmentStart, Point2D segmentEnd, List<Point2D> polygon)
   {
      //判断线段的两个端点是否在多边形内
      if (IsPointInsidePolygon(segmentStart, polygon) && IsPointInsidePolygon(segmentEnd, polygon))
         return true;
      //判断线段是否与多边形的边相交
      for (int i = 0; i < polygon. Count; i++)
      {
         Point2D edgeStart = polygon[i];
         Point2D edgeEnd = polygon[(i+1) % polygon. Count];

         if (DoIntersect(segmentStart, segmentEnd, edgeStart, edgeEnd))
            return false;
      }
      return true;
   }
//判断点是否在多边形内
static bool IsPointInsidePolygon(Point2D point, List<Point2D> polygon)
   {
      int n = polygon. Count;
      int count = 0;
      for (int i = 0; i < n; i++)
      {
         Point2D vertex1 = polygon[i];
         Point2D vertex2 = polygon[(i+1) % n];
         if (point. Y > Math. Min(vertex1. Y, vertex2. Y) &&
            point. Y <= Math. Max(vertex1. Y, vertex2. Y) &&
            point. X <= Math. Max(vertex1. X, vertex2. X) &&
            vertex1. Y ! = vertex2. Y)
         {
            double xIntersection = (point. Y - vertex1. Y) * (vertex2. X - vertex1. X)/(vertex2. Y - vertex1. Y)
+vertex1. X;
            if (vertex1. X == vertex2. X || point. X <= xIntersection)
            {
               count++;
            }
         }
```

```
    }
    return count % 2 ! = 0;
}

//判断两条线段是否相交
static bool DoIntersect( Point2D p1, Point2D q1, Point2D p2, Point2D q2)
{
    int o1 = Orientation( p1, q1, p2);
    int o2 = Orientation( p1, q1, q2);
    int o3 = Orientation( p2, q2, p1);
    int o4 = Orientation( p2, q2, q1);
    if ( o1 ! = o2 && o3 ! = o4)
    return true;
    return false;
}


//判断三个点的方向
static int Orientation( Point2D p, Point2D q, Point2D r)
{
    double val = (q. Y − p. Y) * (r. X − q. X) − (q. X − p. X) * (r. Y − q. Y);
    if ( val = = 0) return 0;  // 三点共线
    return ( val > 0) ? 1 : 2; // 顺时针或逆时针方向
    }
}
```

3.3.7.3　判断折线是否在多边形内

只要判断折线的每条线段是否都在多边形内即可。设折线有 m 条线段、多边形有 n 个顶点，则该算法的时间复杂度为 $O(m \times n)$。

3.3.7.4　判断多边形是否在多边形内

只要判断多边形的每条边是否都在多边形内即可。判断一个有 m 个顶点的多边形是否在一个有 n 个顶点的多边形内复杂度为 $O(m \times n)$。矩形是特殊的多边形，将矩形转化为多边形，然后再判断是否在多边形内。

3.3.7.5　判断圆是否在多边形内

只要计算圆心到多边形的每条边的最短距离，如果该距离大于或等于圆半径，则该圆在多边形内。计算圆心到多边形每条边最短距离的算法在后文阐述。

3.3.8　圆包含判断

圆包含判断有：

（1）判断点是否在圆内。如果有圆 $(x − a)^2 + (y − b)^2 = r^2$，圆心坐标为 $O(a, b)$，求 $P(x, y)$ 是否在圆内。假设圆心到该点的距离为 d，如果 $d \leqslant r$ 则该点在圆内。

（2）判断线段、折线、矩形、多边形是否在圆内。因为圆是凸集，所以只要判断是否每个顶点都在圆内即可。

（3）判断圆是否在圆内。设两圆为 O_1、O_2，半径分别为 r_1、r_2，要判断 O_2 是否在 O_1 内。首先比较 r_1、r_2 的大小，如果 $r_1 < r_2$ 则 O_2 不可能在 O_1 内；倘若两圆心的距离大于 $r_1 - r_2$，则 O_2 不在 O_1 内，否则 O_2 在 O_1 内。

3.3.9 凸包判断算法

如果平面上有很多的点，如 $P_0 \sim P_{10}$ 共 11 个点，过某些点做一个多边形，使这个多边形能够把所有的点都"包"起来。当这个多边形的形状是凸时，就把它称为"凸包"，如图 3-11 所示。

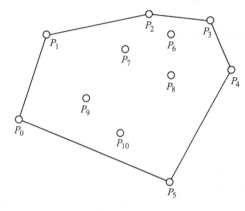

图 3-11 凸包

如何判断一个多边形是否为"凸包"呢？具体步骤如下：

（1）寻找第一个凸顶点。遍历多边形的顶点，找到 Y 坐标最小的顶点，如果有多个 Y 坐标最小的顶点，选择 X 坐标最小的，该顶点即为第一个凸顶点。

（2）判断凸凹性。从第一个凸顶点开始，按顺时针或逆时针方向遍历多边形的顶点。对于每三个相邻的顶点（$p[i]$，$p[i+1]$，$p[i+2]$），计算它们的叉积。如果叉积大于或等于 0，则第（$i+1$）个顶点是凸顶点；否则，是凹顶点。

（3）判断整个多边形是否为凸多边形。对所有顶点进行检查，确保它们都被标记为凸顶点。

具体算法如下：

```
//多边形凸凹性判断。返回值:按输入顺序返回多边形顶点的凸凹性判断,bc[i]=1,iff:第 i 个顶点是凸顶点。
public static void CheckConvex(int vcount, Point2D[] polygon, bool[] bc)
{
    inti, index=0;
    Point2D tp=polygon[0];
    for(i=1; i < vcount; i++) //寻找第一个凸顶点
    {
        if (polygon[i].Y < tp.Y || (polygon[i].Y == tp.Y && polygon[i].X < tp.X))
        {
            tp=polygon[i];
```

```
            index = i;
         }
      }
   in tcount = vcount - 1;
   bc[ index] = true;
   while (count ! = 0) //判断凸凹性
   {
      if (CrossProduct(polygon[(index+1) % vcount], polygon[(index+2) % vcount], polygon[index])
>= 0)
         bc[(index+1) % vcount] = true;
      else
         bc[(index+1) % vcount] = false;
      index++;
      count--;
   }
}
//返回值:多边形 polygon 是凸多边形时,返回 true
public static bool IsConvex(int vcount, Point2D[ ] polygon)
{
      bool[ ] bc = new bool[MAXV];
      CheckConvex(vcount, polygon, bc);
      for(int i = 0; i < vcount; i++) // 逐一检查顶点,是否全部是凸顶点
        if (! bc[i])
            return false;
      returntrue;
}
```

3.4 几何创建算法

3.4.1 交点求解算法

设一条线段为 $L_0 = P_1P_2$,另一条线段或直线为 $L_1 = Q_1Q_2$,要计算 L_0 和 L_1 的交点。步骤如下:

(1) 判断 L_0 和 L_1 是否相交(方法已在 3.3.5 小节讨论过),如果不相交则没有交点,否则说明 L_0 和 L_1 一定有交点,下面就将 L_0 和 L_1 都看作直线来考虑。

(2) 如果 P_1 和 P_2 横坐标相同,即 L_0 垂直于 X 轴,下面分析两种情况。

1) 若 L_1 也垂直于 X 轴:

①若 P_1 和 L_1 横坐标不相同,则 L_0 和 L_1 不相交。

②若 P_1P_2 中最小的 Y 比 Q_1Q_2 中最大的 Y 还要大,或者 P_1P_2 中最大的 Y 比 Q_1Q_2 中最小的 Y 还要小,则 L_0 和 L_1 不相交。

③若 P_1P_2 中最小的 Y 和 Q_1Q_2 中最大的 Y 相等,或者 P_1P_2 中最大的 Y 和 Q_1Q_2 中最小的 Y 相等,则 L_0 和 L_1 共线,有一个交点,其中 L_0 和 L_1 可互换。

④否则说明 L_0 和 L_1 共线,它们有无数交点。

2）若 L_1 不平行于 Y 轴，则交点横坐标为 P_1 的横坐标，代入到 L_1 的直线方程中可以计算出交点纵坐标，公式为：

$$k = \frac{y_{Q_1} - y_{Q_2}}{x_{Q_1} - x_{Q_2}}$$
$$b = y_{Q_1} - k \cdot x_{Q_1} \tag{3-7}$$

则交点坐标为：

$$\begin{cases} x = x_{P_1} \\ y = kx + b \end{cases} \tag{3-8}$$

（3）如果 P_1 和 P_2 横坐标不同，但是 Q_1 和 Q_2 横坐标相同，即 L_1 垂直于 X 轴，则交点纵坐标为 Q_1 的纵坐标，代入到 L_0 的直线方程中可以计算出交点横坐标，公式为：

$$k = \frac{y_{P_1} - y_{P_2}}{x_{P_1} - x_{P_2}}$$
$$b = y_{P_1} - k \cdot x_{P_1} \tag{3-9}$$

则交点坐标为：

$$\begin{cases} x = x_{Q_1} \\ y = kx + b \end{cases} \tag{3-10}$$

（4）剩下的情况就是 L_0 和 L_1 的斜率均存在且不为 0 的情况。

1）计算出 L_0 的斜率 K_0，L_1 的斜率 K_1；

$$k_1 = \frac{y_{P_1} - y_{P_2}}{x_{P_1} - x_{P_2}}$$
$$k_2 = \frac{y_{Q_1} - y_{Q_2}}{x_{Q_1} - x_{Q_2}}$$
$$b_1 = y_{P_1} - k_1 \cdot x_{P_1}$$
$$b_2 = y_{Q_1} - k_2 \cdot x_{Q_1} \tag{3-11}$$

倘若 $K_0 = K_1$，此时如果 $b_1 = b_2$，则说明 L_0 和 L_1 共线；如果 $b_1 \neq b_2$，则说明 L_0 和 L_1 平行，它们没有交点。

情况一，若 $P_1 P_2$ 中最大的 X 和 $Q_1 Q_2$ 中最小的 X 相等，则交点坐标 $x = x_{P_{max}}$，$y = k_1 x_{max} + b_1$；

情况二，若 $P_1 P_2$ 中最小的 X 和 $Q_1 Q_2$ 中最大的 X 相等，则交点坐标 $x = x_{P_{min}}$，$y = k_1 x_{min} + b_1$；

情况三，若 $P_1 P_2$ 中最大的 X 比 $Q_1 Q_2$ 中最小的 X 还要小，若 $P_1 P_2$ 中最小的 X 比 $Q_1 Q_2$ 中最大的 X 还要大，则两线段没有交点，否则线段有无数交点。

2）如果 $K_0 \neq K_1$，联立两直线的方程组可以解出交点来，结果如下：

$$\begin{cases} x = \dfrac{b_2 - b_1}{k_2 - k_1} \\ y = k_1 x + b_1 \end{cases} \tag{3-12}$$

3.4.2 求线段之间的夹角

线段之间的夹角，一般利用余弦定理来计算。

```
//返回线段 l1 与 l2 之间的夹角,单位:弧度 范围(-pi,pi)
public static double LsAngle( Line l1 , Line l2)
{
    Point2D o =new Point2D( ) ;
    Point2D s =new Point2D( ) ;
    Point2D e =new Point2D( ) ;
    o. X =o. Y =0;
    s. X =l1. e. X - l1. s. X;
    s. Y =l1. e. Y - l1. s. Y;
    e. X =l2. e. X - l2. s. X;
    e. Y =l2. e. Y - l2. s. Y;
    return Angle( o, s, e) ;
}
```

3.4.3 多边形中心点计算

多边形的中心点（又叫作质心或重心）可以通过将多边形分割成三角形，求取三角形的中心点，然后将三角形的中心点加权求和取得。三角形的中心点 $O(O_x, O_y)$ 是三角形顶点坐标的平均值，即：

$$\begin{cases} O_x = (x_1 + x_2 + x_3)/3 \\ O_y = (y_1 + y_2 + y_3)/3 \end{cases} \tag{3-13}$$

这里提出了三角形中心点的计算公式，接着计算多边形分割后每个三角形的中心点，权重的选取可以依据每个三角形的面积所占多边形面积的比例。在实际计算中计算方法可以进行简化，不需要将多边形分割为一组三角形，但是要利用在计算多边形面积时，三角形面积的取值为正或负的特性。多边形中心点如图 3-12 所示。

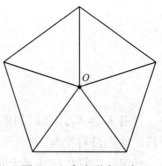

图 3-12 多边形中心点

```
public Point2D getCenterOfGravityPoint( List< Point2D > mPoints)
{
    float area =0. 0f;        //多边形面积
    float Gx =0. 0f, Gy =0. 0f;    //重心的 x、y
    for ( int i =1; i < = mPoints. Count; i++)
    {
        float iLat =mPoints[ ( i % mPoints. Count( ) ) ]. gx;
        float iLng =mPoints[ ( i % mPoints. Count( ) ) ]. gy;
        float nextLat =mPoints[ ( i - 1) ]. gx;
        float nextLng =mPoints[ ( i - 1) ]. gy;
        float temp =( iLat * nextLng - iLng * nextLat)/2. 0f;
```

```
            area+=temp;
            Gx+=temp*(iLat+nextLat)/3.0f;
            Gy+=temp*(iLng+nextLng)/3.0f;
        }
        Gx=Gx/area;
        Gy=Gy/area;
        return new Point2D (Gx, Gy);
    }
```

3.4.4　过点作垂线

取一点 P，选择一条线段 AB 所在的直线 $y=ax+b$，求取过点 P 垂直于 y 的垂线段 OP，O 点位于直线 AB 上。

（1）求取点 P 到直线 y 的垂足 O。

（2）连接 OP，则 OP 为所求垂线。判断点 O 和线段 AB 的关系可以用公式：

$$r = \frac{(x_P - x_A)(x_B - x_A) + (y_P - y_A)(y_B - y_A)}{(x_B - x_A)^2 + (y_B - y_A)^2} \tag{3-14}$$

当 $r=0$ 时，点 O 与端点 A 重合；

当 $r=1$ 时，点 O 与端点 B 重合；

当 $r<0$ 时，点 O 在线段 AB 的反向延长线上；

当 $r>1$ 时，点 O 在线段 AB 的延长线上；

当 $0<r<1$ 时，点 O 在线段 AB 上。

过点作垂线如图 3-13 所示。

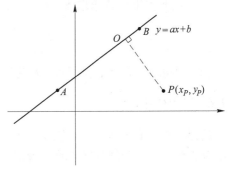

图 3-13　过点作垂线

```
//判断点与线段的关系
public static double Relation(Point2D p,Line l)
{
        Line tl=new Line ();
        tl.s=l.s;
        tl.e=p;
        return DotProduct (tl.e, l.e, l.s)/(Dist(l.s, l.e)*Dist(l.s, l.e));
}
//求点 P 到线段 AB 所在直线的垂足 O
public static Point2D Perpendicular(Point2D p, Line l)
{
        doubler=Relation(p, l);
        Point2D tO=new Point2D();
        tO.X=l.s.X+r*(l.e.X - l.s.X);
        tO.Y=l.s.Y+r*(l.e.Y - l.s.Y);
        returnt O;
}
```

3.4.5　作平行线

选择一条已有线段 AB，选一点 C 确定方向，输入距离 d，在所选方向上按照输入的距离复制与所选线段一样的线段 EF。作平行线如图 3-14 所示。

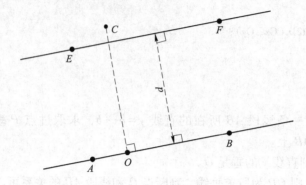

图 3-14　作平行线

（1）依据 3.4.4 小节所述算法求取点 C 到直线 AB 的垂足 O；

（2）计算 $d_x = x_C - x_O$，$d_y = y_C - y_O$；

（3）按照如下公式求取 E、F 点：

$$\begin{cases} x_E = x_A + d_x, y_E = y_A + d_y \\ x_F = x_A + d_x, y_F = y_A + d_y \end{cases} \tag{3-15}$$

（4）连接 E、F 点，则线段 EF 为所求平行线。

3.4.6　过点作平行线

选择一条已有线段 AB，选择点位为 O，选一点 C，以 C 点为端点作平行于线段 AB 的平行线 CD，线段 CD 的长度与线段 AB 相等。过点做平行线如图 3-15 所示。

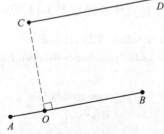

图 3-15　过点作平行线

（1）计算 $d_x = x_B - x_A$，$d_y = y_B - y_A$。

（2）判断点 A 和点 B 距 O 点距离最近点，分以下两种情况。

1）如果距 A 点最近，则 D 点的位置为：

$$\begin{cases} x_D = x_C + d_x \\ y_D = y_c + d_y \end{cases} \tag{3-16}$$

2）如果距 B 点最近，则 D 点的位置为：

$$\begin{cases} x_D = x_C - d_x \\ y_D = y_c - d_y \end{cases} \tag{3-17}$$

（3）连接 C、D 点，则线段 CD 为所求平行线。

过点做平行线的算法如下：

```
class ParallelLineCalculator
```

```
        }
    public static Line FindParallelLine(Line originalLine, Point2D point)
    {
        // 计算原始线段的方向向量
        double deltaX = originalLine.P1.X - originalLine.P2.X;
        double deltaY = originalLine.P2.Y - originalLine.P1.Y;
        // 计算新平行线的另一个端点的坐标
        double newEndPointX = point.X+deltaX;
        double newEndPointY = point.Y+deltaY;
        // 创建新的平行线段
        Point2D newEndPoint = new Point2D(Convert.ToInt16(newEndPointX), Convert.ToInt16
(newEndPointY));
        Line parallelLine = new Line(point, newEndPoint);
        return parallelLine;
    }
}
```

3.4.7 线段延长

选择一条已有线段 AB，选择点位为 O，输入延长线距离 $d(d>0)$，求取线段的延长线。线段延长如图 3-16 所示。

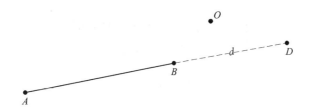

图 3-16　线段延长

（1）求取线段 AB 的长度 $L = \sqrt{(x_B - x_A)^2 + (y_B - y_A)^2}$。

（2）判断点 A 和点 B 距点 O 距离最近点，有以下两种情况。

1）如果距 A 点最近，则 D 点的位置为：

$$\begin{cases} x_D = x_B + (x_B - x_A) \cdot d/L \\ y_D = y_B + (y_B - y_A) \cdot d/L \end{cases} \tag{3-18}$$

2）如果距 B 点最近，则 D 点的位置为：

$$\begin{cases} x_D = x_A + (x_A - x_B) \cdot d/L \\ y_D = y_A + (y_A - y_B) \cdot d/L \end{cases} \tag{3-19}$$

（3）连接 D 点与点 A、B 中距 O 点的最近点，即为所求延长线。

线段延长算法代码如下：

```
class LineExtensionCalculator
```

```
public static Line ExtendLine(Line originalLine, double extensionDistance)
{
    //计算原始线段的方向向量
    double deltaX = originalLine. P2. X - originalLine. P1. X;
    double deltaY = originalLine. P2. Y - originalLine. P1. Y;
    //计算新线段的终点坐标
    double newEndPointX = originalLine. P2. X+(deltaX/Math. Sqrt(deltaX * deltaX+deltaY * deltaY) * extensionDistance);
    double newEndPointY = originalLine. P2. Y+(deltaY/Math. Sqrt(deltaX * deltaX+deltaY * deltaY) * extensionDistance);
    //创建新的延长线段
    Point2D newEndPoint = new Point2D(newEndPointX, newEndPointY);
    Line extendedLine = new Line(originalLine. P1, newEndPoint);
    return extendedLine;
}
}
```

3.4.8　三点画圆

通过已知三点 1、2、3 画圆。算法的关键是求取圆心 $P(x_p, y_p)$ 和圆半径 R，其中三点和半径 R 与圆心有关系：

$$\begin{cases} (x_1 - x_P)^2 - (y_1 - y_P)^2 = R^2 \\ (x_2 - x_P)^2 - (y_2 - y_P)^2 = R^2 \\ (x_3 - x_P)^2 - (y_3 - y_P)^2 = R^2 \end{cases} \tag{3-20}$$

可得：

$$\begin{cases} 2(x_1 - x_2) x_P + 2(y_1 - y_2) y_P = x_1^2 - x_2^2 + y_1^2 - y_2^2 \\ 2(x_1 - x_3) x_P + 2(y_1 - y_3) y_P = x_1^2 - x_3^2 + y_1^2 - y_3^2 \end{cases} \tag{3-21}$$

三点画圆如图 3-17 所示。

（1）求取圆心 P。令：

$$\begin{cases} A = x_2 - x_1 \\ B = y_2 - y_1 \\ C = x_3 - x_1 \\ D = y_3 - y_1 \\ E = (x_1^2 - x_2^2 + y_1^2 - y_2^2)/2 \\ F = (x_1^2 - x_3^2 + y_1^2 - y_3^2)/2 \end{cases} \tag{3-22}$$

则圆心 P 的坐标为：

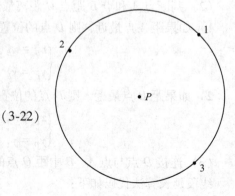

图 3-17　三点画圆

$$\begin{cases} x_P = -(DE - BF)/(BC - AD) \\ y_P = -(AF - CE)/(BC - AD) \end{cases} \tag{3-23}$$

（2）求取圆半径 R：

$$R = \sqrt{(x_1 - x_P)^2 + (y_1 - y_P)^2} \tag{3-24}$$

（3）在圆上确定三点的角度。根据四个象限的坐标，选定 cos 作为角度的值，并利用 sin 值扩展到 360°全象限，利用三个点的位置关系确定弧度为顺时针还是逆时针绘制弧线，其中某点 (x_0, y_0)：

$$\begin{cases} \sin\theta = (y_0 - y_P)/R \\ \cos\theta = (x_0 - x_P)/R \end{cases} \tag{3-25}$$

【例 3-1】 编程实现三点画圆。

解： 创建 WinForm 应用，鼠标左键单击添加不在同一直线的三个点，点击"画圆"按钮后绘制圆，步骤如下：

（1）创建 WinForm 应用程序 ThreePointDrawCirclc，在 Form1 中添加 1 个 PictureBox、2 个 Button 控件。

（2）在 Form1 类下添加以下成员字段，代码如下：

```
Point[ ] points = new Point[3];    //保存三点
Point center;    //圆心坐标
int radius;        //圆半径
int count = 0;    //画点计数
```

（3）添加方法 DrawCircle（），主要代码如下：

```
//三点画圆
private void DrawCircle( )
{
    //检查是否有足够的点来计算圆
    if( count<3)
    {
        center = Point. Empty;
        radius = 0;
        return;
    }
//计算中心坐标
int x1 = points[0]. X;
int y1 = points[0]. Y;
int x2 = points[1]. X;
int y2 = points[1]. Y;
int x3 = points[2]. X;
int y3 = points[2]. Y;
int D = 2 * (x1 * (y2 - y3)+x2 * (y3 - y1)+x3 * (y1 - y2));
int Ux = ((x1 * x1+y1 * y1) * (y2 - y3)+(x2 * x2+y2 * y2) * (y3 - y1)+(x3 * x3+y3 * y3) * (y1 -
```

```
y2))/D;
    int Uy=((x1 * x1+y1 * y1) * (x3 - x2)+(x2 * x2+y2 * y2) * (x1 - x3)+(x3 * x3+y3 * y3) * (x2 -
x1))/D;
    center = new Point(Ux, Uy);
    //计算半径
    radius = (int)Math.Sqrt((x1 - Ux) * (x1 - Ux)+(y1 - Uy) * (y1 - Uy));
    //绘制圆、圆心和三个点
    if (pictureBox1 ! = null)
    {
        Bitmap bitmap=new Bitmap(pictureBox1.Width, pictureBox1.Height);
        using (Graphics g=Graphics.FromImage(bitmap))
        {
            g.Clear(Color.White);
            Pen pen=new Pen(Color.Black, 2);
            if (center ! = Point.Empty)
            {
                g.DrawEllipse(pen, center.X - radius, center.Y - radius, 2 * radius, 2 * radius);  //绘制圆
            }
            //绘制圆心
            if(center ! = Point.Empty)
            {
                g.DrawEllipse(Pens.Red, center.X - 2, center.Y - 2, 4, 4);
            }
            foreach (Point p in points)
            {
                if (p ! = Point.Empty)
                { //绘制三个点
                    g.DrawEllipse(Pens.Green, p.X - 2, p.Y - 2, 4, 4);
                }
            }
            pen.Dispose();
        }
        pictureBox1.Image=bitmap;
    }
}
```

（4）添加 2 个 button 的 Click 事件、pictureBox1 的 MouseDown 事件，代码如下：

```
private void button1_Click(object sender, EventArgs e)
{
    //在按钮点击事件中触发绘制操作
    DrawCircle();
}

private void button2_Click(object sender, EventArgs e)
```

```
    {
        //清除画的圆
        center = Point. Empty;
        radius = 0;
        count = 0;
        points = new Point[3];
        if (pictureBox1 ! = null)
        {
            pictureBox1. Image = null;
        }
    }
    private void pictureBox1_MouseDown(object sender, MouseEventArgs e)
    {
        //保存鼠标点击的三个点
        if (e. Button = = MouseButtons. Left)
        {
            if (count < 3){
                points[count] = e. Location;
            }
            count++;
            this. Invalidate();
        }
    }
```

（5）程序执行后点击不在同一直线的三个点，点击"画圆"按钮后就会绘制圆形，点击鼠标右键可以重置，参考界面如图 3-18 所示。

图 3-18　三点画圆实例

习   题

3-1   编程：实现给定点与线状目标（折线段）的距离量算。

3-2   编程：判断一给定点位于折线段哪一侧。

3-3   编程：判断两线段是否相交。

3-4   编程：判断点是否在多边形内。

3-5   编程：判断两条线段是否相交。

3-6   编程：过点作垂线。

3-7   编程：过点作平行线。

4 空间数据变换算法

空间数据变换即空间数据坐标系的变换，其实质是建立两个坐标系坐标点之间的一一对应关系，适用于数字化仪的设备坐标系与用户确定坐标系不一致、数字化原图图纸发生变形以及不同来源的地图存在地图投影与地图比例尺差异等需要进行空间坐标转化等情况。本章主要介绍平面坐标变换、地图投影变换和仿射变换。

4.1 平面坐标变换

4.1.1 平面直角坐标系建立

确定一个坐标系，需要确定坐标系的原点以及方向。在平面直角坐标系中，取平面中一点 O 为坐标原点，并过原点 O 分别作相互垂直的水平向量 $x'Ox$ 和垂直向量 $y'Oy$，并规定水平向量为 x 轴，向右为正，垂直向量为 y 轴，向上为正，如图 4-1 所示。

因此，对于平面内任意一点 P，过点 P 分别向 x 轴、y 轴作垂线，垂足在 x 轴、y 轴上的对应点 x，y 分别叫作点 P 的横坐标（x 坐标）、纵坐标（y 坐标），有序数对 (x, y) 叫作点 P 的坐标，并唯一确定 P 点在该坐标系中的位置。

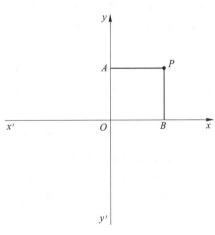

图 4-1 平面几何中的直角坐标系

4.1.2 平面坐标变换矩阵

平面坐标变换可用一个通用的变换矩阵来表示，其形式如下：

$$\boldsymbol{G} = \begin{bmatrix} a & d & g \\ b & e & h \\ c & f & i \end{bmatrix} \tag{4-1}$$

该矩阵可分为 4 个子矩阵，分别表示坐标变换的 4 个功能，$\begin{bmatrix} a & d \\ b & e \end{bmatrix}$ 对图形进行缩放、旋转、对称和错切等变换；$\begin{bmatrix} c & f \end{bmatrix}$ 对图像进行平移变换；$\begin{bmatrix} g \\ h \end{bmatrix}$ 对图形进行投影变换，g 的作用是在 x 轴的 $\dfrac{1}{g}$ 处产生一个灭点，h 的作用是在 y 轴的 $\dfrac{1}{h}$ 处产生一个灭点；$\begin{bmatrix} i \end{bmatrix}$ 是对整体图

形做伸缩变换。T 为单位矩阵即定义三维空间中的直角坐标系，此时 T 可看作 3 个行矢量，其中 [1 0 0] 表示 x 轴上的无穷远点，[0 1 0] 表示 y 轴上的无穷远点，[0 1 0] 表示坐标原点。

4.1.3 平移变换

平移变换可用公式表示为：

$$[x* y* 1] = [x \ y \ 1] \times \begin{bmatrix} 1 & 0 & 0 \\ 0 & 1 & 0 \\ G_x & G_y & 1 \end{bmatrix} = [x + G_x \ \ y + G_y \ \ 1] \tag{4-2}$$

平移变换如图 4-2 所示。

4.1.4 比例变换

比例变换也称为图形缩放，可以通过对点 $P(x, y)$ 坐标分别乘以各自的比例因子 S_x 和 S_y 来改变它们到原点坐标的距离。比例变换公式如下：

$$[x* y* 1] = [x \ y \ 1] \times \begin{bmatrix} S_x & 0 & 0 \\ 0 & S_y & 0 \\ 0 & 0 & 1 \end{bmatrix}$$
$$= [S_x \cdot x \ \ S_y \cdot y \ \ 1] \tag{4-3}$$

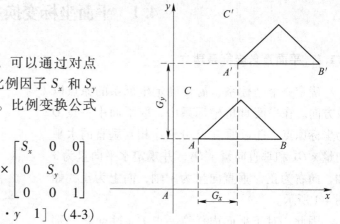

图 4-2 平移 G_x、G_y

比例变换有如下四种情况：

（1）当 $S_x = S_y = 1$ 时，属于恒等比例变换，图形不改变，如图 4-3 所示。

（2）当 $S_x = S_y > 1$ 时，图形等比例放大，如图 4-4 所示。

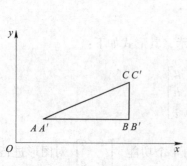

图 4-3 恒等比例变换（图形不变）

（比例系数为 $S_x = S_y = 1$）

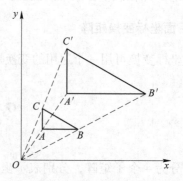

图 4-4 等比例放大

（比例系数为 $S_x = S_y > 1$）

（3）当 $S_x = S_y < 1$ 时，图形等比例缩小，如图 4-5 所示。

（4）当 $S_x \neq S_y$ 时，图形做非均匀的比例变换，如图 4-6 所示。

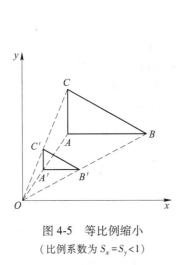

图 4-5 等比例缩小

（比例系数为 $S_x = S_y < 1$）

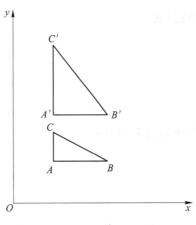

图 4-6 非均匀比例变换

（比例系数 $S_x \neq S_y$）

4.1.5 对称变换

$$[x* \quad y* \quad 1] = [x \quad y \quad 1] \times \begin{bmatrix} a & d & 0 \\ b & e & 0 \\ 0 & 0 & 1 \end{bmatrix} = [ax + by \quad dx + ey \quad 1] \quad (4-4)$$

（1）当 $b = d = 0$，$a = e = -1$ 时，有 $x' = -x$，$y' = y$，产生与原点中心对称的反射图形，如图 4-7 所示。

（2）当 $b = d = 1$，$a = e = 0$ 时，有 $x' = y$，$y' = x$，产生与直线 $y = x$ 对称的反射图形，如图 4-8 所示。

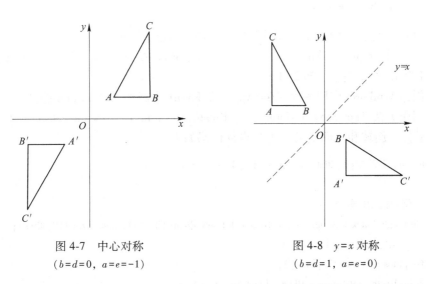

图 4-7 中心对称

（$b = d = 0$，$a = e = -1$）

图 4-8 $y = x$ 对称

（$b = d = 1$，$a = e = 0$）

（3）当 $b = d = -1$，$a = e = 0$ 时，有 $x' = -y$，$y' = -x$，产生与直线 $y = -x$ 对称的反射图形，如图 4-9 所示。

4.1.6　旋转变换

$$[x* \quad y* \quad 1] = [x \quad y \quad 1] \times \begin{bmatrix} \cos\theta & \sin\theta & 0 \\ -\sin\theta & \cos\theta & 0 \\ 0 & 0 & 1 \end{bmatrix}$$

$$= [x\cos\theta - y\sin\theta \quad x\sin\theta + y\cos\theta \quad 1] \tag{4-5}$$

旋转变换如图 4-10 所示。

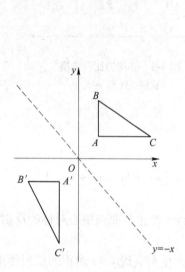

图 4-9　$y=-x$ 对称
$(b=d=-1,\ a=e=0)$

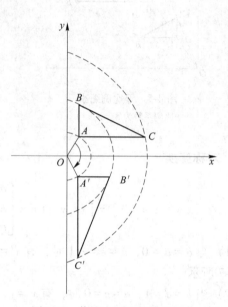

图 4-10　绕原点顺时针旋转 θ 角

【例 4-1】　编程：对平面图形进行平移、旋转和比例变换。

解：可利用 Graphics 类的 TranslateTransform、RotateTransform、ScaleTransform 方法实现平移、旋转和比例变换。步骤如下：

（1）创建 WinForm 应用程序 TransApp，在 Form1 中添加 3 个 Button 控件。

（2）调用方法 TranslateTransform（ ）、RotateTransform（ ）、ScaleTransform（ ）对平面图形进行平移、旋转和比例变换，主要事件代码如下：

```
private void 平移变换_Click(object sender, EventArgs e)
{
    //将要绘制的矩形
    Rectangle blackRectangle = new Rectangle(new Point(50, 50), new Size(150, 80));
    //在原坐标系中绘制图形
    Graphics g = CreateGraphics();
    g. FillRectangle(Brushes. Black, blackRectangle);
    //在新坐标系中绘制图形
    g. TranslateTransform(200, 80);
    g. FillRectangle(Brushes. Black, blackRectangle);
```

```
    }
private void 旋转变换_Click(object sender, EventArgs e)
{
    //将要绘制的椭圆
    Graphics g = this.CreateGraphics();
    g.DrawEllipse(Pens.Black, 50, 50, 50, 120);
    g.TranslateTransform(300, 10);
    g.RotateTransform(45);
    g.DrawEllipse(Pens.Black, 50, 50, 50, 120);
}
private void 比例变换_Click(object sender, EventArgs e)
{
    Graphics g = this.CreateGraphics();
    g.DrawEllipse(Pens.Black, 50, 50, 50, 50);
    g.TranslateTransform(200, 10);
    g.ScaleTransform(2f, 2f);
    g.DrawEllipse(Pens.Black, 50, 50, 50, 50);
}
```

（3）程序运行界面如图 4-11 所示。

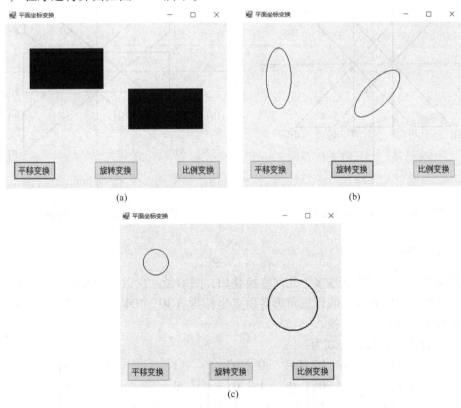

图 4-11 平面坐标变换项目实例

（a）平移变换；（b）旋转变换；（c）比例变换

4.1.7 错切变换

$$[x* \quad y* \quad 1] = [x \quad y \quad 1] \times \begin{bmatrix} 1 & d & 0 \\ b & 1 & 0 \\ 0 & 0 & 1 \end{bmatrix} = [x+by \quad dx+y \quad 1] \qquad (4\text{-}6)$$

图形沿 x 方向做错切变换如图 4-12 所示。当 $d=0$ 时，$x' = x + by$，$y' = y$，图形 y 坐标不变，x 坐标随（x，y）及 b 做线性变化，具体如下：

（1）$b>0$ 时，图形沿 $+x$ 方向错切；

（2）$b<0$ 时，图形沿 $-x$ 方向错切。

图形沿 y 方向做错切变换如图 4-13 所示。当 $b=0$ 时，$x' = x$，$y' = y + dy$，图形 x 坐标不变，y 坐标随（x，y）及 d 做线性变化，具体如下：

（1）$b>0$ 时，图形沿 $+y$ 方向错切；

（2）$b<0$ 时，图形沿 $-y$ 方向错切。

（3）当 $b \neq 0$，且 $d \neq 0$，$x' = x + by$，$y' = y + dy$，图形沿 x，y 两个方向做错切变换。

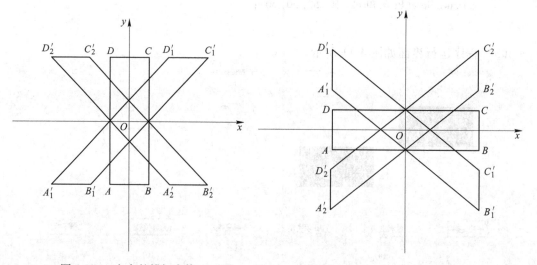

图 4-12 x 方向的错切变换   图 4-13 y 方向的错切变换

4.1.8 复合变换

所谓复合变换，其实就是多个几何变换叠加，图形做一次以上的几何变换，相应结果为对应几何变换矩阵相乘。假设三角形各顶点坐标为（10，10）、（10，30）、（30，15），对该三角形进行各种复合变换。

（1）复合平移变换，公式为：

$$G = \begin{bmatrix} 1 & 0 & 0 \\ 0 & 1 & 0 \\ G_{x1} & G_{y1} & 1 \end{bmatrix} \begin{bmatrix} 1 & 0 & 0 \\ 0 & 1 & 0 \\ G_{x2} & G_{y2} & 1 \end{bmatrix} = \begin{bmatrix} 1 & 0 & 0 \\ 0 & 1 & 0 \\ G_{x1}+G_{x2} & G_{y1}+G_{y2} & 1 \end{bmatrix} \qquad (4\text{-}7)$$

如图 4-14 所示，三角形先沿 x 方向平移 20，再沿 y 方向平移 15。

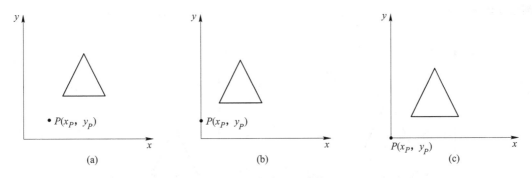

图 4-14 复合平移变换

（a）初始图像；（b）沿 x 方向平移 20；（c）沿 y 方向平移 15

（2）复合比例变换，公式为：

$$\boldsymbol{G} = \begin{bmatrix} S_{x1} & 0 & 0 \\ 0 & S_{y1} & 0 \\ 0 & 0 & 1 \end{bmatrix} \begin{bmatrix} S_{x2} & 0 & 0 \\ 0 & S_{y2} & 0 \\ 0 & 0 & 1 \end{bmatrix} = \begin{bmatrix} S_{x1}S_{x2} & 0 & 0 \\ 0 & S_{y1}S_{y2} & 0 \\ 0 & 0 & 1 \end{bmatrix} \quad (4\text{-}8)$$

如图 4-15 所示，相对于任意点 $P(x_P, y_P)$ 作比例变换，比例系数为 (S_x, S_y)，即 P 点不变的比例变换。该三角形先向 x 方向平移 20，沿 y 方向平移 15；再沿 x 方向放大 2 倍，y 方向放大 1.5 倍。

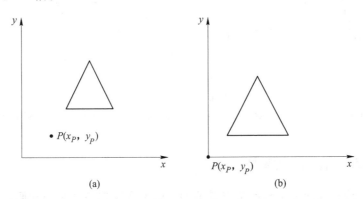

图 4-15 复合比例变换

（a）初始图像；（b）沿 x 方向放大 2 倍，沿 y 方向放大 1.5 倍

（3）复合旋转变换，公式为：

$$\boldsymbol{G} = \begin{bmatrix} \cos\theta_1 & \sin\theta_1 & 0 \\ -\sin\theta_1 & \cos\theta_1 & 0 \\ 0 & 0 & 1 \end{bmatrix} \begin{bmatrix} \cos\theta_2 & \sin\theta_2 & 0 \\ -\sin\theta_2 & \cos\theta_2 & 0 \\ 0 & 0 & 1 \end{bmatrix}$$

$$= \begin{bmatrix} \cos(\theta_1 + \theta_2) & \sin(\theta_1 + \theta_2) & 0 \\ -\sin(\theta_1 + \theta_2) & \cos(\theta_1 + \theta_2) & 0 \\ 0 & 0 & 1 \end{bmatrix} \quad (4\text{-}9)$$

如图 4-16 所示，三角形沿 x 方向平移 20，沿 y 方向平移 15，先绕原点旋转 θ_1，再绕

圆心旋转 θ_2。

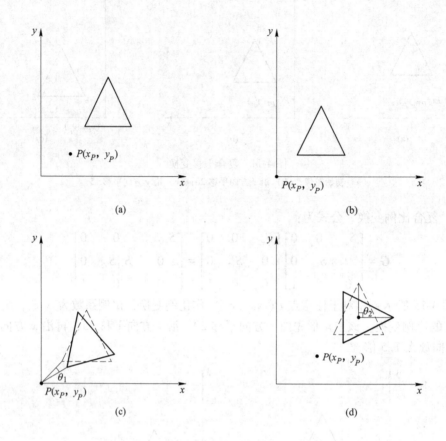

图 4-16　复合旋转变换

（a）初始图像；（b）将 P 点移动到原点；（c）绕原点旋转 θ_2 度；（d）P 点回到初始位置

4.1.9　相对于点（x_f，y_f）的变换

比例变换、旋转变换都是与参考点有关的，以上变换都是针对坐标原点的变换。若要针对点（x_f，y_f）做比例和旋转变换，需将坐标系移至（x_f，y_f），在新坐标系下完成变换，然后将坐标点移回。

（1）相对于点的比例变换，公式为：

$$\boldsymbol{G} = \begin{bmatrix} 1 & 0 & 0 \\ 0 & 1 & 0 \\ -x_f & -y_f & 1 \end{bmatrix} \begin{bmatrix} S_x & 0 & 0 \\ 0 & S_y & 0 \\ 0 & 0 & 1 \end{bmatrix} \begin{bmatrix} 1 & 0 & 0 \\ 0 & 1 & 0 \\ x_f & y_f & 1 \end{bmatrix}$$

$$= \begin{bmatrix} S_x & 0 & 0 \\ 0 & S_y & 0 \\ (1-S_x)x_f & (1-S_y)y_f & 1 \end{bmatrix} \tag{4-10}$$

相对于点的比例变换如图 4-17 所示。

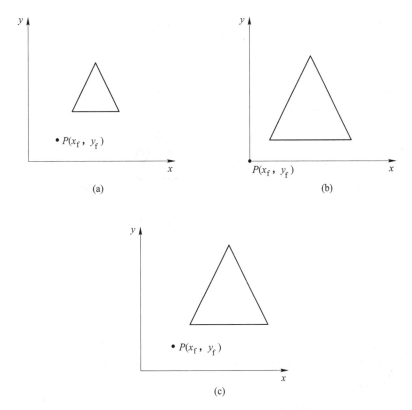

图 4-17　相对于点（x_f，y_f）的比例变换

（a）初始图像；（b）将 P 点移动到原点，沿 x 方向放大 2 倍，沿 y 方向放大 1.5 倍；（c）P 点回到初始位置

（2）相对于点的旋转变换，公式为：

$$
\boldsymbol{G} = \begin{bmatrix} 1 & 0 & 0 \\ 0 & 1 & 0 \\ -x_f & -y_f & 1 \end{bmatrix} \begin{bmatrix} \cos\theta & \sin\theta & 0 \\ -\sin\theta & -\cos\theta & 0 \\ 0 & 0 & 1 \end{bmatrix} \begin{bmatrix} 1 & 0 & 0 \\ 0 & 1 & 0 \\ x_f & y_f & 1 \end{bmatrix}
$$

$$
= \begin{bmatrix} \cos\theta & \sin\theta & 0 \\ -\sin\theta & -\cos\theta & 0 \\ (1-\cos\theta)x_f + y_f\sin\theta & (1+\cos\theta)x_f - y_f\sin\theta & 1 \end{bmatrix} \tag{4-11}
$$

相对于点的旋转变换如图 4-18 所示。

4.1.10　平面坐标变换的特点

平面坐标变换有以下特点：

（1）平移变换只改变图形的位置，不改变图形的大小和形状；

（2）旋转变换仍保持图形各部分间的线性关系和角度关系，变换前后直线的长度不变；

（3）比例变换改变图形的大小和形状；

（4）错切变换引起图形角度关系的改变，甚至导致图形发生畸变；

（5）拓扑不变的几何变换不改变图形的连接关系和平行关系。

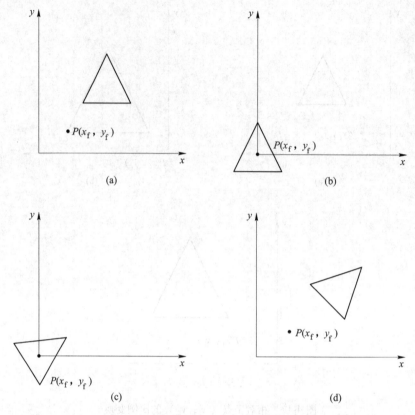

图 4-18 相对于点（x_f，y_f）的旋转变换

（a）初始图像；（b）将 P 点移动到原点；（c）绕 P 点旋转 θ 度；（d）P 点回到初始位置

4.2 地图投影变换

4.2.1 概述

何为地图投影？数学中投影的含义是建立两个点集之间一一对应的映射关系。在地图学中，地图投影是指建立地球表面点（ϕ，λ）与投影平面点（x，y）之间一一对应关系，是绘制地图的数学基础之一。由于地球是一个不可展的球体，使用武力方法将其展平会引起褶皱、拉伸和断裂，因此要使用地图投影实现由曲面向平面的转化。几种常见的地图投影如图 4-19 所示。

当系统使用的数据来自不同地图投影的图幅时，想要将一种投影的几何数据转换成所需投影的几何数据，这就需要进行地图投影变换。研究一种地图投影点的坐标变换为另一种地图投影点坐标的关系式，其本质是建立两平面场之间点的"对应关系"。

研究地图的投影变换的过程实际上就是找出两种地图投影点之间的关系式，常用的方法包括解析变换法、数值变换法和数值解析变换法。

4.2.1.1 解析变换法

解析变换法即找出两投影点间坐标转化的解析表达式，解析变换法又分为正解变换

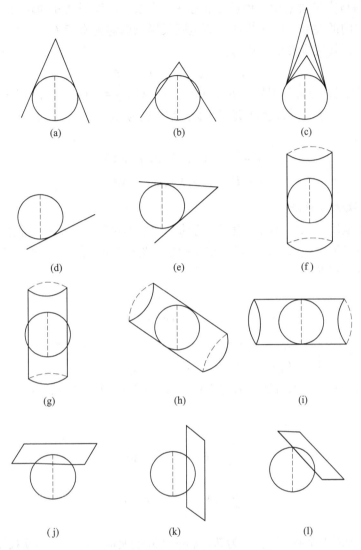

图 4-19　几种常用地图投影示意图

（a）正轴切圆锥投影；（b）正轴割圆锥投影；（c）正轴多圆锥投影；（d）横轴切圆锥投影；（e）斜轴切圆锥投影；
（f）正轴切圆柱投影；（g）正轴割圆柱投影；（h）斜轴切圆柱投影；（i）横轴切圆柱投影；
（j）正方位投影；（k）横方位投影；（l）斜方位投影

法（直接变换法）和反解变换法（间接变换法）。

（1）正解解析变换法是直接找出两种投影点的直角坐标关系式，即找出点（x，y）与点（X，Y）之间的直接对应关系，其对应关系式为：

$$(x, y) \rightarrow (X, Y) \tag{4-12}$$

假设原图点的坐标为（x，y），新图点的坐标为（X，Y），那么，由原图点变换成新图点的方程公式为：

$$\begin{cases} X = f_1(x, y) \\ Y = f_2(x, y) \end{cases} \tag{4-13}$$

（2）反解解析变换法采用一种过渡的方法来实现两种地图之间的转换，不再直接求两种地图投影点之间的关系，而是先解出原地图投影点的地理坐标 (φ, λ)，然后将点位投影到新地图之中，其对应关系公式为：

$$(x, y) \rightarrow (\varphi, \lambda) \rightarrow (X, Y) \tag{4-14}$$

如果原投影与地理坐标的解析关系为：$x = f_1(\varphi, \lambda)$，$y = f_2(\varphi, \lambda)$，其反算解析式为 $\varphi = g_1(x, y)$，$\lambda = g_2(x, y)$，新投影与地理坐标的解析式为：$X = F_1(\varphi, \lambda)$，$Y = F_2(\varphi, \lambda)$，则其变换表达式为：

$$
\begin{aligned}
X &= F_1(g_1(\varphi, \lambda), g_2(\varphi, \lambda)) \\
Y &= F_2(g_1(\varphi, \lambda), g_2(\varphi, \lambda))
\end{aligned}
\tag{4-15}
$$

4.2.1.2　数值变换法

所谓数值变换法即采用多项式逼近的方法来建立两投影点之间的变换关系式，这种方法主要用于原投影解析式未知，或难以求得两投影坐标之间的直接转换关系。例如，采用二元三次多项式进行变换，二元三次多项式为：

$$
\begin{cases}
\begin{aligned}
X &= a_{00} + a_{10}x + a_{01}y + a_{20}x^2 + a_{11}xy + a_{02}y^2 + \\
& \quad a_{30}x^2 + a_{21}x^2y + a_{12}xy^2 + a_{03}y^3 \\
Y &= b_{00} + b_{10}x + b_{01}y + b_{20}x^2 + b_{11}xy + b_{02}y^2 + \\
& \quad b_{30}x^2 + b_{21}x^2y + b_{12}xy^2 + b_{03}y^3
\end{aligned}
\end{cases}
\tag{4-16}
$$

为了保证以上方程能够有解，需要选取最少 10 个投影公共点，并组成最小二乘法的条件关系式为

$$
\begin{cases}
\displaystyle\sum_{i=1}^{n} (X_i - X_i')^2 = \min \\
\displaystyle\sum_{i=1}^{n} (Y_i - Y_i')^2 = \min
\end{cases}
\tag{4-17}
$$

式中，n 为公共投影点个数；X_i、Y_i 为新投影的实际变换值；X_i'、Y_i' 为新投影的理论值。

根据求极值原理，可得到两组线性方程，即可求得各系数的值。

需要指出的是，数值变换法采用多项式逼近的方法求得近似解，其精度受到公共投影点的数量、精度以及分布是否合理等因素影响，多项式方法的选取也要视实际情况和需求来决定。理论证明，并不是多项式的次数越高，计算精度越高，当多项式的次数过高时拟合结果会出现"抖动"现象，而且多项式次数过高将会增加算法的复杂程度，影响计算速度。

4.2.1.3　数值解析变换法

当已知新投影的公式，但不知道原投影的公式时，先采用多项式逼近的方法确定原投影的地理坐标 φ，λ，然后代入新投影与地理坐标之间的解析公式中，求出新投影点的坐标，从而实现两种投影之间的变换，其对应关系式为：

$$(x, y) \rightarrow 数值变换(\varphi, \lambda) \rightarrow 解析变化(X, Y) \tag{4-18}$$

多项式逼近形式为：

$$\begin{cases} \varphi = \displaystyle\sum_{i=0}^{n}\sum_{j=0}^{n} a_{ij}x^i y^j \\ \lambda = \displaystyle\sum_{i=0}^{n}\sum_{j=0}^{n} b_{ij}x^i y^j \end{cases} \quad (i+j \leq n) \tag{4-19}$$

4.2.2 地球椭球相关参数

4.2.2.1 基本参数

地球椭球是经过适当选择的旋转椭球，旋转椭球需要与水准椭球相匹配。旋转椭球是椭球绕其短轴旋转而成的几何形体。如图 4-20 中，O 是椭球中心，NS 为旋转轴，a 为长半轴，b 为短半轴。包含旋转轴的平面与椭球面相截所得的椭圆，叫子午圈（经圈或子午椭球），如 $NKAS$。与子午圈垂直的另一个圈称为卯酉圈。地球椭圆上的子午圈始终代表南北方向，卯酉圈除了两个极点外，代表东西方向。垂直于旋转轴的平面与椭球面相截所得的圆，叫平行圈（纬圈），如 QKQ'。

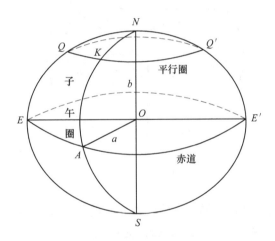

图 4-20 椭球基本参数

旋转椭球的形状和大小是由子午椭球的五个基本几何参数（或称元素）来决定的，分别是：

椭球的长半轴：a；

椭球的短半轴：b；

椭圆的扁率：
$$\alpha = \frac{a-b}{a}$$

椭圆的第一偏心率：
$$e = \frac{\sqrt{a^2-b^2}}{a}$$

椭圆的第二偏心率：
$$e' = \frac{\sqrt{a^2-b^2}}{b}$$

式中，a，b 反映椭球的大小，α 表示椭球的扁平程度，e 和 e' 是子午椭圆的焦点离中心的距离与椭圆半径之比。

为了简化书写，常引入以下符号和两个辅助函数公式为：

$$c = \frac{a^2}{b}, \quad t = \tan B, \quad \eta^2 = e'^2 \cos^2 B \qquad (4\text{-}20)$$

$$W = \sqrt{1 - e^2 \sin^2 B}, \quad V = \sqrt{1 - e'^2 \cos^2 B} \qquad (4\text{-}21)$$

式中，B 为大地纬度；W 为第一基本维度函数；V 为第二基本维度函数。

4.2.2.2 子午圈、卯酉圈曲率半径

如图 4-21 所示，过椭球面上任意一点 A 作该点法线 AL，包含这条法线的平面就叫作法截面。可知，这样的法截面有无数个，不同方向的法截面的曲率半径都不相同。通常研究两个相互垂直的法截面的曲率，又称为主法截面。对于椭球体来说，我们首先研究两个特殊的主法截面，包含子午圈的截面称为子午圈截面，垂直于子午圈的界面，称为卯酉圈截面。

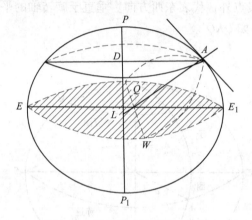

图 4-21 子午圈、卯酉圈、纬圈

过点 A 的法线 AL 同时又通过椭球体旋转轴 PP_1 的法截面（即 AE_1P_1EP）为子午圈截面。子午圈曲率半径通常用字母 M 表示，公式为：

$$M = \frac{a(1 - e^2)}{\sqrt[2]{(1 - e^2 \sin^2 B)^3}} \qquad (4\text{-}22)$$

式中，a 为椭球体的长半径；e 为第一偏心率，对于固定的椭球体，a、e 均为常数。

可见 M 随纬度而变化，子午圈变化规律见表 4-1。

表 4-1 子午圈变化规律

B	M	说　明
$B = 0°$	$M_0 = a(1 - e^2) = \dfrac{c}{\sqrt{(1 + e'^2)^3}}$	在赤道上，M 小于赤道半径 a
$0° < B < 90°$	$a(1 - e^2 < M < c)$	此间 M 随纬度的增大而增大
$B = 90°$	$M_{90} = \dfrac{a}{\sqrt{1 - e^2}}$	在极点，M 等于极点曲率半径 c

注：c 的几何意义就是椭球体在极点（两极）的曲率半径。

通过 A 点的法线 AL 并垂直于子午圈截面的法截面（即 QAW）为卯酉圈截面。卯酉圈曲率半径通常用字母 N 表示，计算公式如下：

$$N = \frac{a}{\sqrt{1 - e^2 \sin^2 B}} \tag{4-23}$$

式中，a 为椭球体的长半径；e 为第一偏心率，对于固定的椭球体，a、e 均为常数。

可见 N 随纬度而变化，具体见表 4-2。

表 4-2 卯酉圈变化规律

B	M	说　明
$B = 0°$	$N_0 = a$	卯酉圈变为赤道
$0° < B < 90°$	$a < N < c$	N 随纬度的增大而增大
$B = 90°$	$N_{90} = \dfrac{a}{\sqrt{1 - e^2}} = c$	卯酉圈变为子午圈，N 为极点的曲率半径 c

平均曲率半径 R 等于主法截面曲率半径的几何中数，公式为：

$$R = \sqrt{MN} = \frac{a(1 - e^2)^{\frac{1}{2}}}{1 - e^2 \sin^2 B} \tag{4-24}$$

当 $B = 0°$ 时，代入子午圈和卯酉圈曲率半径计算公式得：

$$M_0 = a(1 - e^2) \tag{4-25}$$

$$N_0 = a \tag{4-26}$$

当 $B = 90°$ 时，代入子午圈和卯酉圈曲率半径计算公式得：

$$M_{90} = \frac{a}{\sqrt{1 - e^2}} \tag{4-27}$$

$$N_{90} = \frac{a}{\sqrt{1 - e^2}} \tag{4-28}$$

比较式（4-27）和式（4-28），可见子午圈半径与卯酉圈曲率半径除在两极处相等外，在其他纬度相同的情况下，同一点上卯酉圈曲率半径均大于子午圈曲率半径。纬圈的半径，一般用 r 表示，即：

$$r = N \cos B = \frac{a \cos B}{(1 - e^2 \sin^2 B)^{\frac{1}{2}}} \tag{4-29}$$

4.2.2.3 子午线弧长

子午线弧长就是椭圆的弧长，图 4-22 表明在椭圆上不同纬度的点其曲率半径也是不同的。

在子午线上任取一点 A，纬度为 α，取与 A 无限接近的点 A' 纬度为 $\alpha + \mathrm{d}\alpha$，设 C 为 $AA' = \mathrm{d}s$ 的曲率中心，M 为该弧的曲率半径（指的就是子午线上 A 点的曲率半径），因为

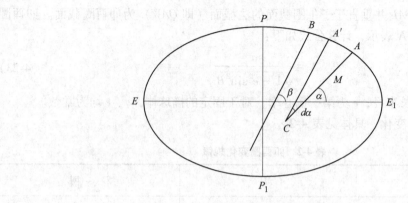

图 4-22　子午线弧长

AA' 比较小，可以把它看作以 M 为半径的圆周，利用弧长等于半径乘圆心角的公式为

$$AA' = ds = Md\alpha \tag{4-30}$$

此时代入式（4-22）得：

$$ds = \frac{a(1 - e^2)}{(1 - e^2\sin^2\beta)^{\frac{3}{2}}} \tag{4-31}$$

如果想要求 A、B 两点之间的子午线弧长 s 时，需要计算 α 与 β 为积分区间的定积分，即：

$$s = \int_{\alpha}^{\beta} Md\alpha = \int_{\alpha}^{\beta} \frac{a(1 - e^2)}{(1 - e^2\sin^2\beta)^{\frac{3}{2}}} d\alpha \tag{4-32}$$

令 $\alpha = 0$、$\beta = x$ 得：

$$s = \int_{0}^{x} Md\alpha = \int_{0}^{x} \frac{a(1 - e^2)}{(1 - e^2\sin^2\beta)^{\frac{3}{2}}} d\alpha \tag{4-33}$$

对积分整理后可得从赤道到任意纬度 x 的子午线弧长一般公式为：

$$s = a(1 - e^2)\left[A_1x - \cos x(B_1\sin x + C_1\sin^3 x + D_1\sin^5 x + \right.$$
$$\left. E_1\sin^7 x + F_1\sin^9 x + G_1\sin^{11} x + \cdots)\right] \tag{4-34}$$

式（4-34）用三角函数等级表达从赤道到任意纬度 x 子午线弧长公式，其中 x 为弧度，相关参数如下：

$$A_1 = 1 + \frac{3}{4}e^2 + \frac{45}{64}e^4 + \frac{175}{256}e^6 + \frac{11025}{16384}e^8 + \frac{43659}{65536}e^{10} + \frac{693693}{1048576}e^{12}$$

$$B_1 = \frac{3}{4}e^2 + \frac{45}{64}e^4 + \frac{175}{256}e^6 + \frac{11025}{16384}e^8 + \frac{43659}{65536}e^{10} + \frac{693693}{1048576}e^{12}$$

$$C_1 = \frac{45}{64}e^4 + \frac{175}{256}e^6 + \frac{11025}{16384}e^8 + \frac{43659}{65536}e^{10} + \frac{693693}{1048576}e^{12}$$

$$D_1 = \frac{175}{256}e^6 + \frac{11025}{16384}e^8 + \frac{43659}{65536}e^{10} + \frac{693693}{1048576}e^{12}$$

$$E_1 = \frac{11025}{16384}e^8 + \frac{43659}{65536}e^{10} + \frac{693693}{1048576}e^{12}$$

$$F_1 = \frac{43659}{65536}e^{10} + \frac{693693}{1048576}e^{12}$$

$$G_1 = \frac{693693}{1048576}e^{12}$$

4.2.2.4 纬线弧长

因为纬线（平行圈）为圆弧，故可应用求圆周弧长的公式，设 A、B 两点的经差为 λ，D 为纬线圈圆心，则由图 4-23 可得：

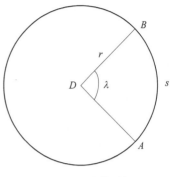

$$s = r \cdot \lambda = N\cos\varphi \cdot \lambda \qquad (4\text{-}35)$$

以北京 54 坐标系为例，分析子午线弧长公式可知，同纬度差的子午线弧长由赤道向两极逐渐增长。当纬度差为 1° 的子午线弧长在赤道为 110576 m，在两极为 111695 m。

图 4-23 纬线弧长

4.2.3 兰勃特投影

兰勃特等角投影是正形正轴投影。设想用一个圆锥套在地球椭球面上，使圆锥轴与椭球自转轴相一致，使圆锥面与椭球面一条纬线相切，按照正形投影的一般条件和兰勃特投影的特殊条件，将椭球面上的纬线（又称平行圈）投影到圆锥面上成为同心圆，经线投影圆锥面上成为从圆心发出的辐射直线，然后沿圆锥面某条母线，将圆锥面切开而展成平面，从而实现兰勃特切圆锥投影。在兰勃特等角投影中，纬线为同心圆弧，经线为同心圆半径。如果圆锥面与椭球面上两条纬线相割，则称为兰勃特割圆锥投影。

兰勃特投影采用双标准纬线相割，与采用单标准纬线相切比较，其投影变形小而均匀。兰勃特投影的变形分布规律是：（1）角度不变形；（2）两条标准纬线上不变形；（3）等变形线和纬线一致，即同一条纬线上的变形处处相等；（4）在同一经线上，两标准纬线外侧为正变形（长度比大于 1），而两标准纬线之间为负变形（长度比小于 1），因此变形比较均匀，变形绝对值比较小；（5）同一纬线上等经差的线段长度相等，两条纬线间的经纬线长度处处相等。

4.2.3.1 兰勃特等角投影坐标系

以图幅的原点经线（一般是中央经线 L_0）作为纵坐标 X 轴，原点经线与原点纬线（一般是最南端）的交点作为原点，过此点的切线作为横坐标 Y 轴，构成兰勃特平面直角坐标系。

4.2.3.2 兰勃特等角投影坐标系

（1）正解公式。$(B, L) \rightarrow (X, Y)$，原点纬度 B_0，原点经度 L_0，第一标准纬线 B_1，第二标准纬线 B_2，有以下公式：

$$X_N = r_0 - r\cos\theta \qquad (4\text{-}36)$$

$$Y_E = r\sin\theta \qquad (4\text{-}37)$$

$$m = \frac{\tan\left(\dfrac{\pi}{4} - \dfrac{B}{2}\right)}{\left(\dfrac{1 - e\sin B}{1 + e\sin B}\right)^{\frac{e}{2}}} \tag{4-38}$$

$$n = \frac{\ln\dfrac{m_{B_1}}{m_{B_2}}}{\ln\dfrac{t_{B_1}}{t_{B_2}}} \tag{4-39}$$

$$F = \frac{m_{B_1}}{n t_{B_1}^{n}} \tag{4-40}$$

$$r = aFt^{n} \tag{4-41}$$

$$\theta = n(L - L_0) \tag{4-42}$$

式中，r_0 为原点纬线处的 r 值；m_{B_1}、m_{B_2} 为标准纬线 B_1、B_2 处的 m 值；t_{B_1}、t_{B_2} 为标准纬线 B_1 和 B_2 处的 t 值。

（2）反解公式。$(X，Y) \rightarrow (B，L)$，原点纬度 B_0，原点经度 L_0，第一标准纬线 B_1，第二标准纬线 B_2，有以下公式

$$B = \frac{\pi}{2} - 2\arctan\left[t'\left(\frac{1 - e\sin B}{1 + e\sin B}\right)^{\frac{e}{2}}\right] \tag{4-43}$$

$$L = \frac{\theta'}{n} + L_0 \tag{4-44}$$

$r' = \pm\sqrt{Y_E^2 + (r_0 - X_N)^2}$ 符号与 n 相同。

$$t' = \left(\frac{r'}{aF}\right)^{\frac{1}{n}} \tag{4-45}$$

$$\theta' = \arctan\frac{Y_E}{r_0 - X_N} \tag{4-46}$$

式中，参数同兰勃特等角投影正解公式；B 通过迭代获取。

4.2.4　墨卡托投影

　　通用横轴墨卡托投影（University Transverse Mercator Projection）取其前面三个英文单词的大写字母，称为 UTM 投影。从几何意义上讲，UTM 投影属于横轴等角割椭圆柱投影。它的投影条件是取第 3 个条件"中央经线投影长度比不等于 1 而是等于 0.9996"，椭圆柱割地球于南纬 80°、北纬 84°的 2 条等高圈，投影后两条割线上没有变形，它的平面追缴坐标系与高斯投影相同，从计算结果上来看，UTM 与高斯投影坐标有一个简单的比例关系，因而文献上也称为 $m_0 = 0.9996$ 的高斯投影。墨卡托投影假设地球被围在一个中空的圆柱里，其赤道与圆柱相接触，然后再假想地球像气球一样膨胀，待球面贴合到圆柱面上，再把圆柱体展开。

墨卡托投影没有角度变形,由每一点向各方向的长度比相等,它的经纬线都是平行直线,且相交成直角,经线间隔相等,纬线间隔从标准纬线向两极逐渐增大。墨卡托投影具有以下特点:

(1)在墨卡托投影中,面积变形最大。越接近两极,经纬线扩大越多,在 $B=80°$ 时,经纬线扩大近6倍,面积扩大33倍。墨卡托投影在80°以上高纬地区通常不绘制。

(2)在墨卡托投影上等角航线表现为直线(在球心投影上大圆航线表现为直线)。

墨卡托投影坐标系为:取零子午线或自定义原点经线(L_0)与赤道交点的投影为原点,零子午线或自定义原点经线的投影为纵坐标 X 轴,赤道的投影为横坐标 Y 轴,构成墨卡托投影平面直角坐标系。

(1)墨卡托投影正解公式。 $(B, L) \rightarrow (X, Y)$,标准纬度 B_0 ,原点纬度为零,原点经度 L_0 :

$$X_N = K\ln\left[\tan\left(\frac{\pi}{4} + \frac{B}{2}\right)\left(\frac{1 - e\sin B}{1 + e\sin B}\right)^{\frac{e}{2}}\right] \tag{4-47}$$

$$Y_E = K(L - L_0) \tag{4-48}$$

$$K = N_{B_0}\cos B_0 = \frac{\frac{a^2}{b}}{\sqrt{1 + e'^2\cos^2 B_0}} \times \cos B_0 \tag{4-49}$$

(2)墨卡托投影反解公式。 $(X, Y) \rightarrow (B, L)$,标准纬度 B_0 ,原点纬度为零,原点经度 L_0 :

$$B = \frac{\pi}{2} - 2\arctan\left[\exp\left(-\frac{X_N}{K}\right) \cdot \exp^{\frac{e}{2}\ln\left(\frac{1-e\sin B}{1+e\sin B}\right)}\right] \tag{4-50}$$

$$L = \frac{Y_E}{K} + L_0 \tag{4-51}$$

式中,exp 为自然对数底; B 为维度通过迭代很快就能收敛。

4.2.5 高斯-克吕格投影

高斯-克吕格投影是一种"等角横切圆柱投影",投影后除了中央经线和赤道为直线外,其他经线均为对称于中央经线的曲线。可以想象一个椭圆柱面横套在地球椭球体外面,并与某一条子午线(此子午线称为中央子午线或轴子午线)相切,椭圆柱的中心轴通过椭球体中心,然后用一定投影方法,将中央子午线两侧各一定经差范围内的地区投影到椭球柱面上,再将此柱面展开即成为投影面,如图4-24所示。高斯-克吕格投影没有角度变形,中央经线无变形,在长度和面积上变形也很小,自中央经线向投影带边缘变形逐渐增加,变形最大处在投影带内赤道的两端。它的投影精度高、变形少、运算简单(各投影带的坐标一致,只需计算出一条子带的数据),故适用于大比例地图,可满足各种军用需求,并能对地图进行准确的测量和计算。

我国规定按经度差6°和3°进行投影分带,为大比例测图和工程测量采用3°投影。在特殊情况下,工程测量控制网也可以采用1.5°带或任意带。但为了测量成果的通用,需与国家6°或3°带相联系。

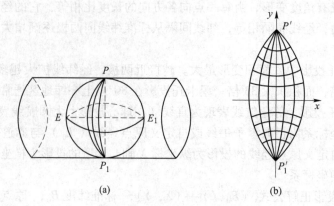

$$(a) \qquad\qquad\qquad\qquad (b)$$

图 4-24　高斯-克吕格投影

（a）高斯-克吕格投影；（b）高斯平面直角坐标系

高斯投影 6°带，自 0°子午线起每隔经度差 6°自西向东分带，依次编号 1，2，3，…。我国 6°带中央子午线的经度，由 73°起每隔 6°而至 135°，共计 11 带，带号用 n 表示，中央子午线的经度用 L_0 表示，它们的关系是：

$$\begin{cases} L_0 = 6n - 3 \\ n = \dfrac{L_0 + 3}{6} \end{cases} \tag{4-52}$$

高斯投影 3°带是在 6°带的基础上形成的。它的中央子午线一部分（单数带）与 6°带中央子午线重合，另一部分（偶数带）与 6°带分界子午线重合。如用 n' 表示 3°带的带号，L_0' 表示 3°带中央子午线的经度，它们的关系是：

$$\begin{cases} L_0' = 3n' \\ n' = \dfrac{L_0'}{3} = 2n - 1 \end{cases} \tag{4-53}$$

4.2.5.1　高斯-克吕格投影坐标系

取零子午线或自定义原点经线（L_0）与赤道交点的投影为原点，零子午线或自定义原点经线的投影为纵坐标 X 轴，赤道的投影为横坐标 Y 轴，构成高斯-克吕格投影平面直角坐标系（X，Y）。

4.2.5.2　高斯-克吕格投影正反解公式

（1）正解公式。大地坐标（B，L）→平面直角坐标（X，Y），原点经度 L_0：

$$\begin{cases} x = X_0 + \dfrac{1}{2}Ntm_0^2 + \dfrac{1}{24}(5 - t^2 + 9\eta^2 + 4\eta^4) + \dfrac{1}{720}(61 - 58t^2 + t^4)Ntm_0^6 \\ y = Nm_0 + \dfrac{1}{6}(1 - t^2 + \eta^2)Nm_0^2 + \dfrac{1}{120}(5 - 18t^2 + t^4 - 14\eta^2 - 58t^2\eta^2)N_0^6 \end{cases} \tag{4-54}$$

其中，$X_0 = C_0\overline{B} + \cos B(C_1 \sin B + C_2 \sin^3 B + C_3 \sin^5 B)$。设中央子午线的经度为 L_0，令：$l = L - L_0$，$m_0 = l\cos B$，$\eta^2 = \dfrac{e^2}{1 - e^2}\cos^2 B$，$N = a/\sqrt{1 - e^2\sin^2 B}$。

设参考椭球的长半轴为 a ，第一偏心率为 e ，采用符号：

$$\overline{A} = 1 + \frac{3}{4}e^2 + \frac{45}{64}e^4 + \frac{175}{256}e^6 + \frac{11025}{16384}e^8 + \frac{43659}{65536}e^{10}$$

$$\overline{B} = \frac{3}{4}e^2 + \frac{15}{16}e^4 + \frac{525}{512}e^6 + \frac{2205}{2048}e^8 + \frac{72765}{65536}e^{10}$$

$$\overline{C} = \frac{15}{64}e^4 + \frac{105}{256}e^6 + \frac{2205}{4096}e^8 + \frac{10359}{16384}e^{10}$$

$$\overline{D} = \frac{35}{512}e^6 + \frac{315}{2048}e^8 + \frac{31185}{13072}e^{10}$$

$$\overline{E} = \frac{315}{16384}e^8 + \frac{3465}{65536}e^{10}$$

$$\overline{F} = \frac{693}{13027}e^{10}$$

则：$\alpha = Aa(1 - e^2)$，$\beta = -\frac{1}{2}\overline{B}a(1 - e^2)$，$\gamma = \frac{1}{4}\overline{C}a(1 - e^2)$，$\delta = -\frac{1}{6}\overline{D}a(1 - e^2)$，$\varepsilon = \frac{1}{8}\overline{E}a(1 - e^2)$，$\xi = -\frac{1}{10}\overline{F}a(1 - e^2)$，$C_0 = \alpha$，$C_2 = -(8\gamma + 32\delta)$，$C_3 = 32\delta$，$C_1 = 2\beta + 4\gamma + 6\delta$。

（2）反解公式。平面直角坐标 $(X, Y) \rightarrow$ 大地坐标 (B, L)，原点经度 L_0。

$$B = B_f - \frac{1}{2}V_f^2 t_f\left(\frac{y}{N_f}\right)^2 + \frac{1}{24}(5 + 3t^2 + \eta_f^2 - 9\eta_f^4)V_f^2 t_f\left(\frac{y}{N_f}\right)^4 - \frac{1}{720}(61 + 90t_f^2 45\eta_f^4)V_f^2 t_f\left(\frac{y}{N_f}\right)^4 \tag{4-55}$$

$$l = \frac{1}{\cos B_f}\frac{y}{N_f} - \frac{1}{6}(1 + 2t_f^2 + \eta_f^2)\frac{1}{\cos B_f}\frac{y}{N_f} + \frac{1}{120}(5 + 28t_f^2 + 24t_f^4 + 6\eta_f^2 + 8\eta_f^2 t_f^2)\frac{1}{\cos B_f}\left(\frac{y}{N_f}\right)^2 \tag{4-56}$$

$$L = L_0 + l \tag{4-57}$$

式中，B_f 为地点纬度，即以 x 作为赤道起算的子午线对应的纬度值，其值为：$B_f = B_f^0 + \cos B_f^0(K_1\sin B_f^0 + K_2\sin^3 B_f^0 + K_3\sin^5 B_f^0 + K_4\sin^7 B_f^0)$，$B_f^0 = \frac{x}{a}$，$V_f = \sqrt{1 + \eta_f^2}$，$K_1 = 2\beta_f + 4\gamma_f + 6\delta_f$，$K_2 = 8\gamma_f + 32\delta_f$，$K_3 = 32\delta_f$。

4.3 仿 射 变 换

仿射变换是空间直角坐标变换的一种，是使用最多的一种几何纠正方式，它是一种二维坐标 (x, y) 到二维坐标 (u, v) 之间的线性变换，保持二维图形的"平直线"和"平行线"。仿射变换可以通过一系列的原子变换的复合来实现，包括平移（Translation）、缩放（Scale）、翻转（Flip）、旋转（Rotation）和剪切（Shear）。仿射变换过程中，点变点、直线变直线、点与直线的结合关系不变，这是仿射变换的主要性质。平行投影如图 4-25 所示。

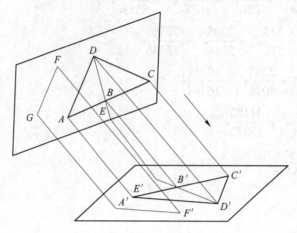

图 4-25　平行投影示意图

由于地图的几何变换是基于控制点，因此仿射变换和运算也是第一个影响到控制点的。也就是说，将数字地图中的控制点（也称为输入或估算控制点），将其转化为真实的世界坐标（也称为输出或实际控制点）。仿射转换计算公式为：

$$\begin{cases} x' = Ax + By + C \\ y' = Dx + Ey + F \end{cases} \tag{4-58}$$

式中，x、y 为图面坐标；x'、y' 为现实世界坐标；其余 6 个未知数为转换系数。

转换系数可以由点位的图面坐标和现实世界坐标进行估算，一般采用 4 个以上的控制点进行估算，以便减少测量误差。类似回归分析，采用最小二乘法来估算变换系数。

导出变换系数的一种方法是运行两个多元回归分析；一是 x、y 回归 X，二是 x、y 回归 Y。令误差方程为：

$$\begin{cases} Q_x = X - (Ax + By + C) \\ Q_y = Y - (Dx + By + E) \end{cases} \tag{4-59}$$

式中，X、Y 为已知的理论坐标。

由最小二乘原理，得到两组法方程：

$$\begin{cases} A \sum x + B \sum y + Cn = \sum X \\ A \sum x^2 + B \sum xy + C \sum x = \sum xX \\ A \sum xy + B \sum y^2 + C \sum y = \sum yX \end{cases} \tag{4-60}$$

$$\begin{cases} D \sum x + E \sum y + Fn = \sum X \\ D \sum x^2 + E \sum xy + F \sum x = \sum xX \\ D \sum xy + E \sum y^2 + F \sum y = \sum yX \end{cases} \tag{4-61}$$

还可通过矩阵方程来估算变换系数：

$$
\begin{bmatrix} C & F \\ A & D \\ B & E \end{bmatrix} = \begin{bmatrix} n & \sum x & \sum y \\ \sum x & \sum x^2 & \sum xy \\ \sum y & \sum xy & \sum y^2 \end{bmatrix} \cdot \begin{bmatrix} \sum X & \sum Y \\ \sum xX & \sum xY \\ \sum yX & \sum yY \end{bmatrix} \tag{4-62}
$$

式中，n 为控制点个数；x、y 为控制点坐标；X、Y 为控制点的理论值；A、B、C、D、E、F 为待转换系数。

由矩阵方程导出的变换系数与回归分析的结果是相同的。

习　题

4-1　根据高斯投影公式，编制高斯-克吕格投影正反变换程序，实现经纬度(B,L)和高斯投影坐标(X,Y)的双向转换。

4-2　根据墨卡托投影公式，编制墨卡托投影正反变换程序，实现经纬度(B,L)和墨卡托投影坐标(X,Y)的双向转换。

4-3　计算纬度为 $32°\,30'N$ 纬圈上某一点的子午圈曲率半径、卯酉圈曲率半径。

4-4　简述地图投影的定义、类型。

4-5　GIS 中常用的地图投影有哪些?

4-6　二维图形有哪几种平面变换方式?

5 空间数据压缩算法

数据压缩就是通过压缩数据来减少存储空间，提高传输、存储和处理的效率，或者根据某种算法对数据进行重组，从而降低数据的冗余和存储空间。在地理信息系统中，真实世界中的数据量非常庞大，而对于海量的空间数据，如何进行有效的存储是制约 GIS 技术的一个重要问题。在空间数据压缩中，如何降低存储空间、提高数据传输效率，研究高效的 GIS 数据压缩算法是非常必要的。

5.1 矢量数据压缩

矢量数据一般有三种：点状要素、线状要素、面状要素。从压缩的角度来看，矢量数据的压缩主要是线状图形要素的压缩，因为点状图形要素可看成是特殊的线状图形要素，面状图形要素的基础也是线状图形要素，需要由一条或多条线状图形要素围成。在矢量数据模型中，我们看到的是用清晰的点、线、面的实体，来表达河流、湖泊、地块这样的信息。因此，线状图形要素的压缩就成为矢量数据压缩中最重要的问题。

矢量数据压缩是从 A 点集中提取出 B 子集，使 B 子集在某一精确度范围内尽可能地反映出 A，但 B 子集的点数必须尽量少。矢量数据压缩和简化的关键在于对原始样本进行适当的删减，而不会影响到拓扑关系。矢量数据的压缩不仅节省了存储空间，提高了网络的传输速率，也消除了原始数据的冗余。其中，一方面数据的冗余是在采集数据时无法避免的；另一方面，由于实际应用的不同，例如大比例尺的矢量数据用于小比例尺应用时，会造成不必要的数据冗余。所以，要针对实际情况，选用适当的矢量数据压缩和简化算法。

矢量数据压缩包含两个部分：首先，在保证原有拓扑结构的前提下，合理地抽取样本数据，去除多余的数据，从而实现矢量数据的压缩；二是通过对矢量坐标进行再编码，从而减小了所需的存储空间。矢量数据的压缩有其弊端，即压缩后的数据量会减少，但其准确性会下降，而且是不可逆的。目前主流的矢量数据压缩方式都是对矢量数据的有损压缩且是不可逆转的，对于矢量数据表示的地图等信息，有损压缩会造成不可预料的失真，从而在实际应用中有一定的局限性。

5.1.1 间隔取点法

间隔取点法是一种常用的压缩算法，用于减少矢量数据中的点或折线，从而降低数据文件的大小，减小存储和传输开销，同时尽量保持数据的形状和关键特征。该方法通常应用于 GIS 中的折线数据（如道路、河流、轮廓线等）或其他矢量数据。每隔 K 个点取一点，或每隔一规定的距离取一点，但首、末点一定要保留。这种方法可大量压缩数字化使用连续方法获取的点和栅格数据矢量化而得到的点，但不一定能恰当地保留方向上曲率显著变化的点。图5-1（a）表示每隔2点（$K=2$）取一点，图5-1（b）表示舍去离首尾点距离小于临界值的点。

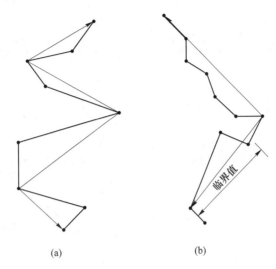

(a)　　　　　　　　　　　　(b)

图5-1　间隔取点法

（a）每隔2点（$K=2$）取一点；（b）舍去离首尾点距离小于临界值的点

5.1.2　垂距法和偏角法

（1）垂距法：基本思路是每次顺序取曲线上的3个点，计算中间点与其他两点连线的垂线距离d，并与限差D比较，若$d<D$，则中间点去掉；若$d \geqslant D$，则中间点保留。然后顺序取下3个点继续处理，直到这条线结束。

（2）偏角法（角度限值法）：从曲线一端开始，每次顺序选取曲线方向上3个点，计算第1点、第2点之间的连线与第1点、第3点连线的夹角α，若$\alpha > A$，则保留第2点，否则剔除。

以上这两种方法的大概思路为：计算某个点到它前后相邻两点所成直线的距离或角度，如果大于某个阈值就保留，如果小于阈值则舍弃。将这个过程应用于曲线除端点外的所有点，最后的结果就是压缩后的曲线。

以上两种方法对于点的保留，主要依据它相邻的两点，对于矢量数据的整体情况不能表现。偏角法效率低，不常用。垂距法可能因为线的反向而导致结果不一样。也有文献讨论将两种方法综合，即垂距和角度都满足条件时才保留点的压缩方法。垂距法和偏角法如图5-2所示。

5.1.3　道格拉斯-普克法

道格拉斯-普克算法（Douglas-Peucker algorithm，亦称为拉默-道格拉斯-普克算法、D-P算法、迭代适应点算法、分裂与合并算法）是将曲线近似表示为一系列点，并减少点的数量的一种算法。该算法的原始类型分别由乌尔斯·拉默（Urs Ramer）于1972年以及大卫·道格拉斯（David Douglas）和托马斯·普克（Thomas Peucker）于1973年提出，并在之后的数十年中由其他学者予以完善。

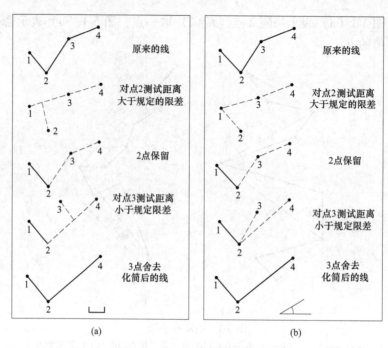

图 5-2 垂距和偏角限差取点过程

（a）垂距法；（b）偏角法

算法的基本思想是：将一条曲线首、末点连一条直线，求出其余各点到该直线的距离，选其最大者与规定的临界值相比较。若大于临界值，则离该直线距离最大的点保留，否则将直线两端间各点全部舍去，即道格拉斯-普克（Douglas-Peucker）法。如图 5-3 所示，经数据采样得到的曲线 MN 由点序 $\{P_1, P_2, P_3, \cdots, P_n\}$ 组成，n 个点的坐标集为 $\{(x_1, y_1), (x_2, y_2), (x_3, y_3), \cdots, (x_n, y_n)\}$。其中，$P_1$、$P_2$ 分别对应曲线的起点 M 和终点 N。根据应用需要和数据精度要求，给定控制数据压缩的极差为 ε，ε 表示被舍弃的点偏离特征点连线之间的垂直距离。

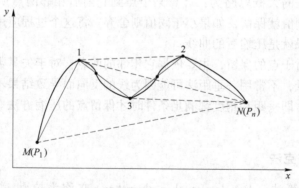

图 5-3 道格拉斯-普克法

曲线的空间数据压缩过程有如下六步。

第一步：确定曲线 MN 对应弦的直线方程。根据两点式直线方程，由起点 M、终点 N 建立直线 MN 方程为：

$$\frac{y - y_M}{x - x_M} = \frac{y_M - y_N}{x_M - x_N} \tag{5-1}$$

将式（5-1）简化为一般形式为：

$$Ax + By + C = 0 \tag{5-2}$$

其中，$A = \dfrac{y_M - y_N}{\sqrt{(y_M - y_N)^2 + (x_M - x_N)^2}}$；$B = \dfrac{x_N - x_M}{\sqrt{(y_M - y_N)^2 + (x_M - x_N)^2}}$；$C = \dfrac{x_M y_N - x_N y_M}{\sqrt{(y_M - y_N)^2 + (x_M - x_N)^2}}$。

第二步：求曲线 MN 上各点 P_i 到弦线 MN 的距离 d_i。根据点到直线的距离计算公式，$P_i(x_i, y_i)$ 到弦线 MN 的距离为：

$$d_i = |Ax_i + By_i + C| \tag{5-3}$$

第三步：求距离 d_i 的最大值 d_h。

$$d_h = \max(d_1, d_2, d_3, \cdots, d_n) \tag{5-4}$$

第四步：比较 d_h 与 ε 的大小，并计算开关 Q，得：

$$Q = \begin{cases} 1 & d_h > \varepsilon \\ 0 & d_h \leq \varepsilon \end{cases} \tag{5-5}$$

第五步：决定取舍，提取中间特征点，方法如下：

（1）如果 $Q=0$，则直接可以用弦线 MN（M、N 为特征点）代替曲线 MN；转第六步。

（2）如果 $Q=1$，则将 d_h 所对应的点 $P_i(x_i, y_i)$ 抽出，暂时作为中间特征点；然后连接新弦线 MP_j；转第一步（以 MP_j 已代替 MN，继续计算和判断）。

1）若 $Q=0$，则可以用弦线 MP_j 代替曲线 MP_j；将 P_j 作为中间特征点取出；顺序排在 M 点之后，成为继 M 之后的第一个中间特征点；并连接 P_jN，转第一步（以 P_jN 代替 MN 继续计算和判断）。

2）若 $Q=1$，则不可以用弦线 MP_j 代替曲线 MP_j；找到此时 d_h 所对应的点 P_k，并连接新弦线 MP_k；转第一步（以 MP_k 代替 MN 继续计算和判断）。

第六步：形成新的数据文件。将所有提取出的中间特征点从起点 M 开始，顺序排列至终点 N，并写入新的数据文件，即得到化简后的折线的数据文件。

如图 5-3 所示，曲线 MN 的特征点提取过程如下：

（1）找到曲线 MN 上 d_h 对应点位为 1 号点；经判断可以用弦线 $M1$ 代替曲线 $M1$，故 1 号点是继 M 点之后提取出的第一个特征点；

（2）连接弦线 $1N$；经判断不可以用弦线 $1N$ 代替曲线 $1N$；找到曲线 $1N$ 上之 d_h 的对应点位为 2 号点；故连接 1 号、2 号点之弦线 12；经判断，还是不可以用弦线 12 代替曲线 12；找到曲线 12 上之 d_h 的对应点位为 3 号点；再连接 1 号、3 号点之弦线 13；经判断，可以用弦线 13 代替曲线 13；故 3 号点是继 1 号点之后提取出的第二个特征点；

（3）连接弦线 $3N$；经判断不可以用弦线 $3N$ 代替曲线 $3N$；找到曲线 $3N$ 上之 d_h 的对应点位仍为 2 号点；然后，连接 3 号、2 号点之弦线 32；经判断，可以用弦线 32 代替曲线 32；故 2 号点是继 1 号点、3 号点之后提取出的第三个特征点；

（4）连接 2 号、N 点之弦线 $2N$；经判断可以用弦线 $2N$ 代替曲线 $2N$；中间特征点提取结束。

至此可知，曲线 *MN* 可以用特征点 *M*、1、3、2、*N* 顺序连接的折线简化表示。Douglas-Peucker 方法是曲线矢量数据压缩的一种非常有效的算法，在编程时利用递归过程能够非常简洁地完成算法的实现，并能达到 $O(n\log_2 n)$ 的时间复杂度。

该方法虽然具有上述优点，但也有以下缺点：

（1）这种算法未考虑矢量数据（曲线）的拓扑关系，在压缩之前，若不对其公共边进行处理，则会使原曲线的拓扑关系发生变化，从而造成压缩时出现问题。

（2）曲线压缩的精度一般用位移矢量和偏差面积来衡量。在该算法中利用垂向距离作为约束条件来决定曲线上点的取舍可以控制位移矢量的大小，但无法有效地控制偏差面积的大小。

（3）对于曲线起始点不确定的情况，用该方法压缩得到的保留点可能不一样；同时，由于该方法在确定曲线压缩后保留点时采用的策略是从两固定点出发在它们之间的曲线上的离散点中来寻找下一个压缩后的保留点，因此由该方法得到的曲线压缩后保留点的压缩比不可能是在满足给定精度限差条件下的最大压缩比。

【例 5-1】 自定义曲线段，并使用垂距法和道格拉斯-普克法压缩矢量曲线。

解：创建 WinForm，点击鼠标左键添加折线段的端点，设定阈值，分别使用垂距法和道格拉斯-普克法压缩矢量曲线，步骤如下：

（1）创建 WinForm 应用程序 PolylineCompressApp，在 Form1 中添加 1 个 PictureBox、1 个 TextBox、3 个 Button 和 1 个 Label 控件。

（2）添加 Compress 类，在该类中添加方法 VerticelDist()、Douglas_perk()。

（3）在 Form1.cs 中定义 cPoints、cPointIndices、pts、CmpPts 变量，并实现事件 pictureBox1_MouseDown、pictureBox1_Paint、button1_Click、button2_Click、button3_Click，主要代码如下：

```
public class Compress
{
    List<Point>cPoints;
    List<int>cPointIndices;
    public List<Point>VerticelDist(List<Point>points,double delt)
    {
        List<Point>pts=new List<Point>();
        if(points.Count<3)return points;
        pts.Add(points[0]);
        for(int i=1;i<points.Count-1;i++)
        {
            double d=Distance(points[i],points[i-1],points[i+1]);
            if(d>=delt)pts.Add(points[i]);
        }
        pts.Add(points[points.Count-1]);
        return pts;
    }
    public double Distance(Point p,Point p1,Point p2)
```

```
{
  double d=Math. Pow( p1. X-p2. X,2)+Math. Pow( p1. Y-p2. Y,2);
  d=Math. Sqrt( d);
  double x1=p. X-p1. X;
  double y1=p. Y-p1. Y;
  double x2=p2. X-p1. X;
  double y2=p2. Y-p1. Y;
  double forkResult=Math. Abs( x1 * y2-x2 * y1);
  return forkResult/d;
}
public List<Point>Douglas_perk( Point[ ] points,double delta)
{
  cPoints=new List<Point>( );
  cPointIndices=new List<int>( );
  if( points. Length<3)
  {
    cPoints=points. ToList<Point>( );
    return cPoints;
  }
  cPointIndices. Add( 0);
  Douglas( points,0,points. Length-1,delta);
  cPointIndices. Add( points. Length-1);
  cPointIndices. Sort( );
  foreach( int idx in cPointIndices)
  {
    cPoints. Add( points[ idx]);
  }
  return cPoints;
}
public void Douglas( Point[ ]points,int s,int e,double delta)
{
  double dMax=0;
  int k=0;
  for( int i=s+1;i<e;i++)
  {
    double d=Distance( points[ i],points[ s],points[ e]);
    if( dMax<d)
    {
      dMax=d;
      k=i;
    }
  }
  if( dMax>=delta)
```

```
        {
            cPointIndices. Add(k);
            Douglas(points,s,k,delta);
            Douglas(points,k,e,delta);
        }
    }
}

public partial class Form1:Form
{
    List<Point>pts=new List<Point>();
    List<Point>CmpPts;

    public Form1()
    {
        InitializeComponent();
        pts. Clear();
        if(CmpPts ! =null)CmpPts. Clear();
    }

    private void pictureBox1_MouseDown(object sender,MouseEventArgs e)
    {
        pts. Add(new Point(e. X,e. Y));
        this. pictureBox1. Invalidate();
    }

    private void pictureBox1_Paint(object sender,PaintEventArgs e)
    {
        Graphics g=e. Graphics;
        Pen myPen1=new Pen(Color. Blue,3);
        Pen myPen2=new Pen(Color. Red,3);
        if(pts. Count>1)
        {
            g. DrawLines(myPen1,pts. ToArray());
        }
        if(CmpPts! =null && CmpPts. Count>1)
        {
            g. DrawLines(myPen2,CmpPts. ToArray());
        }
    }

    private void button1_Click(object sender,EventArgs e)
    {
        if(this. textBox1. Text. Trim()= =" ") return;
```

```
        double delt = double. Parse( this. textBox1. Text. Trim( ) ) ;
        Compress cmp = new Compress( ) ;
        CmpPts = cmp. VerticelDist( pts , delt ) ;
        this. pictureBox1. Invalidate( ) ;
    }
    private void button2_Click( object sender , EventArgs e )
    {
        Graphics g = this. pictureBox1. CreateGraphics( ) ;
        g. Clear( Color. White ) ;
        pts. Clear( ) ;
        if( CmpPts !  = null ) CmpPts. Clear( ) ;
        g. Dispose( ) ;
    }
    private void button3_Click( object sender , EventArgs e )
    {
        if( this. textBox1. Text. Trim( ) = = " " ) return ;
        double delt = double. Parse( this. textBox1. Text. Trim( ) ) ;
        Compress cmp = new Compress( ) ;
        CmpPts = cmp. Douglas_perk( pts. ToArray( ) , delt ) ;
        this. pictureBox1. Invalidate( ) ;
    }
}
```

（4）程序执行后输入阈值为 30，随机生成曲线，点击垂距法与道格拉斯-普克法分别对曲线进行压缩，参考界面如图 5-4 所示。

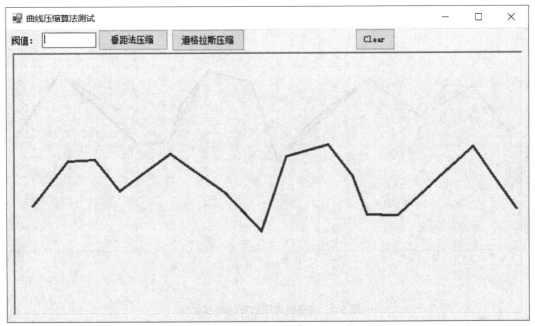

(a)

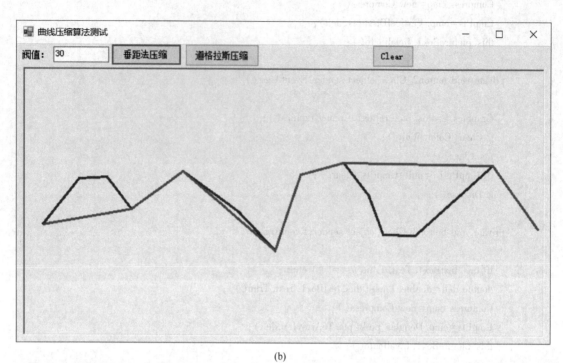

(b)

(c)

图 5-4　矢量线段压缩算法项目实例
（a）原始曲线；（b）垂距法压缩；（c）道格拉斯-普克法压缩

5.1.4　光栅法

光栅法的基本思路是：对每一条曲线上的所有点，逐点定义一个扇形区域。若曲线的下一结点在扇形外，则保留当前结点；若曲线的下一结点在扇形内，则舍去当前结点。设有曲线点列 $P_i(i=1,2,\cdots,n)$ "光栅口径"为 d（由用户自己定义），则该光栅法实施的具体步骤如图 5-5 所示。

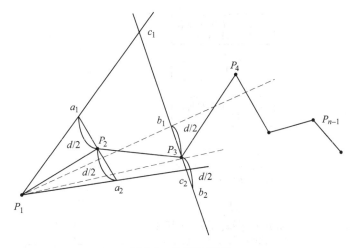

图 5-5　光栅法原理

（1）连接 P_1 和 P_2，过 P_2 点作一条垂直于 P_1P_2 的直线，在该垂线上取两点 a_1 和 a_2，使 $a_1P_2=a_2P_2=d/2$，此时 a_1 和 a_2 为"光栅"边界点，P_1 与 a_1、P_1 与 a_2 的连线以 P_1 为顶点的扇形的两条边，这就定义了一个扇形（这个扇形的口朝向曲线的前进方向，边长是任意的）。通过 P_1 并在扇形内的所有直线都具有这种性质，即 P_1P_2 上各点到这些直线的垂距都不大于 $d/2$。

（2）若 P_3 点在扇形内，则舍丢弃 P_2 点。然后连接 P_1 和 P_3，过 P_3 作 P_1P_3 的垂线，该垂线与前面定义的扇形边交于 c_1 和 c_2。在垂线上找到 b_1 和 b_2 点，使 $P_3b_1=P_3b_2=d/2$，若 b_1 和 b_2 点落在原扇形外面（见图 5-5 中为 b_2 点），则用 c_1 或 c_2 取代（见图 5-5 中由 c_2 取代 b_2）。此时 P_1b_1 和 P_1c_2 定义一个新的扇形，这当然是口径（b_1c_2）缩小了的"光栅"。

（3）检查下一结点，若该点在新扇形内，则重复（2）；直到发现有一个结点在最新定义的扇形外为止。

（4）当发现在扇形外的结点，如图 5-5 中此 P_4 时保留点 P_3，以 P_3 作为新起点，重复（1）与（2）。

如此继续下去，直到整个点列检测完为止。所有被保留点（含首、末点），顺序地构成了简化后的新点列。其流程图如图 5-6 所示。

5.1.5　面域数据压缩算法

面域空间数据的压缩过程可以看成组成其边界的曲线段的分别压缩，每段边界曲线的压缩过程如前所述。但有以下两个问题需要注意。

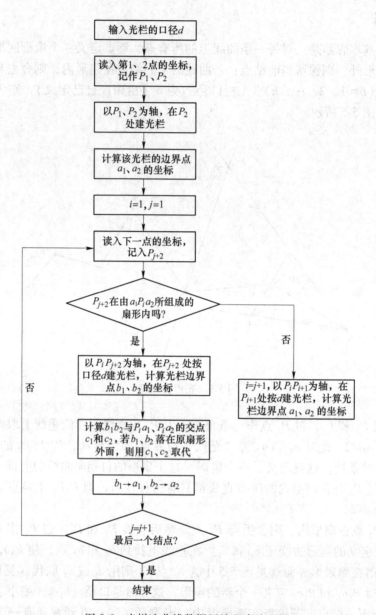

图 5-6　光栏法曲线数据压缩程序流程图

5.1.5.1　封闭曲线的数据压缩

面域由首尾相连的封闭曲线组成。此时，可以人为地将该封闭线分割为首尾相连的两段曲线，然后就可以按前述方法进行压缩。曲线分割的原则是：

（1）原结点是分割点之一；

（2）离原结点最远的下一结点是分割点之二。

如图 5-7 所示，多边形 P 的边界曲线由从结点 A 出发的曲线封闭而成，其中曲线上 B 点离结点 A 最远。因而，多边形 P 的边界曲线可以分割为 AMB 和 BNA 两段，进而对曲线段 AMB、BNA 分别进行压缩。

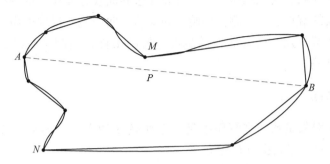

图 5-7　封闭曲线的数据压缩及其结果

根据以上原则，以圆曲线为例进行数据压缩，图 5-8 为采用不同 ε 后的压缩结果。

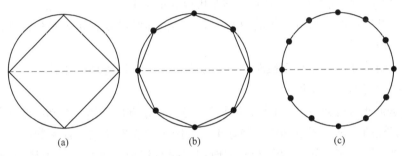

图 5-8　不同 ε 下圆曲线的压缩结果

（a）$\varepsilon=4$；（b）$\varepsilon=8$；（c）$\varepsilon=12$

5.5.1.2　公共结点的取舍问题

在一些特殊的条件下，通过几条首尾相连的曲线，将曲面的边界曲线串联起来，从而实现了对曲面的压缩。在这一时刻，各个曲线的起始点和结束点都必须被抽取为特征点，从而导致了数据的冗余。例如，目前的后曲线段在过渡过程中是比较平稳的，所以曲线的公共结点可以不是一个特征点，也就是说，该点前后两段曲线可以直接用该点前后两个特征点的连线来代替。如图 5-9 所示，1 号、2 号点分别是面域 P 的边界曲线 AB、BC 段的内部特征提取点，因而可以用弦 $1B$、$B2$ 分别代替曲线 $1B$ 和 $B2$。而实际上，整个曲线 $1B$ 和 $B2$ 仍可以用弦 12 来代替。

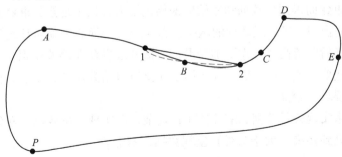

图 5-9　曲线段公共结点的取舍

因此，在处理面域空间数据压缩时，可以在边界曲线分段压缩的基础上，增加一个步骤，即对边界曲线的端点进行可删性检验。如果前一曲线最后提取的中间特征点与后一曲线最先提取的中间特征点之间的曲线满足极差控制条件，则两条曲线的连接结点可以删减；否则，不可删减。

5.1.6　小波压缩方法

基于小波技术对矢量数据进行压缩是一个比较新的方法。现在一般用二进制、多进制，B样条小波等对矢量数据进行压缩。

（1）二进制小波变换的矢量地图数据压缩模型的思想是：将空间 $L^2(R)$ 看成是某地理空间在特定比例尺下的矢量地图数据模型，$f(x)$ 是其上各个图形要素，那么 $\{V_m\}_m \in z$ 可以看成是基于此比例尺下原始矢量数据的多级压缩模型。根据以上原理，可以认为原始矢量数据模型，$L^2(R) = V_0$，从 V_0 出发，应用尺度函数可以表示出 V_1，V_2，$\cdots$，V_{m0}，V_1，V_2，$\cdots$，V_m 则可以看成是基于小波多尺度分析的原始矢量数据的压缩结果，也就是矢量地图数据在各个层次上的近似表示。

利用二进制小波进行多级变换压缩矢量数据时将不可避免地产生误差积累，这样将导致压缩结果出现变形甚至错误。

（2）多进制小波是近几年来刚刚发展起来的小波分析理论的一个新的组成部分。基于多进制小波变换的矢量地图数据压缩和基于二进制小波变换的矢量地图数据压缩模型的思想和方法相似，即：将空间 $L^2(R)$ 看成某地理空间在特定比例尺下的矢量地图数据模型，即 $L^2(R) = V_0 = \{a_n^o\}$，$n \in z$，于是，从 V_0 出发，应用尺度函数可以表示出 $V_i^M = \{a_m^i\} m \in z$ 且 $m = n/(i \times M)$，M 为进制，其中 $\{a_n^o\}$ 为原始矢量地图数据；$\{a_m^i\}$ 为压缩数据；V_i^M 为基于此比例尺下原始数据的 M 进制小波变换后的数据，下角标 i 表示 i 级变换。

用多进制小波变换对矢量数据进行压缩不存在误差的积累，但变换后数据中的地性线（Lineament）大部分遭到破坏，因此在对数据进行压缩之前最好先提取原始数据的地性线，压缩之后再插入，这样压缩效果会更好。

（3）B样条小波的矢量地图数据压缩模型的思想和方法是：以B样条基函数 $B_m(x) = \Phi(x)$ 为应用尺度函数，构造相应的小波函数 $\psi(x)$。选取B样条小波的优点：首先，B样条小波是半正交的；其次，B样条函数构造B样条小波及其导数也比较容易；再次，最重要的是B样条小波对于偶数是对称的，对于奇数是反对称的，这种对称性对于保持经小波分解并处理后再重建而得到的数据和原始数据相比较损失最小是至关重要的。

B样条小波适合用于等高线数据的压缩，因为经过变换之后既可使地形特征保持得比较好，又可使变换后的等高线数据更加光滑；但该方法也存在误差积累，而且由于利用该方法对数据的格式要求比较高，因此在压缩之前要对原始数据进行变换，使压缩过程比较复杂且对计算机要求比较高。

利用小波技术实现矢量数据压缩算法比较复杂，但实现效率较高，对矢量空间数据压缩可以方便地扩充到多维（大于二维）空间数据压缩上。

5.2　栅格数据压缩

栅格数据文件记录有三种基本方式：基于像元、基于层和基于面域。这三种方式都离不开对像元坐标和属性的记录。当我们观察直接栅格编码的文件时，会发现对于同一属性值有很多重复的记录，因此基于栅格的空间数据压缩的实质是研究栅格数据的编码，通过编码尽量减少像元数量的存储。在栅格数据模型中，我们看到的是一个个的格子，相同的像元值在地图上展示出相同的颜色，从而也呈现出河流、湖泊、地块的形态。栅格数据是以二维矩阵（行和列或格网）的形式来表示空间地物或现象分布的数据组织方式，每个矩阵单位称为一个栅格单元（cell），每个像元都包含一个信息值（例如，温度）。栅格数据的压缩分为无损压缩方法和有损压缩方法。无损压缩方法利用数据的统计冗余进行压缩，可完全恢复原始数据而不引入任何失真，但压缩率受到数据统计冗余度的理论限制，一般为 2：1 至 5：1。有损压缩方法利用数据在使用中存在某些成分不敏感的特性，允许压缩过程中损失一定的信息；虽然不能完全恢复原始数据，但是所损失的部分对数据内涵的影响较小，却换来了大得多的压缩比。栅格数据的压缩方法非常丰富，这里仅从数据组织的角度，介绍几种常见的栅格数据无损压缩算法。栅格的每个数据表示地物或现象的属性数据，因此栅格数据有属性明显、定位隐含的特点。

5.2.1　链式编码

链式编码又称为弗里曼链码或边界链码，是一种常见的无损压缩方法，用于减小栅格数据文件的大小，尤其在处理具有重复值或重复模式的栅格数据时效果显著。链式编码通过识别连续相同数值的像素或像元，并将它们以连续的方式编码，从而减小数据文件的大小。如图 5-10 所示，其中的多边形边界可表示为：由某一原点开始并按某些基本方向确定的单位矢量链。基本方向可定义为东 = 0，东南 = 1，南 = 2，西南 = 3，西 = 4，西北 = 5，北 = 6，北 = 7，8 个基本方向。

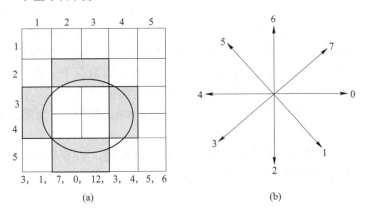

图 5-10　链式编码表示栅格矩阵数据
（a）栅格数据；（b）链式编码

如果再确定原点为像元（10，1），该多边形边界按顺时针方向的链式编码（见图 5-10）为：10，1，7，0，1，0，7，1，7，0，0，2，3，2，2，1，0，7，0，0，0，0，2，

4，3，4，4，3，4，4，5，4，5，4，5，4，5，4，6，6。

栅格地图面域数据如图 5-11 所示。

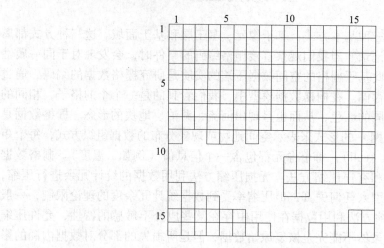

图 5-11　栅格地图上的一个简单区域

链式编码的优点：链式编码的核心思想是将连续相同的数据值或符号连续记录为一个运行，而不是逐个记录每个数据值。这样可以显著减小重复数据的存储空间，特别适用于数据中存在大量的重复值或重复模式的情况。链式编码对多边形的表示具有很强的数据压缩能力，且具有一定的运算功能，如面积和周长计算等，探测边界急弯和凹进部分等都比较容易。链式编码的缺点是：对叠置运算如组合、相交等区域的空间运算难以实现，对局部修改将改变整体结构，效率较低，而且由于链码以每个区域为单位存储边界，因此相邻区域的边界则被重复存储而产生冗余。

5.2.2　游程长度编码

游程长度编码是一种简单的无损数据压缩算法，用于减少连续重复数据的存储空间。它通过将连续重复的数据序列转换为一个标记和计数的形式来实现压缩。

在游程长度编码中，连续重复的数据序列被表示为一个元组，包含重复的数据值和它们的长度。游程长度编码在处理包含大量连续重复数据的情况下，可以实现较高的压缩比。游程长度编码结构的建立方法是：将栅格矩阵的数据序列 X_1，X_2，…，X_n，映射为相应的二元组序列 $(A_i，P_i)$，$i=1，2，…，K$，且 $K \leqslant n$。其中，A 为属性值，P 为游程，K 为游程序号。

例如，将图 5-12 的栅格矩阵结构转换为游程编码结构，如图 5-13 所示。这种数据结构特别适用于二值图像数据的表示，如图 5-14 所示。

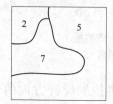

2	2	5	5
2	2	7	5
7	7	7	5
5	5	5	5

图 5-12　面域栅格矩阵结构

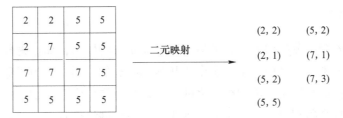

图 5-13　游程长度编码表示栅格矩阵数据

图 5-14　游程长度编码表示二值图像数据

游程编码能否压缩数据量，主要决定于栅格数据的性质，通常可通过事先测试，估算图层的数据冗余度 R_e，公式如下：

$$R_e = 1 - \frac{Q}{mn} \tag{5-6}$$

式中，Q 为图层内相邻属性值变化次数的累加和；m 为图层网格的行数；n 为图层网格的列数。

在 R_e 值大于 $1/5$ 的情况下，表明栅格数据的压缩可取得明显的效果。其压缩效果，可由压缩比 $S = \frac{n}{K}$ 来表征，即压缩比的值愈大，表示压缩效果愈显著。

游程长度编码具有以下特点：

（1）简单有效。游程长度编码是一种简单而有效的无损数据压缩算法，它只需要记录重复数据的值和长度，可以在不丢失任何信息的情况下减少存储空间。

（2）适用于重复数据：游程长度编码在处理连续重复数据时表现出色，当数据中存在大量连续重复的部分时，游程长度编码可以显著减小数据的大小。

（3）无损压缩。游程长度编码是一种无损压缩算法，即通过压缩数据不会丢失任何原始信息，解码后可以完全恢复原始数据。

（4）适用于离散数据。游程长度编码适用于离散数据，如字符序列、像素序列等。对于离散数据中的连续重复部分，游程长度编码可以实现较高的压缩比。

（5）可逆操作。游程长度编码是可逆的，可以对压缩后的数据进行解码还原为原始数据。解码过程简单快速，不需要大量计算。

（6）压缩率受限。游程长度编码对于非重复或随机分布的数据可能无法获得良好的压缩效果，甚至可能导致压缩后的数据大小变化。因此，在选择数据压缩算法时，需要考虑数据的特点和分布情况。

5.2.3 块式编码

在地理信息系统的分析研究中，大量研究对象是块状地物，如作为分析研究基础的土地分类图中，每一地类就是由一个或多个块状地物组成的。通常，为了保持一定精度，就必须提高栅格数据的分辨率，而栅格数据的数据量与分辨率成平方指数的函数关系，即提高分辨率将大大提高数据量。而其中同一地块内的很多栅格点具有相同的性质，即属性相同。块式编码既考虑到数据压缩，又顾及地理信息系统中数据访问，是具有块状地物的栅格数据进行压缩编码的一种简单可行的编码方法。

块式编码是将游程长度编码扩大到二维的情况，以正方形区域作为记录单元，然后对各个正方形进行编码。块式编码的数据结构由初始位置（行号，列号）和半径，再加上记录单元的代码组成，如图 5-15 所示。

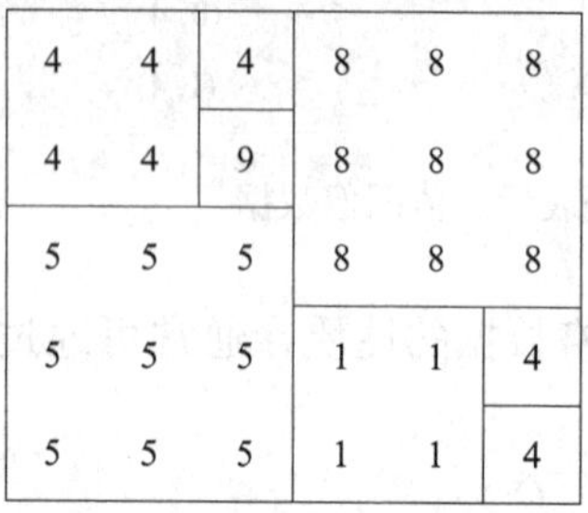

(1，1，2，4) (1，3，1，4)
(1，4，3，8) (2，3，1，9)
(3，1，3，5) (4，4，2，4)
(4，6，1，4) (5，6，1，4)

图 5-15 块式编码示意图

块式编码的特点：块式编码将数据划分为多个块，每个块独立进行编码处理。这种分块的方式使得编码和解码可以以块为单位进行，提高了处理效率。通常使用可变长度编码来表示每个块的压缩结果。可变长度编码根据数据的频率或概率分布，为常见的数据值分配较短的编码，而为较少出现的数据值分配较长的编码，从而实现数据的压缩。

5.2.4 差分映射法

差分映射法（Differential Mapping）是一种数据压缩和编码技术，用于减少数据的存储空间。它基于数据之间的差异性，将原始数据转换为差分数据，并对差分数据进行编码表示。

由于属性数据值在计算机中是以二进制方式存储的，数据越小，因此所占字节数越少。一个字节能记录的二进制数为 -127 ~ 127；两个字节能记录的二进制数为 -32767 ~ 32767。如果能设法使研究区域内的部分栅格甚至全部栅格的属性值减少，则可以有效地降低栅格数据文件大小。差分映射法就是一种有效降低栅格数据文件大小的方法。

图 5-16 为栅格数据示例。图 5-17 为按分行选取方式，以行首属性值为参照，对图 5-16 作差分映射后的结果。可以看出，经差分映射处理后，除第一列外，其余栅格的数据出现为零、位数降低或数字减少。表 5-1 为经差分映射处理前后的各栅格属性记录所需字节数的对比，可见，所需字节数由原来的 80 减少为 54，减少 67.5%。

1100	1100	1200	1200	1200	1900	1900	1900
1200	1200	1300	1300	1300	2000	2000	2000
1250	1250	1250	1350	1350	1350	2050	2050
1300	1300	1300	1400	1400	1400	1400	2600
1350	1350	1350	1450	1450	1450	1450	1450

图 5-16　栅格数据示例

1100	0	100	100	100	800	800	800
1200	0	100	100	100	1000	1000	1000
1250	0	0	100	100	100	1000	1000
1300	0	0	100	100	100	100	1300
1350	0	0	100	100	100	100	100

图 5-17　数据差分映射结果

表 5-1　差分映射前后栅格数据记录长度对比

行号	第1列		第2列		第3列		第4列		第5列		第6列		第7列		第8列	
	前	后	前	后	前	后	前	后	前	后	前	后	前	后	前	后
1	2	2	2	1	2	1	2	1	2	1	2	2	2	2	2	2
2	2	2	2	1	2	1	2	1	2	1	2	2	2	2	2	2
3	2	2	2	1	2	1	2	1	2	1	2	1	2	2	2	2
4	2	2	2	1	2	1	2	1	2	1	2	1	2	1	2	2
5	2	2	2	1	2	1	2	1	2	1	2	1	2	1	2	1
总计	10	10	10	5	10	5	10	5	10	5	10	7	10	8	10	9

5.2.5　四叉树编码

四叉树又称为四元树和四分树。其原理是：将整个图像区（$2^n \times 2^n$，$n>1$）逐步分解为一系列被单一类型区域内含的方形区域，最小的方形区域为一个栅格像元；分割的原则是将图像区域划分为四个大小相同的象限，而每个象限又可根据一定规则判断是否继续等分为次一层的四个象限，这样递归地分割，直到每个子块都含有相同的灰度值或者属性值为止，则不再继续划分，否则一直划分到单个栅格像元为止。其代表性的研究学者有 Klinger 和 Samet 等。如图 5-18 所示，这就是常规四叉树的分解过程以及其关系。

四叉树的生成算法一般有两种：

（1）从上向下的分割方法。先检查全区域，若内容不完全相同再四分割，往下逐次递归分割最终得到有一个四分叉的倒向树，如图 5-19 所示。这种方法需要大量运算，因为大量数据需要重复检查才能确定划分。

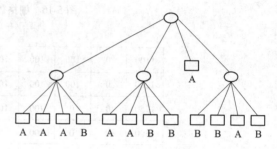

0	4	4	4	7	7	7	7
4	4	4	4	7	4	7	7
4	4	4	4	8	8	7	7
4	7	4	4	8	8	7	7
0	0	7	8	7	7	8	8
0	0	0	8	7	7	8	8
8	8	0	0	8	7	8	8
8	8	0	0	8	7	8	8

图 5-18　四叉树编码　　　　　　　　　　图 5-19　倒向树数据结构

（2）从下向上的合并算法。该法需要每相邻 4 个网格值相同则进行合并组次向上递归合并，直到符合四叉树的原则为止，这种方法重复计算较少、运算速度较快。

四叉树有常规四叉树和线性四叉树两种分类。

（1）常规四叉树用指针来联系结点，每个结点至少需要 6 个量，即父结点指针（前趋）、4 个子结点指针（后继）和本结点的灰度或属性值表达，其在子结点与父结点之间设立指针，由于指针占用空间较大，难以达到数据压缩的目的，因此常规四叉树主要应用在数据索引和图幅索引中。

（2）线性四叉树，它不需要记录中间结点和使用指针，仅记录叶结点的位置、深度和本结点的属性和灰度值。线性四叉树叶结点的编码需要遵循一定的规则，这种编号称为地址码，它隐含了叶结点的位置和深度信息，最常用的地址码是四进制或十进制的Morton 码。

下面简单介绍十进制 Morton 码，简称 M_D 码，十进制 Morton 码可以使用栅格单元的行列号计算遵循（C#语言规范矩阵第一行为 0 行，第一列为 0 列），先将十进制的行列号转换为二进制数，进行"位"运算操作。如图 5-20 所示，即行列号的行号和列号二进制树两两交叉得到以二进制树表示的 M_D 码再将其转化为十进制数。

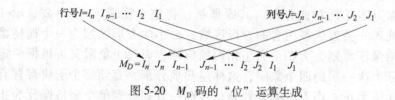

图 5-20　M_D 码的"位"运算生成

第二行和第三列对应的栅格单元，其二进制行列号分别为：$I = 0100$，$J = 0011$ 得到的M_D 码为 $M_D = (00001101)2 = (13)10$。对于 8×8 栅格单元 M_D 码的顺序见表 5-2。

表 5-2 基于十进制 Morton 码表

	0	1	2	3	4	5	6	7
0	0	1	4	5	16	17	20	21
1	2	3	6	7	18	19	22	23
2	8	9	12	13	24	25	28	29
3	10	11	14	15	26	27	30	31
4	32	33	36	37	48	49	52	53
5	34	35	38	39	50	51	54	55
6	40	41	41	45	56	57	60	61
7	42	43	45	47	58	59	62	63

5.2.6 八叉树编码

八叉树表示三维形体是由 Hunter 博士首次提出，八叉树被认为是四叉树在三维空间的推广或者三维形体阵列表示形体方法的一种改进。八叉树是利用对空间结构进行划分建立索引的一种方法。

八叉树结构就是将空间区域不断地分解为八个大小相同的子区域，直到同一区域的属性单一为止。分解的次数越多，子区域就越小。例如，图 5-21（a）所示的空间实体，其八叉树逻辑结构可按图 5-21（b）表示，图中的小圆圈表示含有多个目标在其中，需要继续分解；小矩形表示该区域中没有目标或者被某个目标填满、不需要继续分解。

八叉树结构还可以用于空间数据编码中。空间数据编码是空间数据结构的实现，即将根据地理信息系统的目的和任务所搜集的，经过审核了的地形图、专题地图和遇感影像等资料，按特定的数据结构转换为适合于计算机存储和处理的数据的过程。由于地理信息系统数据量极大，一般采用压缩数据的编码方式以减少数据冗余，常用的编码方式有游程长度编码、链码、四叉树编码、八叉树编码等。

八叉树编码主要分为普通八叉树编码和线性八叉树编码两种：

（1）普通八叉树编码是八叉树最基本的编码方法，又称为明晰树编码。对于每一个结点记录以下信息：结点的类型、结点的属性值、指向兄弟结点的指针，如果是灰结点则有一个指向第一个子结点的指针和一个指向双亲结点的指针。

（2）线性八叉树编码是为了克服普通八叉树编码的不足而形成的一种高效编码方法。线性八叉树编码只存在实的叶结点，内容包括：叶结点的位置、大小和属性值。叶结点的编码称为地址码，常用的地址码是 Morton 码，其中隐含了叶结点的位置和大小信息。

八叉树的特点是空间逻辑结构简单，便于组织、分析和处理；不足是数据量大、存储空间占用较大，其主要用来解决地理信息系统中的三维问题。

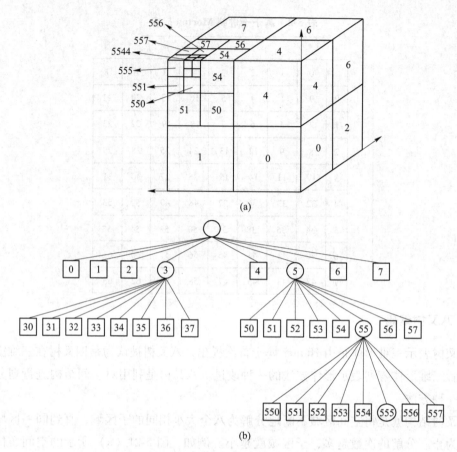

图 5-21　八叉树剖分示意图

（a）三维空间实体；（b）八叉树逻辑结构

5.3　拓扑关系的生成

拓扑空间关系是一种对空间结构进行明确定义的数学方法，具有拓扑关系的矢量数据结构就是拓扑数据结构。矢量数据拓扑关系在空间数据的查询和分析过程中非常重要，拓扑数据结构是地理信息系统分析和应用功能必需的，它描述了基本空间目标点、线、面之间的关联、邻接和包含关系。拓扑空间关系信息是空间分析辅助决策等的基础，也是 GIS 区别于 CAD（计算机辅助设计）等的主要标志。对于拓扑关系的自动建立问题，研究的焦点是如何提高算法与过程的效率和自动化程度，本节将讲述其实现的基本步骤和要点。

拓扑关系自动生成算法的一般过程为：

（1）弧段处理，使整幅图形中的所有弧段，除在端点处相交外，没有其他交点，即没有相交或自相交的弧段。

（2）结点匹配，建立结点弧段关系。

（3）建立多边形，以左转算法或右转算法跟踪，生成多边形，建立多边形与弧段的拓扑关系。

（4）建立多边形与多边形的拓扑关系。调整弧段的左右多边形标识号，多边形内部标识号的自动生成。

事实上，拓扑关系的生成过程中还涉及许多工作，例如弧段两端角度的计算、悬挂结点和悬线的标识、多边形面积计算、点在多边形内外的判别等。

5.3.1 基本数据结构

5.3.1.1 拓扑结点

拓扑结点用于确保多边形特征的正确性，如行政边界、土地利用和地块分布。在道路网络中，路口通常被视为拓扑结点，用于表示道路交叉点，这有助于进行导航、路径规划和交通管理。只与一条弧段相连接的起点或终点叫做悬挂结点，如图 5-22 所示的 P 点就是悬挂结点。

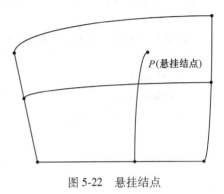

图 5-22　悬挂结点

结点一般包括结点号、结点坐标、与该结点连接的弧段集合。结点的数据结构可以表示为：

```
public class Node<T>
{
    public T Data { get;set;}
    public Node<T>Next { get;set;}
    public Node(T data)
    {
        Data=data;
        Next=null;
    }
}
```

5.3.1.2 拓扑弧段及其表示

拓扑弧段是指处于两个结点之间的点序列串，可以给弧段定义一个方向，或者定义为数字化弧段时从一个结点到另一个结点的采点方向，或者硬性定义一个方向。拓扑弧段包含了线性要素的几何形状信息，通常由一系列坐标点（结点）组成，用来描述线的路径和形状。定义方向后弧段开始的结点称为起始结点，弧段结束的结点称为结束结点，由起始结点到终止结点的方向称为"起终方向"，由终止结点到起始结点的方向称为"终起方向"。弧段起终方向左侧的多边形称为弧段的左多边形，弧段起终方向右侧的多边形称为弧段的右多边形。如果弧段的起始结点或终止结点只与一条弧段相关联，则该弧段称为悬挂弧段，如图 5-23 所示的弧段 L 为悬挂弧。一般可以通过标识悬挂弧段来检测原始矢量数据的质量。

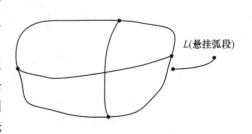

图 5-23　悬挂弧段

弧段一般包括弧段号、弧段结点坐标串、弧段起始和终止结点、弧段左右多边形。弧段的数据结构可以表示如下：

```
public class Arc<T>
{
    public Node<T>StartNode { get;set;}
    public Node<T>EndNode { get;set;}
    public double Weight { get;set;} //可选的权重属性

    public Arc( Node<T>start,Node<T>end)
    {
        StartNode = start;
        EndNode = end;
        Weight = 0;//默认权重为 0
    }

    public Arc( Node<T>start,Node<T>end,double weight)
    {
        StartNode = start;
        EndNode = end;
        Weight = weight;
    }
}
```

5.3.1.3 拓扑面及其表示

拓扑面是由一条或若干条弧段首尾相连接而成的边线所包含的区域，内部包含有其他拓扑面的拓扑面一般称为复杂面，被包含的拓扑面称为岛，没有岛的拓扑面称为简单面，如图 5-24 所示。对于拓扑面也可以定义正反方向，一般定义为：当沿拓扑面的边界前进时，被弧段所包围的面域始终处于弧段的右侧时的方向就是正方向；反之，则是反方向。如图 5-25 所示，箭头指向的方向就是正方向，可以看出对于拓扑面的外边界，顺时针方向是正方向，而对于内边界逆时针方向就是正方向。

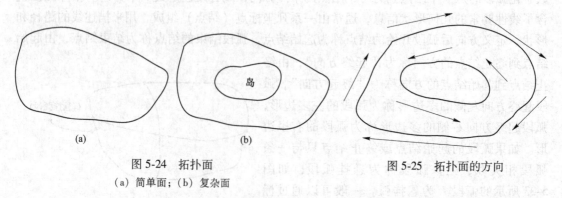

图 5-24 拓扑面
（a）简单面；（b）复杂面

图 5-25 拓扑面的方向

多边形一般包括多边形编号、中心点坐标、多边形属性数据、多边形的组成弧段号、多边形岛的信息。考虑到组成弧段的方向和多边形顶点序列的方向存在可能不一致性以及效率问题，可以改为记录组成多边形的弧段指针和方向性信息，即弧段方向与多边形的方向是否一致。对于岛的信息则通过将构成多边形的边线分块来处理的方式体现，比如多边形包含岛屿，则可以使多边形的外边界成为多边形的第一部分，岛屿作为多边形的第二、三、四等部分的方式加以解决。多边形的数据结构可以参考"2.4.3 面的表示方法"。

5.3.1.4 拓扑结点、弧段和面之间的关系

拓扑关系生成后，拓扑结点、拓扑弧段和拓扑面之间的关系见表5-3~表5-6。

表5-3 弧段—结点关系表

弧段号	结点号
A_0	$N_{00}N_{10}$
A_1	$N_{10}N_{11}$
⋮	⋮
A_n	$N_{n0}N_{n1}$

表5-4 结点—弧段关系表

结点号	弧段号
N_i	$N_{00}N_{10}$
⋮	⋮

表5-5 弧段—多边形关系表

弧段号	左多边形号	右多边形号
A_0	P_{L0}	P_{R0}
A_1	P_{L1}	P_{R1}
⋮	⋮	⋮
A_n	P_{Ln}	P_{Rn}

表5-6 多边形—弧段关系表

结点号	弧段号
P_i	$A_iA_jA_k\cdots$
⋮	⋮

5.3.2 弧段的预处理

拓扑关系自动建立的第一步就是处理弧段，使得弧段不存在自相交和相交现象。

5.3.2.1 直线段相交的判断方法

直线相交的判断方法有很多种，这里介绍较快的一种算法。设直线 L 过点 $P_0(x_0，y_0)$ 和点 $P_1(x_1，y_1)$，则直线 L 的方程可以表示为：

$$\frac{y-y_0}{y_1-y_0}=\frac{x-x_0}{x_1-x_0}=t \tag{5-7}$$

将直线方程化为参数方程有：

$$\begin{cases} y = y_0 + (y_1 - y_0)t \\ x = x_0 + (x_1 - x_0)t \end{cases} \tag{5-8}$$

其中，$t \in [0, 1]$。

设有两条直线 L_1 和 L_2，它们的参数方程分别为：

$$\begin{cases} y = y_0 + (y_1 - y_0)t \\ x = x_0 + (x_1 - x_0)t \end{cases} \tag{5-9}$$

$$\begin{cases} y' = y'_0 + (y'_1 - y'_0)v \\ x' = x'_0 + (x'_1 - x'_0)v \end{cases} \tag{5-10}$$

判断两直线有无交点的关键变为判断 t 和 v 是否符合不等式 $0 \leqslant t \leqslant 1$ 且 $0 \leqslant v \leqslant 1$。令：

$d_x = x_1 - x_0$，$d_y = y_1 - y_0$，$d'_x = x_1 - x'_0$，$d'_y = y'_1 - y'_0$，$c_x = x'_0 - x_0$，$c_y = y'_0 - y_0$；有 $t = \dfrac{c_x \cdot d'_y - c_y \cdot d'_x}{d_x \cdot d'_y - d_y \cdot d_x}$，

$v = \dfrac{c_x \cdot d'_y - c_y \cdot d_x}{d_x \cdot d'_y - d_y \cdot d'_x}$。

如果 $d_x \cdot d'_y - d_y \cdot d'_x = 0$，说明两直线平行或者重合，没有交点，或者交点在两线段的头或尾上；否则如果满足不等式 $0 \leqslant t \leqslant 1$ 且 $0 \leqslant v \leqslant 1$，两直线有交点，交点在两线段的中间。

5.3.2.2 自相交弧段处理

自相交弧段是指在 GIS 或空间数据中的线性要素（例如，道路、管道或河流）在其自身路径上发生交叉或重叠的情况。自相交弧段可能导致数据不一致性，影响地理分析和地图制作的准确性。因此，处理自相交弧段是 GIS 数据清洁和准备的重要任务。具有自相交特征的弧段至少具有 4 个（结）结点，由 3 个点或 2 个点组成的弧段不可能自相交。依次取出每一条弧段，如果弧段的（结）结点个数不少于 4 个，就利用直线段相交的方法，对组成弧段的各直线段进行判断；如果相交，将线段断开为两条，自相交的弧段可能不止有一处相交，可以通过递归的方法将弧段分开，算法如下：

```
public class LineSegment
{

    public Point2D StartPoint { get;set; }
    public Point2D EndPoint { get;set; }

    public LineSegment( Point2D start,Point2D end)
    {
        StartPoint = start;
        EndPoint = end;
    }
    //检查两条线段是否相交,如果相交,返回 true;否则返回 false
    public bool Intersects( LineSegment other)
    {
        return false;//请替换为实际的相交检查逻辑
```

```
        }
    }
    public List<LineSegment>SplitSelfIntersections( )
    {
        List<LineSegment>resultSegments = new List<LineSegment>( ) ;
        resultSegments. Add( this) ;

        for( int i = 0 ;i<resultSegments. Count ;i++)
        {
            LineSegment currentSegment = resultSegments[ i] ;
            List<LineSegment>intersectingSegments = new List<LineSegment>( ) ;
            //查找与当前弧段相交的其他弧段
            for( int j = 0 ;j<resultSegments. Count ;j++)
            {
                if( i ! = j && currentSegment. Intersects( resultSegments[ j] ) )
                {
                    intersectingSegments. Add( resultSegments[ j] ) ;
                }
            }

            //如果有相交的弧段,将当前弧段分割成多个
            if( intersectingSegments. Count>0 )
            {
                resultSegments. RemoveAt( i) ;
                List<LineSegment>newSegments = currentSegment. SplitAtIntersections( intersectingSegments) ;
                //添加新分割得到的弧段
                resultSegments. AddRange( newSegments) ;
                //重新检查以查找更多交点
                i = -1 ;
            }
        }

        return resultSegments ;
    }


    public List<LineSegment>SplitAtIntersections( List<LineSegment>intersectingSegments)
    {
        List<LineSegment>newSegments = new List<LineSegment>( ) ;
        newSegments. Add( this) ;

        foreach( var intersectingSegment in intersectingSegments)
        {
            List<LineSegment>tempSegments = new List<LineSegment>( newSegments) ;
            newSegments. Clear( ) ;
            foreach( var segment in tempSegments)
```

```
            {
                if( segment. Intersects( intersectingSegment) )
                {
                    Point intersectionPoint = GetIntersectionPoint( segment, intersectingSegment) ;
                    LineSegment segment1 = new LineSegment( segment. StartPoint, intersectionPoint) ;
                    LineSegment segment2 = new LineSegment( intersectionPoint, segment. EndPoint) ;
                    newSegments. Add( segment1) ;
                    newSegments. Add( segment2) ;
                }
                else
                {
                    newSegments. Add( segment) ;
                }
            }
        }
        return newSegments;
    }
    private Point GetIntersectionPoint( LineSegment segment1, LineSegment segment2)
    {
        //计算两线段的交点,这里仅返回线段的中点作为示例
        double intersectionX = ( segment1. StartPoint. X+segment2. StartPoint. X)/2;
        double intersectionY = ( segment1. StartPoint. Y+segment2. StartPoint. Y)/2;
        return new Point( intersectionX, intersectionY) ;
    }
}
classProgram
{
    staticvoid Main( )
    {
        //创建自相交的弧段
        LineSegment selfIntersectingSegment = new LineSegment( new Point2D(0,0), new Point2D(1,1) ) ;
        selfIntersectingSegment = new LineSegment( selfIntersectingSegment. StartPoint, new Point2D(0. 5,0.5) ) ;
        //处理自相交并获取分割后的子弧段
        List<LineSegment>splitSegments = selfIntersectingSegment. SplitSelfIntersections( ) ;
        Console. WriteLine( "分割后的子弧段:" ) ;
        foreach( var segment in splitSegments)
        {
            Console. WriteLine ( $ " Start: ( { segment. StartPoint. X} , { segment. StartPoint. Y} ) , End: ( { segment.
EndPoint. X} , { segment. EndPoint. Y} ) " ) ;
        }
    }
}
```

5.3.2.3 弧段相交打断处理

弧段与弧段相交关系的判断,可以通过取每一条弧段与其他未判断过的所有弧段目标进行相交关系判断而得,从而要进行 $(n-1)+(n-2)+\cdots+3+2+1=n(n-1)/2$ 次判断。具体方法为:取出第一条弧段,与其他 $n-1$ 条弧段进行相交判断,求得交点后,将交点分别插入第一条弧段和与其相交弧段的对应位置上,并记录位置。将第一条弧段与所有其他弧段的相交关系判断完毕后,通过记录下的交点位置将第一条弧段分割,然后依次取出下一条弧段进行同样的处理,直到所有弧段处理完毕。

由于 GIS 的数据量大,造成了判断的工作量大、效率低下的弊端,在判断两条弧段的关系时,应尽可能地减少计算量。减少计算量的工作可以分两步来做,首先是判断两条弧段具有包含关系,如果不相交或没有包含关系,那么可以断定两条弧段是互不相交的;其次,如果相交或具有包含关系,则进一步判断第一条弧段的每一条组成线段是否和第二条弧段的 *MBR* 相交或被包含,如果不相交或没有被包含则可以判断这一部分线段不会和第二条弧段相交,否则可以使用这一条线段与组成第二条弧段的各个线段进行相交关系的判定来确定交点。

弧段相交打断处理的算法描述如下:

```
public class Intersection
{
  public Point2D Point { get;set; }
  public LineSegment Segment1 { get;set; }
  public LineSegment Segment2 { get;set; }
}
public static class LineSegmentIntersection
{
  public static List<Intersection>FindIntersections( List<LineSegment>segments)
  {
    List<Intersection>intersections=new List<Intersection>( );

    for( int i=0;i<segments. Count;i++)
    {
      for( int j=i+1;j<segments. Count;j++)
      {
        if( segments[i]. Intersects( segments[j]))
        {
          //如果线段相交,找到交点并记录相交的两条线段,实现相交逻辑并将交点添加到列表
          intersections. Add( new Intersection
          {
            Point=new Point2D(0,0),//请替换为实际的交点
            Segment1=segments[i],
            Segment2=segments[j]
          });
        }
```

```
        }
    }
    return intersections;
}
}

classProgram
{
    static void Main( )
    {
        //创建线段列表
        List<LineSegment>segments = new List<LineSegment>
        {
            new LineSegment( new Point2D(1,1),new Point2D(2,2)),
            new LineSegment( new Point2D(2,2),new Point2D(3,1)),
            new LineSegment( new Point2D(2,2),new Point2D(2,3))
            //根据需要添加更多线段
        };

        List<Intersection>intersections = LineSegmentIntersection. FindIntersections( segments) ;
        //打印或处理交点
        foreach( var intersection in intersections)
        {
            Console. WriteLine （$"交点坐标({ |intersection. Point2D. X}, { |intersection. Point2D. Y})在线段
{segments. IndexOf( intersection. Segment1)} 和 {segments. IndexOf( intersection. Segment2) }之间" );
        }
    }
}
```

5.3.3   结点匹配算法

处理完弧段以后，就可以进行结点匹配了。结点匹配就是把一定容差范围内弧段的结
点合并成为一个结点，其坐标值可以是取多个结点的平均值，或者选中一个结点作为所有
结点的坐标区中心的坐标，如图 5-26 所示。

图 5-26   结点匹配

每条弧段对应着两个结点，每个结点在合并前对应着一条弧段，在合并结点的过程
中，需要将结点对应的弧段也合并在一起。具体的思路是：将所有的结点加入结点集合，
从结点集合中取出一个结点作为中心点，从余下的结点中找出容差范围内的其他结点，将

这些结点所对应的弧段加入中心结点的弧段集合中，同时将弧段对应的结点变为中心结点，并修改弧段的相应坐标。算法如下：

```
public bool IsSimilarTo( LineSegment other)
{
    //在这里实现相似性检查逻辑,例如,比较长度、方向等如果弧段相似,返回 true;否则返回 false
    return false;//请替换为实际的相似性检查逻辑
}
}
public class SegmentMatcher
{
    public List < Tuple < LineSegment , LineSegment > > MatchSegments ( List < LineSegment > segments1 , List < LineSegment>segments2)
    {
        List <Tuple<LineSegment , LineSegment >>segmentMatches = new List <Tuple<LineSegment , LineSegment >>();

        //遍历第一个弧段列表
        foreach( var segment1 in segments1)
        {
            //遍历第二个弧段列表并查找相似的弧段
            foreach( var segment2 in segments2)
            {
                if( segment1. IsSimilarTo( segment2))
                {
                    segmentMatches. Add( Tuple. Create( segment1 ,segment2));
                }
            }
        }
        return segmentMatches;
    }
}

classProgram
{
    static void Main( )
    {
        //创建两个示例弧段列表
        var segment1 = new LineSegment( new Point2D(0,0) ,new Point2D(1,1));
        var segment2 = new LineSegment( new Point2D(1,1) ,new Point2D(2,2));
        var segment3 = new LineSegment( new Point2D(2,2) ,new Point2D(3,3));

        var segmentA = new LineSegment( new Point2D(0,0) ,new Point2D(1,1));
```

```
var segmentB = new LineSegment( new Point2D( 1,1) ,new Point2D( 2,2) ) ;
var segmentC = new LineSegment( new Point2D( 1,2) ,new Point2D( 2,3) ) ;

var segmentMatcher = new SegmentMatcher( ) ;
var matches = segmentMatcher. MatchSegments( new List<LineSegment>{ segment1 ,segment2 ,segment3 } ,
new List<LineSegment>{ segmentA ,segmentB ,segmentC } ) ;
    Console. WriteLine( "匹配的弧段对:" ) ;
    foreach( var match in matches)
    {
        Console. WriteLine ( $ " Segment1：{ match. Item1. StartPoint. X } , { match. Item1. StartPoint. Y } - >
{ match. Item1. EndPoint. X } , { match. Item1. EndPoint. Y} " ) ;
        Console. WriteLine ( $ " Segment2：{ match. Item2. StartPoint. X } , { match. Item2. StartPoint. Y } - >
{ match. Item2. EndPoint. X } , { match. Item2. EndPoint. Y} " ) ;
    }
  }
}
```

5.3.4　建立拓扑关系

5.3.4.1　计算结点关联弧段的方位角，并按由小到大排序

每个结点都关联有若干条弧段，结点或者为弧段的头结点或者为弧段的尾结点，设结点为 N，则弧段的方位角定义为：结点 N 是弧段上与其最接近结点 V 的连线与 x 轴的正向夹角，如图 5-27 所示。

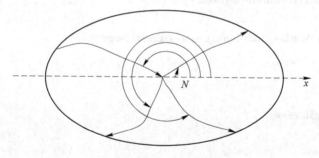

图 5-27　结点弧段排序

设结点 N 的坐标为 (x_0, y_0)，结点 V 的坐标为 (x_1, y_1)，则有：$d_x = x_1 - x_0$，$d_y = y_1 - y_0$，那么有：

（1）当 $d_x = 0$ 时，

$$\alpha = \begin{cases} \dfrac{\pi}{2} & (d_y > 0) \\[2mm] \dfrac{3\pi}{2} & (d_y < 0) \end{cases} \tag{5-11}$$

（2）当 $d_x \neq 0$ 时，

$$\alpha = \begin{cases} \arctan|d_y d_x| & (d_x > 0, d_y \geqslant 0) \\ \pi - \arctan|d_y d_x| & (d_x < 0, d_y \geqslant 0) \\ \pi + \arctan|d_y d_x| & (d_x < 0, d_y \leqslant 0) \\ 2\pi - \arctan|d_y d_x| & (d_x > 0, d_y < 0) \end{cases} \tag{5-12}$$

计算出结点 N 所关联弧段的方位角后，按角的大小将这些弧排序，形成排序的关联弧段集合。

5.4.3.2 左转算法

左转算法通常用于构建多边形的拓扑关系，特别是用于确定多边形边界上的结点（顶点）之间的连接关系，以及多边形之间的内部和外部关系。左转算法的基本思想是：从组成多边形边界的某一条弧段开始，如果该弧段的方向角最小或介于同一结点的其他弧段方向角之间，则逆时针方向寻找最小夹角偏差所对应的弧段为多边形的后续弧段；如果该弧段与 x 轴正向夹角为最大，则从该弧段的同一结点出发的其他弧段中，方向角最小的弧段是该多边形的后续弧段。算法描述如下：

（1）顺序取一个结点作为起始结点，取完为止；取过该结点的方位角最小的未使用过的或仅使用过一次，且使用过的方向与本次相反的弧段作为起始弧段。

（2）取这条弧段的另一个结点，找这个结点关联弧段集合中的本条弧段的下一条弧段，如果本条弧段是最后一条弧段，则取弧段集合的第一条弧段作为下一条弧段。

（3）判断是否回到起点，如果是，则形成了一个多边形，记录下它，并且根据弧段的方向，设置组成该多边形的左右多边形信息；否则转（2）。

（4）取起始点上开始的，刚才所形成多边形的最后一条边作为新的起始弧段，转（2）；若这条弧段已经使用过两次，即形成了两个多边形，转（1）。

在构建多边形时要注意悬挂结点和悬挂线的标识，一般可以采用栈的形式处理。

图 5-28 解释了左转多边形的创建过程：

（1）从 N_1 结点开始，选择具有最小方位角的弧段 N_1N_2 作为起始弧段；转入 N_2 点，根据左转算法选择 N_2N_5 弧段，转入 N_5 结点选择 N_5N_1 弧段，形成多边形 A_1，设置组成多边形 A_1 弧段的左右多边形信息。

（2）A_1 的结束弧段为 N_5N_1，选 N_1 作为起始点，N_1N_5 作为起始弧段，根据左转算法，形成多边形 A_2，设置左右多边形信息。

（3）A_2 的结束弧段为 N_4N_1，选 N_1 作为起始点，N_1N_4 作为起始弧段，根据左转算法，形成多边形 A_3，这个多边形的方向是逆时针方向，对于逆时针方向的多边形，不设置左右多边形信息。

（4）A_3 的结束弧段为 N_2N_1，N_1N_2 已经被使用过两次，所以选取下一个结点 N_2 作为起始结点。从 N_2 结点开始，具有最小方位角的弧段是 N_2N_1，但 N_1N_2 已经被使用两次，不选；继续选取下一条弧段 N_2N_5；然而上一次该弧段的访问方向与本次相同，所以也不选；继续选取下一条弧段 N_2N_3 作为起始弧段，形成多边形 A_4。

（5）依照此规则形成多边形 A_5，即完成了图 5-28 的拓扑构建，共可形成 A_1、A_2、A_3、A_4、A_5 五个多边形。

5.4.3.3 岛的判断

岛的判断是指找出多边形互相包含的情况，即寻找复杂多边形，找到岛后才可以完成多边形的拓扑关系的建立。

根据左转算法，由单条弧段或多条弧段顺序构成的且不与其他多边形相交的多边形即单多边形会被追踪两次，形成两个多边形，一个多边形结点方向是顺时针的；另一个多边形的结点方向是逆时针的；如果一个多边形包含另一个多边形，则必然是顺时针多边形包含逆时针多边形，如图 5-29 所示。

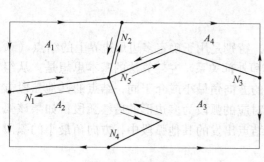

图 5-28   左转算法   图 5-29   岛的判断

基于此岛的判断决定于多边形结点的顺序问题，多边形结点的顺序问题可以通过计算多边形的面积加以解决。任意多边形的面积可以通过积分来解决，设多边形的结点坐标串为 (x_1, y_1)，(x_2, y_2)，$\cdots$，(x_n, y_n)，那么多边形的面积可以表示为：

$$\int_a^b f(x)\,\mathrm{d}x = \frac{1}{2}(y_1 + y_2)\Delta x + \frac{1}{2}(y_2 + y_3)\Delta x + \cdots + \frac{1}{2}(y_{n-1} + y_n)\Delta x \qquad (5\text{-}13)$$

式中，$\Delta x = x_{i+1} - x_i$，所以多边形的面积可以表示为：

$$A_{polygon} = \frac{1}{2}\sum_{i=1}^{n}(y_{i+1} + y_i)(x_{i+1} - x_i) \qquad (5\text{-}14)$$

根据式（5-14），当多边形由顺时针方向构成时，面积为正；否则，面积为负。据此得到解决岛的判断问题的算法步骤如下：

（1）计算所有多边形的面积。

（2）分别对面积为正的多边形和面积为负的多边形排序，分别形成正多边形集合和负多边形集合。

（3）如果负多边形集合的个数为 1，结束程序；否则，从面积为正的多边形集合中，顺序取出一个多边形，如果正多边形已经都被访问过，则程序结束。

（4）依次从负多边形集合中取出负多边形，判断当前取出的正多边形是否包含该负多边形，如果包含，就将该负多边形加入当前取出的正多边形中，形成复杂多边形，设置负多边形组成弧段的拓扑信息，并从负多边形集合中删除该负多边形。当所有负多边形都被访问一遍后转（3）。

在上述算法中，判断负多边形是否被正多边形包含是关键，具体的算法为：

（1）判断负多边形面积的绝对值是否小于正多边形的面积，如果不小于，则负多边形必不为正多边形所包含，结束程序；否则执行（2）。

（2）判断负多边形的最小外接矩形是否和正多边形的最小外接矩形相交或被包含，如果不相交或不被包含，则负多边形必不被正多边形所包含，结束程序；否则执行（3）。

（3）依次取负多边形上的点，判断点是否在正多边形中，如果所有点都在正多边形中则负多边形被正多边形所包含；否则，负多边形不被正多边形所包含。

习　题

5-1　编写间隔取点法算法程序，实现矢量数据的压缩。

5-2　编写偏角法算法程序，实现矢量数据的压缩。

5-3　编写光栏法算法程序，实现矢量数据的压缩。

5-4　编写链式编码算法程序，实现栅格数据的压缩。

5-5　编写游程长度编码算法程序，实现栅格数据的压缩。

5-6　编写四叉树算法程序，实现栅格数据的压缩。

5-7　编写拓扑关系生成程序，实现依据点—弧关系构建多边形。

5-8　简述游程长度编码方法。

5-9　拓扑空间关系研究的意义有哪些？

6 空间数据转换算法

对于一个与遥感相结合的地理信息系统来说栅格结构是必不可少的，因为遥感影像以像元为单位，可以直接将原始数据或经处理的影像数据纳入栅格结构的地理信息系统。而对地图数字化、拓扑检测、矢量绘图等，矢量数据结构又是必不可少的。较为理想的方案是采用两种数据结构，即栅格结构和矢量结构并存，用计算机程序实现两种结构的高效转换。数字地图根据需要按矢量结构或栅格结构存储最大限度地减少冗余，提高数据精度，对于数据的提取、分析和输出，由程序自动根据操作的需要选取合适的结构，以获取最强的分析能力和时间效率。栅格和矢量结构是提高地理信息系统的空间分辨率、数据压缩率和增强系统分析、输入输出灵活性的关键。空间数据的转化是地理信息系统的基础功能，也是地理信息的重要组成部分。这主要是因为转换程序所占内存大、计算复杂，很难应用到实际应用中，尤其是微机地理信息系统。近几年来，有很多适合各种应用场合的有效转换算法。

点实体中每个实体仅由一个坐标对表示，其矢量结构和栅格结构的相互转换实质上就是坐标精度转换问题。线实体的矢量结构由一系列坐标对表示，在变为栅格结构时，除把序列中坐标对变为栅格行列坐标外，还需通过两点式直线方程，在坐标点之间安插一些栅格点，来保证栅格的精度要求；线实体由栅格结构变为矢量结构与将多边形边界表示为矢量结构相似。因此本章主要基于点、线、面三个方面讨论矢量结构与栅格结构相互转换问题。

6.1 矢量数据向栅格数据转换

矢量数据向栅格数据转换又称为多边形填充，是指矢量多边形边界内部的所有栅格上赋予相应的多边形编号，从而形成栅格数据阵列。将矢量数据转换为栅格数据就是矢量数据的栅格化，一般图件在喷墨绘图仪等栅格型外设上的输出、矢量数据与栅格数据的综合图像处理应用。在矢量数据向栅格数据转换时，首先要明确栅格数据的大小，以及问题所要求的精度，确定栅格的分辨率等才能进行转换。

6.1.1 矢量点的栅格化

矢量点的栅格化是将矢量点表示的数据转换为栅格化数据，即将连续的矢量数据转换为离散的栅格数据。这个过程通常在地理信息系统（GIS）中使用，用于将矢量数据（如点、线、面）转换为栅格数据（如栅格图像或栅格数据集）。假设矢量点坐标 (x, y)，由图 6-1 可知，将其换算为栅格行、列号的公式为：

$$\begin{cases} I = \mathrm{Interger}\left[\dfrac{y - y_{\min}}{D_y}\right] \\[3mm] J = \mathrm{Interger}\left[\dfrac{x - x_{\min}}{D_x}\right] \end{cases} \qquad (6\text{-}1)$$

式中，D_x、D_y 分别为一个栅格的宽和高，当栅格通常为正方形时 $D_x = D_y$；$x_{\min}$、$y_{\min}$ 分别为矢量数据 x，y 的最小值；Interger 表示取整函数，栅格点的值用点的属性表示。

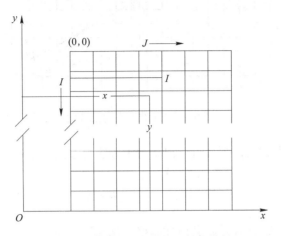

图 6-1　矢量数据点转换为栅格数据

6.1.2　矢量线的栅格化

在矢量数据中，通常是由折线来逼近曲线的，矢量线的栅格化是将连续的线段数据转换为离散的栅格数据。图 6-2 说明了线划栅格化的两种不同方法，即八方向栅格化、全路径栅格化。

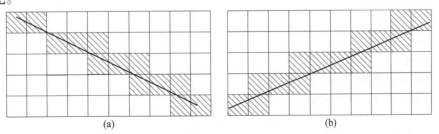

图 6-2　同一线段的两种不同栅格化方案
（a）八方向栅格化；（b）全路径栅格化

6.1.2.1　八方向栅格化

八方向栅格化是根据矢量线的倾角情况，在每行或每列上，只有一个像元被"涂黑"（赋予不同于背景的灰度值）。其特点是：在保持八方向连通的前提下，栅格影像看起来最细，不同线划间"黏连"最少。

如图 6-3 所示，假定 1 和 2 为一条直线段的两个端点，其坐标分别为 (x_1, y_1)，(x_2, y_2)。首先按上述点的栅格化方法，分别确定端点 1 和 2 所在的行、列号 (I_1, J_1) 及

(I_2, J_2)，并将它们"涂黑"；然后求出这两个端点位置的行数差和列数差。

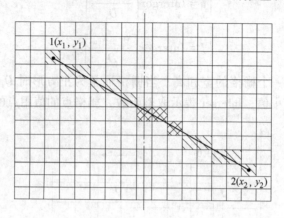

图 6-3　矢量线八方向栅格化

如果行数差大于列数差，则逐行求出本行中心线与过这两个端点直线的交点：

$$\begin{cases} Y = Y_{\text{中心线}} \\ X = (Y - Y_1)b + X \end{cases} \tag{6-2}$$

式中，$b = \dfrac{x_2 - x_1}{y_2 - y_1}$，并按式（6-1）将其所在栅格"涂黑"。

为了使所产生的被"涂黑"栅格均相互连通，避免线划的间断现象，我们在这里分两种情况处理。

八方向栅格化算法如下：

```
//行、列数据类型
public class RowColumnPair
{
    //行
    public int Row {set;get;}
    //列
    public int Column {set;get;}
    public RowColumnPair( ){ }

    public RowColumnPair(int r,int c)
    {
        this. Row=r;
        this. Column=c;
    }
}
//线段
public class Line
{
    public Point2D A {set;get;}
```

```
public Point2D B {set;get;}
public Line() {}
public Line(Point2D a,Point2D b)
{
   A=new Point2D(a);
   B=new Point2D(b);
}
//线段上任意 X 对应的 Y
public double GetYByX(double x)
{
   double y=(B.y-A.y)/(B.x-A.x)*(x-A.x)+A.y;
   return y;
}
//线段上任意 Y 对应的 X
public double GetXByY(double y)
{
   double x=(B.x-A.x)*(y-A.y)/(B.y-A.y)+A.x;
   return x;
}
}
static RowColumnPair PointToRaster(Point2D P0,Point2D P,double d)
{
   int j=(int)(1+Math.Floor(Math.Abs(P.x-P0.x)/d));
   int i=(int)(1+Math.Floor(Math.Abs(P0.y-P.y)/d));
   return new RowColumnPair(i,j);
}
//八方向栅格化
public static List<RowColumnPair>VectorToRaster_EightDirection(Point2D p0,Line line,double d)
{
   List<RowColumnPair>lists=new List<RowColumnPair>();
   //为方便计算,让 Line 的 A 点一定在 B 的左边
   if(line.A.x>line.B.y)
   {
      Point2D temp=new Point2D(line.B);
      line.B=new Point2D(line.A);
      line.A=new Point2D(temp);
   }

   //端点的栅格化
   var p1=PointToRaster(p0,line.A,d);
   var p2=PointToRaster(p0,line.B,d);
   lists.Add(p1);
   lists.Add(p2);
```

```
//线段穿越列数
int columns = p2. Column-p1. Column;
columns+ = 1;
//线段穿越行数
int rows = p1. Row-p2. Row;
//记录 A 走向 B 时,行(Y)的递增方向有:正方向、负方向。
int fh = 1;
if( rows<0)
  {
    rows = -rows;
    fh = -1;
  }
rows+ = 1;
//如果穿越的列大于穿越的行,则计算线段经过的每个栅格中线的 X 方向与线段的交点。
if( columns>rows)
  {
    double x = ( p1. Column-0. 5) * d+p0. x;
    for( int i = 0;i<columns-2;i++)
    {
      x+ = d;
      double y = line. GetYByX( x);
      var row_column = PointToRaster( p0,new Point2D( x,y),d);
      lists. Add( row_column);
    }
  }
else
  {
    double y = -( p1. Row-0. 5) * d+p0. y;
    for( int i = 0;i<rows-2;i++)
    {
      y+ = d * fh;
      double x = line. GetXByY( y);
      var row_column = PointToRaster( p0,new Point2D( x,y),d);
      lists. Add( row_column);
    }
  }
return lists;
```

6.1.2.2　全路径栅格化

全路径栅格化是一种将矢量路径（如曲线、道路或河流等）转换为栅格数据的方法，主要是计算起始列号和终止列号（或按列计算起始行号和终止行号）。它的目标是以最高的分辨率准确地捕捉路径的几何形状和连续性。其特点是能够在栅格中表示完整的路径轨迹，适合于要向任何方向进行探测的栅格影像或想知道矢量覆盖的范围，计算较复杂。如图 6-4 所示，用全路径栅格化进行矢量向栅格的转换。基于矢量的首末点和倾角的大小，可以在带内计算出行号 (i_a, i_e) 或列号 (j_a, j_e)：

（1）当 $|x_2-x_1| < |y_2-y_1|$ 时，计算行号 (i_a, i_e)；

（2）当 $|x_2-x_1| \geqslant |y_2-y_1|$ 时，计算列号 (j_a, j_e)。

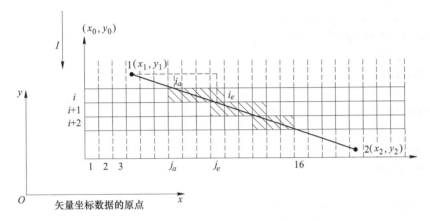

图 6-4　用全路径栅格化进行矢量向栅格的转换

下面给出 $|x_2-x_1| \geqslant |y_2-y_1|$ 时的计算过程。

设当前处理行为第 i 行，栅格边长为 m。

（1）计算矢量倾角 α 的正切：

$$\tan\alpha = \frac{y_2 - y_1}{x_2 - x_1} \tag{6-3}$$

（2）计算起始列号 j_a：

$$j_a = \left\{ \left[\frac{y_0 - (i-1)m - y_1}{\tan\alpha} + x_1 - x_0 \right] \Big/ m \right\} + 1 \tag{6-4}$$

（3）计算终止列号 j_e：

$$j_e = \left(\frac{y_0 - im - y_1}{\tan\alpha} + x_1 - x_0 \right) \Big/ m \tag{6-5}$$

（4）第 i 行从 j_a 开始到 j_e 列为止的中间所有栅格"涂黑"；

（5）若当前处理行不是终止行，则把本行终止列号 j_e 作为下行的起始列号 j_a；行号 i 增加 1，并转至步骤（3）；否则，本矢量段栅格化过程结束。

需要注意的是：应将矢量段首点和末点所在的栅格列号分别作为第一行的 j_a 和最后一行的 j_e 的限制条件，以免使栅格影像变长失真；当首、末点的行号相同时，则直接在首、末两点 j_a 与 j_e 间"涂黑"即可；若 $y_2 > y_1$，则需将首、末点号互换后再使用式（6-5）。

全路径栅格化方法通过使用曲线光栅化算法，能够以较高的分辨率准确地表示矢量路径的几何形状和连续性。当要以任何方向探测栅格影像的存在或者需要知道矢量可能只出现在哪些栅格覆盖的范围时，全路径栅格化数据结构最为理想。

全路径栅格化算法如下：

```
//全路径栅格化
public static List<RowColumnPair>VectorToRaster_AllDirection( Point2D p0,Line line,double d)
{
    List<RowColumnPair>lists = new List<RowColumnPair>( );

    //端点的栅格化
    var p1 = PointToRaster( p0,line. A,d) ;
    var p2 = PointToRaster( p0,line. B,d) ;
    lists. Add( p1) ;
    lists. Add( p2) ;

    if( ( Math. Abs( line. B. x-line. A. x) >Math. Abs( line. B. y-line. A. y) ) )
    {
        //确保 A-->B 的行号是增加的
        if( line. A. y<line. B. y)
        {
            Point2D temp = new Point2D( line. B) ;
            line. B = new Point2D( line. A) ;
            line. A = new Point2D( temp) ;
        }
        var startRaster = PointToRaster( p0,line. A,d) ;
        var endRaster = PointToRaster( p0,line. B,d) ;
        ;double k = ( line. B. y-line. A. y) /( line. B. x-line. A. x) ;
        int ja = ( int) Math. Floor( ( ( p0. y -( startRaster. Row-1) * d-line. A. y) / k+line. A. x-p0. x) / d) +1;

        int startJ = ja;
        int lastJ = 0;//上一次的 je,防止因 je 与 startJ 的交换破坏了 je 的逻辑。
        for( int i = startRaster. Row;i <=endRaster. Row;i++)
        {
            int je = ( int) Math. Floor( ( ( p0. y-i * d-line. A. y) / k+line. A. x-p0. x) / d) +1;
            lastJ = je;
            if( je<startJ)
            {
                var temp = je;
                je = startJ;
                startJ = temp;
            }//每行的起始列要比终止列小
            for( int j = startJ;j <=je;j++)
            {
                RowColumnPair pair = new RowColumnPair( i,j) ;
                lists. Add( pair) ;
            }
        }
```

```
        startJ = lastJ;
      }
  }
  else
  {
    //确保 A-->B 的列号是增加的
    if( line. A. x>line. B. x)
    {
      Point2D temp = new Point2D( line. B) ;
      line. B = new Point2D( line. A) ;
      line. A = new Point2D( temp) ;
    }
    var startRaster = PointToRaster( p0,line. A,d) ;
    var endRaster = PointToRaster( p0,line. B,d) ;
    double k = ( line. B. y-line. A. y)/( line. B. x-line. A. x) ;

    int ia = ( int) Math. Floor( ( ( line. A. x-p0. x -( startRaster. Column-1) ∗ d) ∗ k+p0. y-line. A. y)/ d) +1 ;
    int startI = ia ;
    int lastI = 0 ;//上一次的 je,防止因 ie 与 startI 的交换破坏了 ie 的逻辑。
    for( int j = startRaster. Column ;j <= endRaster. Column ;j++)
    {
      int ie = ( int) Math. Floor( ( ( line. A. x-p0. x-j ∗ d) ∗ k+p0. y-line. A. y)/ d) +1 ;
      lastI = ie ;
      if( startI>ie)
      {
        var temp = startI ;
        startI = ie ;
        ie = temp ;
      }//每列的起始行要比终止行小
      for( int i = startI ;i <= ie ;i++)
      {
        RowColumnPair pair = new RowColumnPair( i,j) ;
        lists. Add( pair) ;
      }
      startI = ie ;
    }
  }
  return lists ;
}
```

6.1.2.3 比较

在上述两种方法中，八方向栅格化方法栅格化后的线要素精细，需要储存的数据较小；而全路径栅格化后的线要素比较饱满，计算更加复杂。

6.1.3　矢量面的栅格化

矢量面的栅格化是将矢量面表示的数据转换为栅格化数据的过程，将连续的面几何形状转换为离散的栅格数据。对于每个矢量面，需要将其映射到栅格上，这可以通过将面分割成一系列离散的栅格单元来实现。首先，将面的边界映射到最接近的栅格单元，使用最近邻插值或其他插值方法确定映射位置；然后，对于面的每个栅格单元，可以使用某种方法来确定面在该栅格单元中的覆盖程度。在栅格数据结构中，栅格像元值直接表示属性值，因此矢量表示的多边形边界内部的所有栅格点上赋予相应的多边形编码，形成类似如图 6-5 所示的栅格数据阵列。需要注意的是，面的栅格化可能会导致栅格数据的尺寸较大，因为它需要表示面的每个细节和边界。

0	0	0	0	0	0	0	0
0	0	0	0	0	0	0	0
0	0	0	0	2	0	0	0
0	0	0	0	0	0	0	0
0	0	0	0	0	0	0	0
0	0	0	0	0	0	0	0
0	0	0	0	0	0	0	0
0	0	0	0	0	0	0	0

(a)

0	0	0	0	0	0	0	0
0	0	0	6	0	0	0	0
0	6	6	0	6	0	0	0
0	0	0	0	0	6	0	0
0	0	0	0	0	6	0	0
0	0	0	0	0	6	0	0
0	0	0	0	0	0	0	0
0	0	0	0	0	0	0	0

(b)

0	4	4	7	7	7	7	7
4	4	4	4	4	7	7	7
4	4	4	4	8	8	7	7
0	0	4	8	8	8	7	7
0	0	8	8	8	8	7	8
0	0	0	8	8	8	8	8
0	0	0	0	8	8	8	8
0	0	0	0	0	8	8	8

(c)

图 6-5　点、线、面区域的格网

(a) 点；(b) 线；(c) 面

6.1.3.1　内部点扩散法

首先将多边形的边界线栅格化，然后从多边形一个内部点（种子点）开始，向其 4 个或者 8 个方向的邻点扩散。如图 6-6 所示，判断各个新加入点是否在多边形边界上，如果是在边界上，则该新加入点不作为种子点，否则把非边界点的邻点作为新的种子点与原有种子点一起进行新的扩散运算，并将该种子点赋予该多边形的编号。重复上述过程，直到所有种子点填满该多边形并遇到边界停止为止。

扩散算法程序设计比较复杂，需要在栅格阵列中进行搜索，占用内存很大。在一定栅格精度上，如果复杂图形的同一多边形的两条边界落在同一个或相邻的两个栅格内，会造成多边形不连通，则一个种子点不能完成整个多边形的填充。如图 6-7 所示，这样一个种子点不能完成整个多边形的填充。

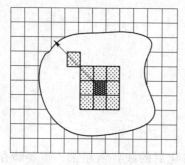

图 6-6　内部点扩散原理

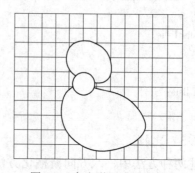

图 6-7　多边形不连通实例

6.1.3.2 射线算法和扫描算法

（1）射线算法：可逐点判断数据栅格点在某多边形之外或在多边形之内，由待判点向图外某点引射线，判断该射线与某多边形所有边界相交的总次数，如相交偶数次，则待判点在该多边形外部；如为奇数次，则待判点在该多边形内部，如图 6-8 所示。采用射线算法，要注意的是射线与多边形边界相交时，有一些特殊情况会影响交点的个数，必须予以排除，如图 6-9 所示。

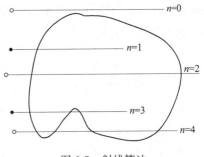

图 6-8　射线算法

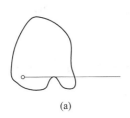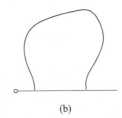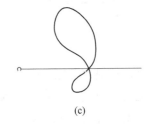

(a)　　　　　　　　　　(b)　　　　　　　　　　(c)

图 6-9　射线算法的特殊情况

（a）相切；（b）重合；（c）不连通

（2）扫描算法：是在射线算法上进行改进的一种算法，将射线改为沿栅格阵列行或列方向扫描线，判断与射线算法相似。对比射线算法，扫描算法省去了计算射线与多边形边界交点的大量运算，提高了效率。扫描算法的步骤：

1）对于每一行或每一列的栅格单元（取决于扫描方向），从顶部到底部（或从左到右）进行扫描。

2）在每条扫描线上，通过检查矢量面的边界与当前扫描线的交点，确定与矢量面相交的栅格单元。

3）根据相交点的位置和拓扑关系，确定扫描线上需要填充的栅格单元，通常使用奇偶规则或非零环绕数规则来判断。

4）在经过的每个栅格单元中存储相应的数值或属性信息，可以根据需要，将面的属性值分配给栅格单元。

6.1.3.3 边界代数法

边界代数法是一种用于矢量面栅格化的方法，它基于边界的拓扑关系和代数操作来处理矢量面数据。图 6-10 所示为转换单个多边形的情况，多边形编号为 a，模仿积分求多边形区域面积的过程，其具体步骤为：

（1）根据矢量数据的外接矩形，创建目标栅格阵列，并对栅格阵列的栅格单元值初始化。

（2）对于任意一个多边形，由其边界上某一点开始，逆时针方向搜索其边界，当边界线段为上行时（见图 6-10（a）），对该线段左侧具有相同行坐标的所有栅格全部加上一个

a；当边界线段为下行时（见图6-10（b）），对该线段左侧具有相同行坐标的所有栅格全部减去一个a；当边界线段平行于栅格行行走时，不做运算。顺序、依次处理所有的边，直至该多边形所有边处理完。

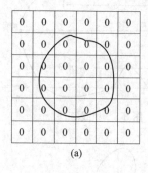 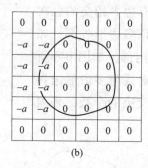 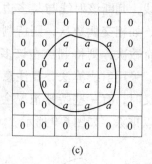

图 6-10   边界代数法原理

事实上，每幅数字地图都是由多个多边形区域组成的，如果把不属于任何多边形的区域（包含无穷远点的区域）看成编号为零的特殊多边形区域，则图上每一条边界弧段都与两个不同编号的多边形相邻，按弧段的前进方向分别称为左、右多边形；可以证明，对于这种多个多边形的矢量向栅格转换问题，只需对所有多边形边界弧段做如下运算而不考虑排列次序：当边界弧段上行时，该弧段与左图框之间栅格增加一个值（左多边形编号减去右多边形编号）；当边界弧段下行时，该弧段与左图框之间栅格增加一个值（右多边形编号减去左多边形编号）。

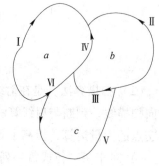

图 6-11   多个多边形示意图

以图6-11为例，选择两个邻域多边形的边界代数转换过程进行步骤说明。

（1）对多边形a：线Ⅰ上行$-a$，下行$+a$；线Ⅳ上行$+a$；线Ⅵ下行$+a$。

（2）对多边形b：线Ⅱ上行$+b$，下行$-b$；线Ⅳ上行$-b$；线Ⅲ上行$-b$。

（3）对多边形c：线Ⅳ下行$-c$，线Ⅲ上行$+c$；线Ⅴ下行$-c$；上行$+c$。

对所有运算按线号进行排列，把图外区域作为编号为零的区域参加计算，表6-2为后两行内标出的相应线的左或右多边形，见表6-1和表6-2。

表 6-1   线号与左右多边形号的对应关系

线号	左多边形	右多边形
Ⅰ	0	a
Ⅱ	b	0
Ⅲ	c	b
Ⅳ	a	b
Ⅴ	c	0
Ⅵ	c	a

表 6-2 线号与前进方向

线号	前进方向	左	右
线 I	上行	+0	−a
	下行	−0	+a
线 II	上行	+b	−0
	下行	−b	+0
线 III	上行	+c	−b
线 IV	上行	+a	−b
	上行	+c	−0
线 V	下行	−c	+0
线 VI	下行	−c	+a

由此进一步说明边界代数算法的基本思想：对每幅地图中全部具有左右多边形编号的边界弧段，沿其前进的方向逐个搜索，当边界上行时，将边界线位置与左图框之间的网格点加上一个值：$S=$左多边形编号−右多边形编号；当边界线下行时，将边界线位置与左图框的栅格点加上一个值：$T=$右多边形编号−左多边形编号，而不管边界线的排列顺序。

两个邻域多边形的边界代数转换过程如图 6-12 所示。

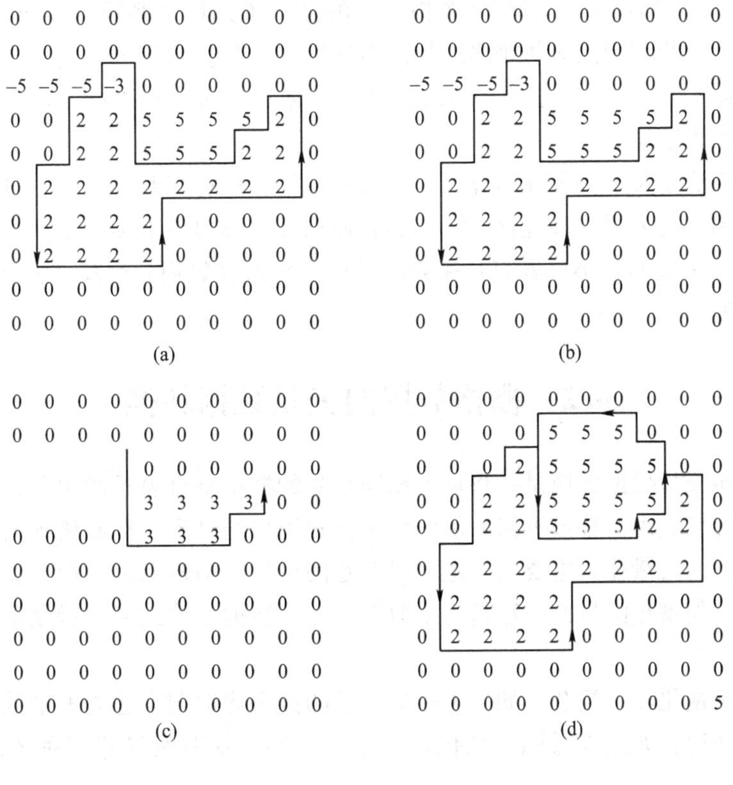

(a)   (b)

(c)   (d)

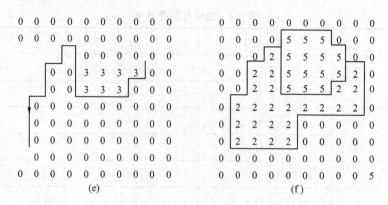

图 6-12　两个领域多边形的边界代数转换过程及结果示意图

（a）矩阵初始化；（b）确定起始方向；（c）向右；（d）向右形成两个邻域；（e）向下；（f）向下形成两个邻域

与其他算法的区别在于，边界代数算法没有逐个确定与边界的关系，而是利用边界的拓扑信息，利用简单的加、减代数操作，将边界信息动态分配到各个网格上，从而使矢量快速地转化为栅格，无须考虑边界和搜索路径的关系，因此算法简单、可靠性好，每个圆弧段仅进行一次搜索，避免了重复计算，计算速度快，且占用存储空间小。但是，这并不意味着边界代数法可以完全替代其他算法，在某些场合下，还是要采用种子填充算法和射线算法，前者应用于栅格图像上提取特定的区域，后者则可以进行点和多边形关系的判断。

6.1.3.4　复数积分法

复数积分算法的实质是：对整个栅格矩阵的栅格单元逐个判断其所属多边形的编号。其判断方法是：由待判定点对每个多边形的封闭边界计算复数积分，若对于某多边形的积分值为 $2\pi i$，则该待判定点属于此多边形，赋予该多边形编号；否则，该点位于次多边形外部，不属于该多边形。

复数积分算法涉及许多乘除运算，尽管可靠性好，但运算时间很长，难以在较低档次的计算机上采用。若采用一些优化方法，例如根据多边形边界坐标的最大、最小值范围组成的矩形（也称多边形最小包容窗）来判断是否需要做复数积分运算，则可以在一定程度上提高运算速度。

6.2　栅格数据向矢量数据转换

栅格数据向矢量数据转换是：将具有相同编号的栅格集合表示的边界、边界的拓扑关系和多边形，转变成由少量数据组表示的矢量格式边界的过程。从栅格到矢量数据的转换又称为栅格数据的矢量化，主要用于地图或专题图件的扫描输入、图像分类或分割结果的存储和绘图等。矢量化的目的一般是为了数据入库、数据压缩或者矢量制图，能够减少数据量，方便管理。

栅格数据矢量化较为复杂，如果由一幅扫描的数字化地图来建立矢量数据库，则需要经过数字图像处理，如边缘增强、细化、二值化、特征提取及模式识别才能获得矢量数据，人们通常将多色地图分色后逐个元素（如等高线地貌、水系、道路网、地物、符号与注记等）加以识别和提取。如果将数字影像矢量化，则需要事先做好重采样、图像处理、影像匹配和影像理解等过程，才能将影像上的语义和非语义信息提取出来，并形成矢量形式的数据。

（1）边界提取：栅格数据向矢量数据转换需要复杂的前处理，前处理的方法因原始栅格图不同而异，但最终目的是把栅格图预处理成近似线划图的二值图形，使每条线只有一个像元宽度。由于在扫描输入栅格图时很可能有各种干扰，为此，要除去干扰，如散布在图上的麻点等，即采用高通滤波（高通滤波就是保留频率比较高的部分，即突出边缘）将栅格图像二值化或以特殊值标识边界点。

1）平滑去噪。在将地图扫描或摄像输入时，由于线不光滑以及扫描、摄像系统分辨率的限制，使得一些曲线目标带来多余的小分支（即毛刺噪声）；此外，还有孔洞和凹陷噪声，如果不在细化前去除这几种噪声，就会造成细化误差和失真，这样会最终影响地图跟踪和矢量化。曲线目标越宽，提取骨架和去除轮廓所需的次数也越多，因此噪声影响也越大。

2）二值化。二值化是图像分割的一种最简单的方法，可以把灰度图像转换成二值图像。把大于某个临界灰度值的像素灰度设为灰度极大值，把小于这个值的像素灰度设为灰度极小值，从而实现二值化。

（2）边界线追踪：对每个边界弧段由一个结点向另一个结点搜索，通常对每个已知边界点需沿除了进入方向的其他 7 个方向搜索下一个边界点，直到连成边界弧段为止。

（3）拓扑关系生成：对于矢量表示的边界弧段数据，判断其与原图上各多边形的空间关系，以形成完整的拓扑结构并建立与属性数据的联系。

（4）去除多余点及曲线圆滑：由于搜索是逐个栅格进行的，必须去除由此造成的多余点记录，以减少数据冗余；另外，曲线由于栅格精度的限制可能不够圆滑，需采用一定的插补算法进行光滑处理，常用的算法有线形迭代法、分段三项式插值法、正轴抛物线平均加权法、斜轴抛物线平均加权法、样条函数插值法。

6.2.1　栅格点的矢量化

对于任意一个栅格点 A 而言，将其行、列号 I，J 转换为其中心点的 x，y 公式如下：

$$\begin{cases} x = X_0 + (J - 0.5)D_x \\ y = Y_0 - (I - 0.5)D_y \end{cases} \tag{6-6}$$

式中，D_x、D_y 分别为一个栅格的宽和高，当栅格通常为正方形时 $D_x = D_y$；X_0、Y_0 表示矢量数据 x、y 的最小值。

图 6-13 为栅格点与矢量点的坐标关系。

6.2.2　线状栅格数据向矢量数据转化

将线状栅格数据转换为矢量数据的过程称为栅格到矢量转换，线状栅格数据一般具有一定粗度且线划本身往往呈粗细不匀的状态。这个过程可以将栅格数据中的线段或路径提

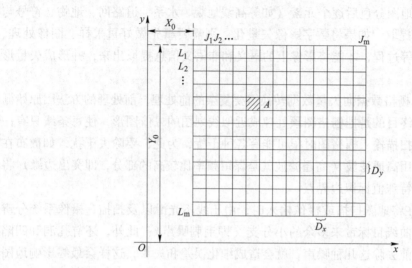

图 6-13　栅格点与矢量点的坐标关系

取出来，并将其表示为矢量形式的线要素。

对于二值化处理后的点或曲线进行细化，主要可分为剥皮法和骨架法两类。

6.2.2.1　剥皮法原理

剥皮法是基于在不破坏栅格拓扑连通性的前提下，从曲线的边缘开始，每次剥掉等于一个栅格宽的一层，直到最后留下彼此连通的图形。

当还剩 2 个栅格宽时，要根据栅格单元边相连或者角相连的规则来判断是否能够继续进行剥皮，此时可以使用 3×3 窗口匹配原理，即通过检查中心栅格与其 8 邻域栅格的连通性来判断该中心栅格是否可以被删除。图 6-14（a）和（b）的中心栅格不可删除，而图 6-14（c）和（d）的中心栅格删除后仍能保持领域栅格的角相连。

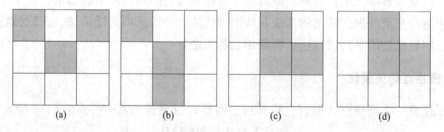

图 6-14　3×3 窗口匹配剥皮法

6.2.2.2　骨架法原理

骨架法是基于距离变换，首先得到骨架像元，然后跟踪距离变换图中的"山脊线"（即在局部范围内灰度值最大的像元系列），并将其作为中轴线。其过程如图 6-15 所示，在二值化的基础上，在需要矢量化的栅格线上，求出线上每一个栅格 3×3 窗口的属性码之和，并用此和值对该中心栅格重复赋值：对重新赋值后的栅格线找到每一行中最大的栅格属性码所在位置，确定该栅格位置及栅格线的骨架，最终得到最后的矢量线所经过的点。

1	1	0	0	0	0
1	1	1	0	0	0
0	1	1	1	0	0
0	0	1	1	0	0
0	1	1	1	0	0
0	0	1	1	0	0

(a)

4	5	3	1	0	0
5	7	6	3	1	0
3	6	7	5	2	0
2	5	8	6	3	0
1	4	7	6	3	0
1	3	5	4	2	0

(b)

0	1	0	0	0	0
0	1	0	0	0	0
0	0	1	0	0	0
0	0	1	0	0	0
0	0	1	0	0	0
0	0	1	0	0	0

(c)

图 6-15　骨架法示例

（a）二值化图像；（b）窗口属性码求和；（c）提取骨架

6.2.3　多边形栅格数据的面矢量化

多边形栅格数据的矢量化算法的基本思想是：通过边界提取，将左右多边形信息保存在边界点上，每条边界弧段由两个并行的边界链组成，分别记录该边界弧段的左右多边形编号。边界线搜索采用2×2栅格窗口，在每个窗口内有4个栅格数据的模式，可以唯一地确定下一个窗口的搜索方向和该弧段的拓扑关系，极大地加快了搜索速度，拓扑关系也很容易建立。

在具体介绍算法前要明确以下定义：

（1）栅格数据中最小的单位是像元，矢量化后的最小单位是一个图斑，最小图可以是一个像元。

（2）弧段是图斑与图斑之间连续的分界线。

（3）特征点是组成矢量化之后图形的结点，包括边界点和结点两类边界点的是弧段上的顶点，即折线的顶点，仅在两个方向上存在边界（见图6-16）结点的是弧段两端的端点，在结点处至少在三个方向上存在边界，如图6-17所示。

（4）方向是指某个结点或者边界点的上下左右四个方向，同时对四个方向依次编号0、1、2、3。

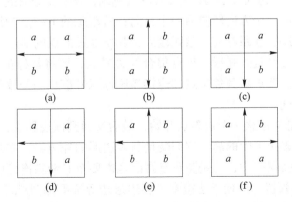

图 6-16　边界点的6种情形

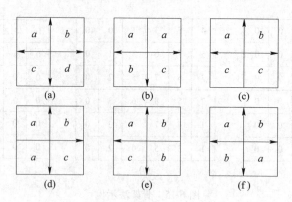

图 6-17   结点的 6 种情形

多边形栅格数据的面矢量化的步骤：

（1）特征点提取。矢量化要提取的多边形边界位于栅格单元的边界上，因此提取的矢量点对应于四个像元之间的交点。特征点的提取采用 2×2 栅格阵列作为窗口顺序沿行、列方向对栅格图像全图扫描，如果窗口内 4 个栅格有且仅有两个不同的编号，则该 4 个栅格表示为边界点；如果窗口内 4 个栅格有 3 个以上不同编号，则标识为结点，保持各栅格原多边形编号信息。对于对角线上栅格两两相同的情况，由于造成了多边形的不连通，也当作结点处理。对于首尾行列则在图像周围增加一行或一列的空值栅格，可以防止窗口越出边界。通过记录数据点类型、数据点 ID、坐标和连接弧段的方向等信息，并用一个一维数组存储，用于生成后续弧段。在边界点和结点提取过程中，需获得连接弧段的方向。如图 6-17（b）中的情形，该点只可能在向左、右和下三个方向存在连接的弧段，为此称这三个方向是连接弧段的方向。

（2）弧段跟踪。边界线搜索是逐个弧段进行的，对每个弧段由一组已标识的 4 个结点开始，选定与之相邻的任意一组 4 个边界点和结点都必定属于某一窗口的 4 个标识点之一。弧段有开放弧段和闭合弧段两种，在跟踪过程中是先跟踪开放弧段，再跟踪闭合弧段。

1）开放弧段：是指首尾结点的类型是结点的弧段，因此搜索时从点数组中第一个结点开始，依次跟踪其各个方向形成多条弧段，根据点信息中的连接信息可以得知某方向下一连接点在点数组中的索引值，将其写入弧段组成结点集合。若跟踪的下一点为中间点，则跟踪方向由中间点的一个方向转向另一个方向；若跟踪的下一点为结点，则该弧段跟踪结束。为避免重复跟踪，在跟踪完一条弧段后，其所经过的点的对应方向的连接信息应当更新或清除，即对于已经进入弧段边界点集合的边界点，要将其标记为"已被搜索"。对于弧段的起点、终点，要更新其邻接点和连接弧段标识号信息。开放弧段跟踪完成后，没有被跟踪过的都是中间点。

2）封闭弧段：是从任意一个边界点开始，最后又回到该边界点，形成一个闭合弧段。闭合弧段将参与形成多边形中的岛，它们既是岛多边形的外边界，亦是包含岛的多边形的内边界。与跟踪开放弧段一样，为避免重复跟踪也需要及时清除连接信息。

（3）多边形边界弧段双向搜索法搜索。多边形边界需要通过弧段的首尾连接而形成，多边形图中每条弧段为相邻的两个多边形共有，即每条弧段按照不同的方向跟踪所形成的多边形边界不同。使用弧段双向搜索法组建多边形，对于任一跟踪方向上的边界搜索，采用多边形构建常用的左转算法，其基本思想是：从某一条弧段开始，如果该弧段的方向角（弧段与 X 轴正向的夹角）最小或者介于原点连接的其他弧段方向角之间，则逆时针方向的最小夹角偏差所对应的弧段为多边形边界的后续弧段；如果该弧段的方向角最大，则该原点连接的其他弧段中方向角最小的弧段是该多边形边界的后续弧段。常规多边形构建中由于方向角计算的复杂性导致效率低下，但是在栅格数据矢量化过程中，由于每个结点连接的弧段只存在上、下、左、右四个方向中的三个或四个方向，所以左转顺序相对确定，使用该方法处理简便而高效。

（4）判断多边形边界的属性值。获取弧度左右面域的属性方法为：对于某一数据点四个方向生成的弧段，其左右面域属性是该数据点对应方向线左右像元的栅格值。用弧段双向搜索的左转算法，其外边界都是顺时针方向，内边界都是逆时针方向，因此将边界右侧的属性值赋值给面域。

（5）拓扑包含关系的确立。边界的拓扑包含关系确定的实质是：确定每个内边界围成的多边形属于哪个外边界围成的多边形，通常转换为判定内边界上一点位于哪个外边界围成的面域内，一般使用最小外接矩形和射线法来进行分析。首先，通过内边界上任意一点与外边界外接矩形的归属关系判断减小外边界的搜索范围；其次，利用定向射线法（沿 X 轴正向）判断该点与筛选出的外边界包含关系。栅格矢量化形成的多边形边界位于栅格单元的边界上，且只存在横向和纵向两个方向，因此可以得出以下结论：1）如果一个点在多边形内部，则沿 X 轴正向作射线与多边形或有奇数个交点，或与多边形边界线重叠；2）如果一个点在多边形外部，则沿 X 轴正向作射线与多边形或有偶数个交点，或与多边形边界线重叠（遇到射线与边界线重叠的情况，可以上下移动射线避开）。

习　题

6-1　以下选项中不属于空间数据编辑与处理过程的是（　　　）。

　　（A）数据格式转换　　　（B）投影转换　　　（C）图幅拼接　　　（D）数据分发

6-2　请列举几种常见的矢量数据格式和栅格数据格式。

6-3　简述栅格到矢量转换算法的基本步骤。

6-4　编程实现八方向矢量线栅格化。

6-5　编程实现全路径矢量线栅格化。

6-6　解释多边形栅格数据的面矢量化算法。

6-7　简述多边形面状栅格数据向矢量数据的转化过程。

7 空间度量算法

空间度量是指对空间中物体大小的比较和测量。在数学中，空间度量是一个集合，该集合中的任意元素之间的距离是可定义的，这个距离可以是欧几里得距离、曼哈顿距离等。在物理学中，空间度量通常指的是三维空间中的距离和角度的测量。例如，在地球上，人们使用经纬度和海拔高度来描述空间中的位置和距离。

7.1 方向和距离度量算法

7.1.1 基于矢量的距离与方向度量算法

7.1.1.1 距离度量

距离计算是计算机图形学和计算几何中的基础问题，通常所说的距离是指直线 L 和任意一个点 P 的最短距离，过点作直线的垂线，垂线和直线的交点称作基点。如果 L 是一个有限的线段，那么点 P 在 L 上的基点可能在线段之外，这就需要一个不同的方法计算最短距离。

A　2D 平面

a　任意两点之间的距离

设有两平面点 (x_i, y_i)、(x_j, y_j)，其平面距离 D_{ij} 为：

$$D_{ij} = \sqrt{(x_j - x_i)^2 + (y_j - y_i)^2} \tag{7-1}$$

b　点到直线的距离

这里的直线是指两方无限延伸的直线，点到直线的距离就是点 P 到直线的垂足 P_B 两点之间的距离如图 7-1 所示。

(1) 两点式方程情况。如图 7-2 所示，由 P_0、P_1 和 P 三点构成两个矢量：$v_L = P_0P_1 = P_1 - P_0$；$w = P_0P = P - P_0$。根据两个三维矢量的矢量积的模等于两矢量构成平行四边形的面积，推得点 P 到直线 P_0P_1 的距离，公式如下：

$$d(P, L) = \frac{|v_L \times w|}{v_L} = \left| \frac{v_L}{|v_L|} \times w \right| = |u_L \times w| \tag{7-2}$$

其中，$u_L = \dfrac{v_L}{|v_L|}$，为直线 L 的单位方向矢量，若要计算多个点到同一条直线的距离，则首先需要计算 u_L 的值。

对一个嵌入三维中的二维情况，将二维向量叉乘展开如下：

$$
\begin{aligned}
v_L \times w &= (x_1 - x_0, y_1 - y_0, 0) \times (x - x_0, y - y_0, 0) \\
&= \left[0, 0, \begin{vmatrix} (x_1 - x_0) & (y_1 - y_0) \\ (x - x_0) & (y - y_0) \end{vmatrix} \right]
\end{aligned} \tag{7-3}
$$

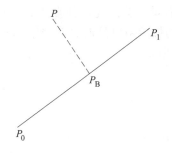

图 7-1 点到直线的距离

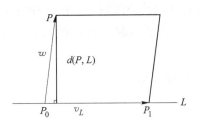

图 7-2 点到显式二维方程定义的距离

距离公式则变为：

$$d(P,L) = \frac{(y_0 - y_1)x + (x_1 - x_0)y + (x_0 y_1 - x_1 y_0)}{\sqrt{(x_1 - x_0)^2 + (y_1 - y_0)^2}} \tag{7-4}$$

这里没有计算分子的绝对值，这就使公式计算出的结果是带有符号的距离，正号表示 P 点在直线的一边，负号表示在直线的另一边。

（2）二维隐式方程情况。隐式方程 $f(x, y) = ax + by + c = 0$，求点 $P(x, y)$ 到该直线的距离。根据平面解析几何，有如下求点到直线的公式：

$$d(P,L) = \frac{f(p)}{|n_L|} = \frac{ax + by + c}{\sqrt{a^2 + b^2}} \tag{7-5}$$

进一步，可以用 $|n_L|$ 除 $f(x, y)$ 的每个系数，使隐含方程规范化，即 $|n_L| = 1$，这样则得出一个非常高效的公式为：

$$d(P,L) = f(p) = ax + by + c \tag{7-6}$$

（3）参数方程情况。在 n 维空间，已知直线 L 的参数方程为 $P(t) = P_0 + t(P_1 - P_0)$，为了计算点 P 到 L 的距离 $d(P, L)$，从点 P 作直线 L 的垂线交于点 $P(b)$，则向量 $P_0 P(b)$ 是矢量 $P_0 P$ 在线段 $P_1 P_0$ 上的投影。基于参数方程定义的点到直线距离，如图 7-3 所示。

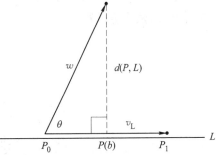

图 7-3 参数方程定义点到直线的距离

设 $v_L = \boldsymbol{P}_1 - \boldsymbol{P}_0$；$w = \boldsymbol{P} - \boldsymbol{P}_0$，则根据向量内积有：

$$b = \frac{d(P_0, P(b))}{d(P_0, P_1)} = \frac{|w|\cos(\theta)}{|v_L|} = \frac{|w||v_L|\cos(\theta)}{|v_L||v_L|} = \frac{w v_L}{|v_L|^2} \tag{7-7}$$

求得：

$$d(\boldsymbol{P}, L) = |P - P(b)| = |w - b v_L| = |w - (w \cdot u_L)u_L|$$

其中：

$$u_L = \frac{v_L}{|v_L|}$$

c 点到射线或线段的距离

射线以某个点 P_0 为起点，沿某个方向无限延伸，它可以用参数方程 $P(t)$ 表达，其中 $t \geq 0$，$P(0) = P_0$ 是射线的起点，一个有限线段由一条直线上两端点 P_0 和 P_1 之间所有的点连成。同样也可以用参数方程 $P(t)$ 表达，其中 $P(0) = P_0$、$P(1) = P_1$ 为两个端点，并且点 $P(t)(0 \leq t \leq 1)$ 是线段上的点。

　　计算点到射线或线段的距离与点到直线的距离的不同点是，点 P 到直线 L 的垂线与 L 的交点可能位于射线或线段上。在这种情况下，实际的最短距离是点 P 到射线的起点的距离（见图7-4）或者线段的某个端点的距离，如图7-5所示。

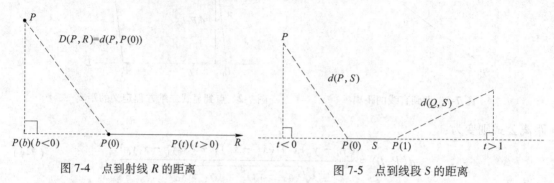

图7-4　点到射线 R 的距离　　　　　　　图7-5　点到线段 S 的距离

　　对于图7-5，简便的方法就是先判断 P 与哪个端点的距离更近，然后再计算。具体方法即考虑到点积的几何意义，通过夹角判断点与线段或者射线的相对位置。在 P_0P_1、P_0P 的夹角和 P_1P、P_0P_1 的夹角中，如果其中有个角为90°，则对应线段的端点就是 P 在 L 上的基点 $P(b)$。如果不是直角，P 的基点必然落在端点的一边或另一边，要看角是锐角还是钝角，如图7-6和图7-7所示。这些考虑可以通过计算矢量的数据积是正的、负的，还是零来判断，最终得出应该计算点 P 到 P_0 还是到 P_1 的距离，或者是 P 到直线 L 的垂直距离，这些技术可以用到 n 维空间中。两个夹角的测试，可以只用两个数量积运算，即 $w_0 \cdot v$ 和 $v \cdot v$，同时 $w_0 \cdot v$ 和 $v \cdot v$ 是求 P 点在直线 L 上基点 $P(b)$ 的参数 b 的分子和分母，这样我们可以依次测试和计算。

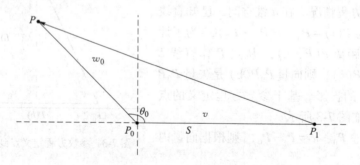

图7-6　计算 P_0P_1 和 P_0P 的夹角

　　情况1（见图7-6）：如果 $w_0 = P - P_0$，$w_0 \cdot v \leqslant 0$，则有 $|\theta_0| \geqslant 90°$，所以 $d(P, S) = d(P, P_0)$。

　　情况2（见图7-7）：如果 $w_1 = P - P_1$，$w_1 \cdot v \geqslant 0$，则有 $w_0 \cdot v \geqslant v \cdot v |\theta_1| \leqslant 90°$，所以 $d(P, S) = d(P, P_1)$。

　　情况3（见图7-7）：当满足 $0 \leqslant w_0 \cdot v \leqslant v \cdot v$ 时，则有 $d(P, S) = d(P, P(b))$。

　　在二维中，如果我们要计算多个点到同一条射线或线段的距离，使用一个规范化的隐式方程来做一个最初的判断，一个点 P 到 L 是否有一个新的最小距离的测试，还是很高效的。计算点 P 在射线上的基点 $P(b)$，如果 $P(b)$ 在线段内，按照点到直线的距离公式计

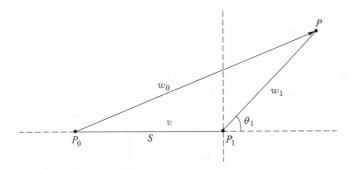

图 7-7 锐角时的情况

算最小距离；反之，判断 P 与 P_0、P_1 哪个距离较小，计算较小的距离。

d 平面曲线的长度度量

设组成平面曲线的有序点列为 $P_1(x_1, y_1)$，$P_2(x_2, y_2)$，…，$P_n(x_n, y_n)$，该曲线的总长度为 L_i，则有以下公式：

$$L_i = \sum_{i=1}^{n-1} \sqrt{(y_{i+1} - y_i)^2 + (x_{i+1} - x_i)^2} \tag{7-8}$$

B 空间上两点的距离

如图 7-8 所示，设有两个空间 $P_i(x_i, y_i, z_i)$，$P_j(x_j, y_j, z_j)$，其空间距离 D_{ij} 及其在 XY 平面、XZ 平面和 YZ 平面的投影长度 D_{ij}^{xy}、D_{ij}^{xz}、D_{ij}^{yz} 分别为：

$$D_{ij} = \sqrt{(x_j - x_i)^2 + (y_j - y_i)^2 + (z_j - z_i)^2} \tag{7-9}$$

$$D_{ij}^{xy} = \sqrt{(x_j - x_i)^2 + (y_j - y_i)^2} \tag{7-10}$$

$$D_{ij}^{xz} = \sqrt{(x_j - x_i)^2 + (z_j - z_i)^2} \tag{7-11}$$

$$D_{ij}^{yz} = \sqrt{(y_j - y_i)^2 + (z_j - z_i)^2} \tag{7-12}$$

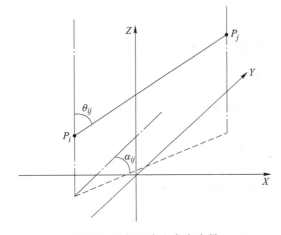

图 7-8 空间距离和方向度量

空间曲线长度度量：设组成空间曲线的有序点列为 $P_1(x_1, y_1, z_1)$，$P_2(x_2, y_2, z_1)$，…，$P_n(x_n, y_n, z_1)$，则该曲线的总长度 L_i 为：

$$L_i = \sum_{i=1}^{n-1} \sqrt{(y_{i+1} - y_i)^2 + (x_{i+1} - x_i)^2 + (z_{i+1} - z_i)^2} \qquad (7\text{-}13)$$

C 球面上两点的距离

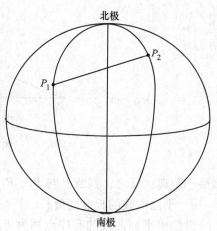

在地球椭球体上，两地理点之间的实地距离不能简单地以平面投影后的欧氏距离来计算，通常，人们以大圆弧来定义地球表面上两点之间的球面距离。所谓大圆，即由球上两点和球的球心三点构成的一个平面。所谓大圆弧长，即为经过两地理点的大圆上两点之间的较短弧长度。

如图 7-9 所示，设两地理点的地理经纬度分别为 $P_1(\varphi_1, \lambda_1)$、$P_2(\varphi_2, \lambda_2)$，则根据球面三角余弦定理可推知，球面弧段 P_1P_2 的长度为：

$$P_1P_2 = R \cdot \arccos P_1P_2 \qquad (7\text{-}14)$$

图 7-9　球面距离度量

式中，R 为地球半径；$\cos P_1P_2$ 为球面弧段 P_1P_2 的余弦值，$\cos P_1P_2 = \cos(90° - \varphi_1) \cdot \cos(90° - \varphi_2) + \sin(90° - \varphi_1) \cdot \sin(90° - \varphi_2) \cdot \cos(\lambda_2 - \lambda_1)$。

球面上两点之间的距离代码如下：

```
public static double DistanceOfTwoPoints(double lng1,double lat1,double lng2,double lat2,GaussSphere gs)
    {
        double radLat1 = Rad(lat1);
        double radLat2 = Rad(lat2);
        double a = radLat1-radLat2;
        double b = Rad(lng1) - Rad(lng2);
        double s = 2 * Math.Asin(Math.Sqrt(Math.Pow(Math.Sin(a/2),2) + Math.Cos(radLat1) *
Math.Cos(radLat2) * Math.Pow(Math.Sin(b/2),2)));
        s = s * (gs == GaussSphere.WGS84 ? 6378137.0 : (gs == GaussSphere.Xian80 ? 6378140.0 :
6378245.0));
        s = Math.Round(s * 10000)/ 10000;
        return s;
    }
    private static double Rad(double d)
    {
        return d * Math.PI/180.0;
    }
    //GaussSphere 为自定义枚举类型,高斯投影中所选用的参考椭球
    public enum GaussSphere
    {
        Beijing54,
        Xian80,
        WGS84,
    }
```

7.1.1.2 方向度量

A 平面上方向度量

设有两平面点 $P_i(x_i, y_i)$、$P_j(x_j, y_j)$，平面方向 a_{ij}（定义为连线 P_iP_j 与 Y 轴正向的夹角）为（见图 7-10）：

$$\alpha_{ij} = \begin{cases} 0 & (\Delta y \geqslant 0, \Delta x = 0) \\ \dfrac{\pi}{2} - \arctan\left|\dfrac{\Delta y}{\Delta x}\right| & (\Delta y \geqslant 0, \Delta x > 0) \\ \dfrac{\pi}{2} + \arctan\left|\dfrac{\Delta y}{\Delta x}\right| & (\Delta y \geqslant 0, \Delta x > 0) \\ \pi & (\Delta y < 0, \Delta x = 0) \\ \dfrac{3\pi}{2} - \arctan\left|\dfrac{\Delta y}{\Delta x}\right| & (\Delta y < 0, \Delta x < 0) \\ \dfrac{3\pi}{2} + \arctan\left|\dfrac{\Delta y}{\Delta x}\right| & (\Delta y \geqslant 0, \Delta x < 0) \end{cases} \tag{7-15}$$

式中，$\Delta y = y_j - y_i$；$\Delta x = x_j - x_i$。

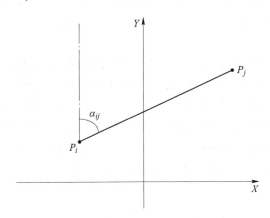

图 7-10 平面上方向度量

B 空间上方向度量

如图 7-8 所示，空间任意两点 $P_i(x_i, y_i, z_i)$、$P_j(x_j, y_j, z_j)$ 之间的方向可以用两个角来表示（θ_{ij}, α_{ij}），其中 θ_{ij} 为连线 P_iP_j 与 Z 轴正向的夹角，α_{ij} 的算法公式同式（7-15），θ_{ij} 的算法公式为：

$$\theta_{ij} = \begin{cases} 0 & (\Delta z > 0, D_{ij}^{xy} = 0) \\ \dfrac{\pi}{2} - \arctan\dfrac{|\Delta z|}{D_{ij}^{xy}} & (\Delta z > 0, D_{ij}^{xy} \neq 0) \\ \dfrac{\pi}{2} + \arctan\dfrac{|\Delta z|}{D_{ij}^{xy}} & (\Delta z < 0, D_{ij}^{xy} \neq 0) \\ \pi & (\Delta z < 0, D_{ij}^{xy} = 0) \end{cases} \tag{7-16}$$

式中，$\Delta z = z_j - z_i$；$D_{ij}^{xy} = \sqrt{(x_j - x_i)^2 + (y_j - y_i)^2}$。

C 球面上方向度量

根据大地测量学的有关公式，$P_2(\varphi_1, \lambda_1)$ 相对于 $P_1(\varphi_1, \lambda_1)$、$P_1(\varphi_1, \lambda_1)$ 相对于 $P_2(\varphi_1, \lambda_1)$ 的方位角 $\alpha(P_1P_2)$、$\alpha(P_2P_1)$ 分别为：

$$\alpha(P_1P_2) = \operatorname{arccot} \frac{\sin\varphi_2 \cdot \cos\varphi_1 - \cos\varphi_2 \cdot \sin\varphi_1 \cdot \cos(\lambda_2 - \lambda_1)}{\cos\varphi_2 \cdot \sin(\lambda_2 - \lambda_1)} \tag{7-17}$$

$$\alpha(P_2P_1) = \operatorname{arccot} \frac{\sin\varphi_1 \cdot \cos\varphi_2 - \cos\varphi_1 \cdot \sin\varphi_2 \cdot \cos(\lambda_1 - \lambda_2)}{\cos\varphi_1 \cdot \sin(\lambda_1 - \lambda_2)} \tag{7-18}$$

7.1.2 基于栅格的距离与方向度量算法

可以将栅格结构的行列方向分别看成结构的 X 轴和 Y 轴，则栅格结构点的行列坐标可以等同于矢量结构的 x、y 坐标。因而，前述两公式：$D_{ij} = \sqrt{(x_j - x_i)^2 + (y_j - y_i)^2}$、$L_i = \sum_{i=1}^{n-1} \sqrt{(y_{i+1} - y_i)^2 + (x_{i+1} - x_i)^2}$ 可以无条件试用。

7.1.2.1 基于链码的距离度量算法

链码是栅格数据结构中一种基于 3×3 窗口的虚拟编码方式，即以动态的当前栅格为中心，固定从某一位置开始按顺时针或逆时针方向依次对其八邻域编码为 0，1，2，3，4，5，6 和 7，如图 7-11 所示。

以图 7-12 所示的面域多边形边界为例，基于顺时针链码的多边形周长计算过程为：（1）从边界的某一点（如 0 行 1 列；注：行列编号从 0 开始），将其作为当前 3×3 窗口的重心，查找边界前进方向下一栅格的链码并记录。（2）以该栅格当前 3×3 窗口的中心，继续查找栅格前进方向下一链码记录；直到回到起点，并完成链码记录。（3）打开链码记录并顺序取出，当链码为偶数时，取线段长为 $\sqrt{2}d$；当链码为奇数时，取线段长为 d，其中 d 为栅格的尺寸。将以上线段累加，即为多边形周长。

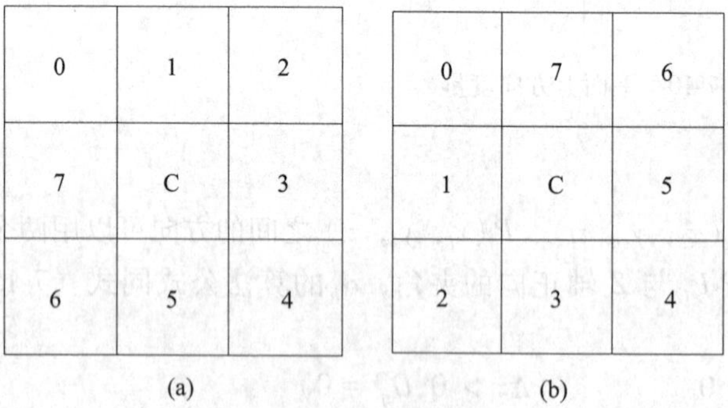

图 7-11 链码编码方式
（a）顺时针方向；（b）逆时针方向

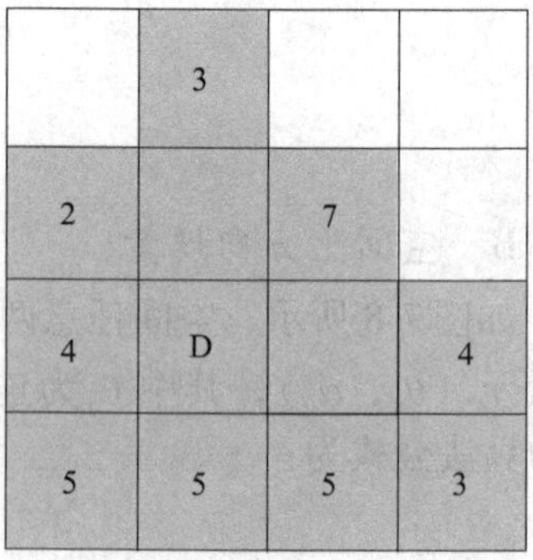

图 7-12 面域的顺时针编码

基于链码的距离与多边形周长计算的统一公式为：

$$L = (m + n\sqrt{2})d \tag{7-19}$$

式中，m 为链码序列 TC 中的奇数总量；n 为链码序列 TC 中的偶数总量；d 为栅格尺寸。

如图 7-12 所示，沿面域多边形 D 边界的链码序列 TC 和周长 L 分别为：$TC = \{7, 4,$

3，5，5，5，4，2，3}、$L = (6 + 3\sqrt{2})d$。

7.1.2.2　方向度量算法

如图 7-13 所示，如果已知定义的栅格矩阵的纵轴方向与真实地理北方向的交角 θ，则可将按前述式（7-15）求得的方向值 α_{ij} 转化为真实地理坐标下的方向值 β_{ij}，转换公式为：

$$\beta_{ij} = \alpha_{ij} + \theta \tag{7-20}$$

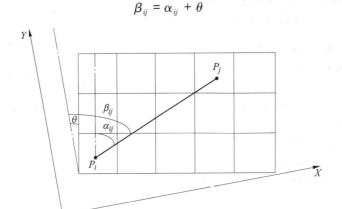

图 7-13　栅格坐标系与地理坐标系中方向度量的对照

7.2　面积度量算法

7.2.1　多边形面积

多边形面积的计算思想是：将多边形分割成多个三角形，然后进行加和计算。三角形面积计算则是依照向量叉乘的计算结果。因为向量叉乘有正负形，因此不管是凸多边形还是凹多边形，不会因为凹凸性而影响面积的计算。多边形面积求解如图 7-14 所示。

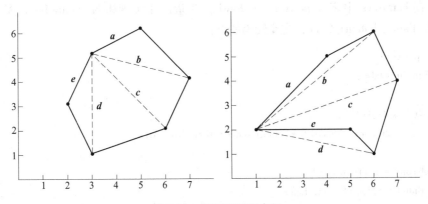

图 7-14　多边形面积求解

$$S = (a \times b + b \times c + c \times d + d \times e)/2 \qquad (7\text{-}21)$$

如果遇到环状多边形时，则需要借助结点顺序，内环结点的顺序与外环结点的顺序相反，形成的面积会相减，因此将环状构成的面积代入计算即可得到正确的多边形面积。环状多边形如图 7-15 所示。

简单多边形面积计算算法如下：

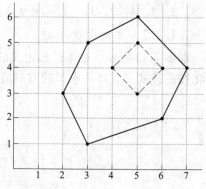

图 7-15　环状多边形

```
//计算简单多边形实例的带符号的面积
public double SignedArea( )
{
    if( this. Vertices. Count<3) return 0;
    double sum = 0;
    double ax = this. Vertices[ 0]. X;
    double ay = this. Vertices[ 0]. Y;
    for( int i = 1; i<this. Vertices. Count−1; i++)
    {
        double bx = this. Vertices[ i]. X;
        double by = this. Vertices[ i]. Y;
        double cx = this. Vertices[ i+1]. X;
        double cy = this. Vertices[ i+1]. Y;
        sum+= ax ∗ by−ay ∗ bx+ay ∗ cx−ax ∗ cy+bx ∗ cy−cx ∗ by;
    }
    return−sum/2;
}
```

【例 7-1】　在 WinForm 窗体中鼠标点击绘制多边形，并计算该多边形的面积。

解：创建 WinForm，点击鼠标左键添加多边形点、右键绘制多边形并计算面积，步骤如下：

（1）创建 WinForm 应用程序，在 Form1 中添加 pictureBox1、button1 和 label1 控件。

（2）添加 2.4 节定义的 Polygon 类，在该类中添加方法 SignedArea（ ）。

（3）在 Form1. cs 中定义 polygon，isDrawing 变量，并实现事件 pictureBox1_MouseClick、pictureBox1_Paint、button1_Click，主要代码如下：

```
Polygon polygon;
bool isDrawing = false;

//鼠标点击添加多边形点
private void pictureBox1_MouseClick( object sender, MouseEventArgs e)
{
    if( polygon = = null) return;
    if( e. Button = = MouseButtons. Left)
    {
        if( isDrawing)
```

```
        {
            polygon. Add( e. X,e. Y) ;
        }
    }
    else if( e. Button = = MouseButtons. Right)
    {
        if( polygon. Vertices. Count>2)
        {
            double area = Math. Abs( polygon. SignedArea( ) );
            this. label1. Text = " 多边形的面积为:" +area. ToString( );
            this. pictureBox1. Invalidate( );
            isDrawing = false;
        }
        else
        {
            this. label1. Text = " 至少需要三个点来计算多边形的面积。";
        }
    }
}
//绘制多边形
private void pictureBox1_Paint( object sender,PaintEventArgs e)
{
    if( polygon = = null‖polygon. Vertices. Count<2) return ;
    Pen myPen = new Pen( Color. Black,3) ;
    PointF[ ] pfs = Convert. ToPoints( polygon. Vertices. ToArray( )) ;
    Graphics g = e. Graphics ;
    g. DrawPolygon( myPen,pfs) ;
}
//开始绘制
private void button1_Click( object sender,EventArgs e)
{
    isDrawing = true;
    polygon = new Polygon( );
}
```

（4）运行程序，点击"绘制多边形并计算面积"按钮后，在 pictureBox 上点击若干次左键，最后点击右键，绘制多边形并计算面积，参考界面如图 7-16 所示。

7.2.2 基于矢量的面积度量算法

7.2.2.1 任意二维平面多边形面积量算

二维矢量环境下，平面多边形的面积计算有多种方法，常用的是分解简单多边形（不自相交）的方法。假设多边形有 n 个顶点，顶点按照顺时针或逆时针的顺序给出，顶点的

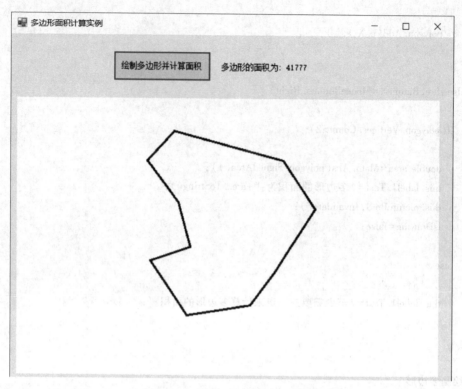

图 7-16　多边形面积计算实例

坐标分别为 $V_1(x_1, y_1)$，$V_2(x_2, y_2)$，…，$V_n(x_n, y_n)$。如图 7-17 所示，在平面任取一点 P，多边形的每个边 V_iV_{i+1} 与点 P 构成三角形 $\triangle_i = \triangle PV_iV_{i+1}$，则多边形的面积为所有三角形的面积之和，公式如下：

$$A_{多边形} = \sum_{i=0}^{n-1} A(\triangle_i)，\triangle_i = \triangle PV_iV_{i+1} \tag{7-22}$$

注意：对于一个逆时针多边形，当点 P 在边 V_iV_{i+1} 的左边，并且位于多边形内侧，则 $\triangle_i$ 的面积是正的；相反，当点 P 在边 V_iV_{i+1} 的右边，并且位于多边形外部，则 $\triangle_i$ 的面积是负的。如果是一个顺时针多边形，则符号相反，并且内部的三角形面积为负的。

例如，在图 7-17 中，三角形 $\triangle_2 = PV_2V_3$ 和 $\triangle_{n-1} = PV_{n-1}V_3$ 的面积是正的。但是很容易观察到，$\triangle_2$ 和 $\triangle_{n-1}$ 只有一部分是在多边形内部，有一部分在外部。另外，三角形 $\triangle_0$ 和 $\triangle_1$ 的面积是负的，这样就抵消了面积为正数的三角形在多边形外部的那部分面积。最终，外部的面积会被全部抵消掉。

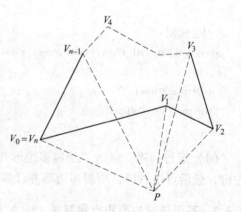

图 7-17　任意二维平面多边形面积量算

可以通过设定特定的点 P 和扩展条件，使公式更清楚。选择 $P = (0, 0)$（见图 7-18），每个三角形的面积为 $2A(\triangle_i) = (x_iy_{i+1} - x_{i+1}y_i)$，则多边形面积公式简化为：

$$2A(\triangle_i) = \sum_{i=0}^{n-1} (x_i y_{i+1} - x_{i+1} y_i) = \sum_{i=0}^{n-1} (x_i + x_{i+1})(y_{i+1} - y_i)$$

$$= \sum_{i=1}^{n} x_i (y_{i+1} - y_{i-1}) \tag{7-23}$$

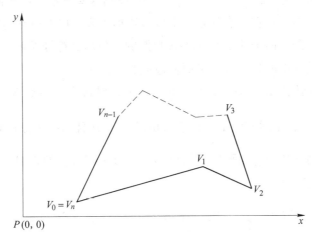

图 7-18   点 P 为 (0, 0) 时的情况

经过一些代数运算就可以看出式（7-23）实际是等价的（将其中的三个式子直接展开可以推出等价性）。对一个有 n 个顶点的多边形，第一个公式用了 $2n$ 次乘法运算和（$2n-1$）次加法运算，第二个公式用了 n 次乘法运算和（$3n-1$）次加法运算，第三个只用了 n 次乘法运算和（$2n-1$）次加法运算。所以，第三个公式是最高效的，但是为了避免计算 $i \bmod n$，必须将多边形的顶点数组升为 $V_{n+1} = V_1$。

这样计算对于一个多边形会产生一个符号面积，就像一个三角形的符号面积那样。当顶点是逆时针排列时面积是正的，顺时针时面积是负的。因此，面积计算可以判断多边形整体方向。但是，有其他的更高效方法判断多边形的方向。最简单的一个方法是找到最右边最低的顶点，然后判断进入这个顶点和离开这个点的边的方向；这个判断可以通过检查离开边的最后顶点是否在进入边的左边，左边即意味着是逆时针。

7.2.2.2   任意三维平面多边形面积量算

假设多边形有 n 个顶点，顶点的坐标分别为 $V_1(x_1, y_1, z_1)$，$V_2(x_2, y_2, z_2)$，…，$V_n(x_n, y_n, z_n)$，选择一个基准点作为参考点。前面已展示了一个三维的三角形 $\triangle V_0 V_1 V_2$ 的面积为它的两个边的矢量积的模的一半，即 $|V_0 V_1 \times V_0 V_2|/2$。计算方法是：$\Omega$ 为三维空间的平面多边形，P 为任意一点，P 与多边形的每条边 $V_i V_{i+1}$ 构成三维空间的三角形，计算所有这些三角形在平面 Ω 上的投影面积之和即为 Ω 的面积。计算三维多边形的方法包括三种：经典算法、四边形分解、二维平面投影。

A   经典算法

经典的计算三维多边形的标准公式扩展了三角形的矢量积公式，它来自斯托克斯定理。但是，这里会展示如何从三维的三角形分解得到这个公式，三角形分解在几何上会更直观。

如图 7-19 所示，普通的三维平面多边形 Ω 包含顶点 $V_i = (x_i,\ y_i,\ z_i)$，其中 $i = 0,\ \cdots,$ n，$V_n = V_0$。所有的顶点都在一个相同的三维平面 π 上，此平面具有单位法线矢量 $\boldsymbol{n}$。此时就像在二维空间中，令 P 是一个任意的三维点（并不要求在平面 π 上）；对 Ω 的每个边 $e_i = V_i V_{i+1}$，构成三维三角形 $\triangle_i = \triangle P V_i V_{i+1}$。我们要找到这些三角形面积的和与多边形 Ω 的面积之间的关系。但是，现在已有的是一个以多边形为底，P 为顶点的锥形。我们需要将这些三角形的边投影到平面 π 上，计算经过投影的三角形的符号面积。如果我们能够这样做，那么经过投影的面积的总和等于平面多边形的面积。

图 7-20 展示了利用投影的方法计算三角形面积，对每个三角形 $\triangle_i$ 关联一个面积矢量 $\boldsymbol{\alpha}_i = \dfrac{(PV_i \times PV_{i+1})}{2}$，这个面积矢量垂直于三角形 $\triangle_i$，并且面积矢量的模等于三角形的面积。$T_i = \triangle P_0 V_i V_{i+1}$ 为 $\triangle P V_i V_{i+1}$ 在平面上的投影，作边 $e_i = V_i V_{i+1}$ 的垂线 $P_0 B_i$，交边于点 B_i。$\triangle P_0 V_i V_{i+1}$ 的面积 $A(T_i)$ 为：

$$
\begin{aligned}
A(T_i) &= \frac{1}{2} |V_i V_{i+1}| |P_0 B_i| = \frac{1}{2} |V_i V_{i+1}| |PB_i| \cos\theta \\
&= A(\triangle_i) \cos\theta = |n| |a_i| \cos\theta \\
&= n \cdot \boldsymbol{\alpha}_i
\end{aligned}
\tag{7-24}
$$

式中，n 为平面 π 的单位法向量；$\boldsymbol{\alpha}_i$ 为三角形 $PV_i V_{i+1}$ 的面积矢量。

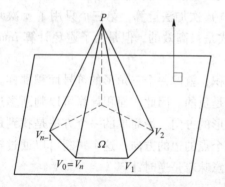

图 7-19 三维平面多边形的分解

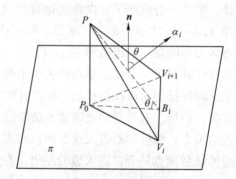

图 7-20 三角形投影面积的计算

如果 T_i 的顶点方向是逆时针，面积是正的，如同二维的情况一样，我们可以将所有三角形 T_i 的符号面积相加，获得多边形的面积，公式如下：

$$
A_{\text{多边形}} = \sum_{i=0}^{n-1} A(T_i) = \sum_{i=0}^{n-1} n \cdot a_i = \frac{n}{2} \cdot \sum_{i=0}^{n-1} (PV_i \times PV_{i+1})
\tag{7-25}
$$

最后，选 P 点为 $P = (0,\ 0,\ 0)$（见图 7-21），则 $PV_i = V_i$，简化公式如下：

$$
2A_{\text{多边形}} = n \cdot \sum_{i=0}^{n-1} (V_i \times V_{i+1})
\tag{7-26}
$$

式（7-26）用了 $6n+3$ 次乘法运算和 $4n+2$ 次加法运算。图 7-21 与二维空间中相似，从矢量 $\boldsymbol{n}$ 所指的方向看平面 π，如果多边形的定向方向是逆时针，则面积是正的。

B　四边形分解

四边形分解相对于三角形分解可以提高多边形面积的计算速度。分析三维平面四边形 $V_0V_1V_2V_3$ 的面积等于其对角线的矢量积的模，即：

$$2A_{四边形} = n \cdot \left[(V_2 - V_0) \times (V_3 - V_1) \right] \tag{7-27}$$

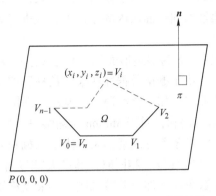

图 7-21　点 P 为（0，0，0）时的情况

只要多边形的顶点数大于 4，便可以分解为多个四边形。四边形由 V_0 和其他三个有序的顶点 V_{2i-1}、V_{2i}、V_{2i+1} 构成，$i = 1, \cdots, h$。其中，h 是小于或等于 $(n-1)/2$ 的最大整数，如果 n 是奇数，那么最后一个是三角形，公式如下：

$$2A_{四边形} = n \cdot \left[\sum_{i=1}^{h-1} (V_{2i} - V_0) \times (V_{2i+1} - V_{2i-1}) + (V_{2h} - V_0) \times (V_k - V_{2h-1}) \right] \tag{7-28}$$

式中，当 n 为奇数时 $k = n-1$。

式（7-28）使计算叉积的次数减少到一半（被矢量减运算代替），总共需要 $3n+3$ 次乘法运算和 $5n+1$ 次加法运算，大致快一倍。

C　二维平面投影

将三维空间中的多边形投影到一个二维平面的优势是可以提高计算速度。用二维的多边形面积计算公式计算，再乘以一个比例因子就可以得到三维多边形的面积。可以通过忽略三维多边形的某个坐标轴上的值，投影到另两个轴构成的平面。为了避免退化和提高计算的健壮性，检查平面的法线矢量 $n(ax + by + cz + d = 0)$，系数绝对值最大的坐标轴忽略，令 $\mathrm{Proj}_c(n)$ 是忽略了坐标 $c=x,y$ 或 z 的投影，则投影过的多边形面积与元是多边形的面积之比为：

$$\frac{A_{投影后的多边形}}{A_{三维多边形}} = \frac{|n_c|}{|n|} \quad (c = x,y \ 或 \ z) \tag{7-29}$$

式中，n 为原始多边形的法线矢量 $n = (n_x, n_y, n_z)$；n_c 为 n_x, n_y, n_z 中的一个。

所以，三维平面面积的计算多一个额外乘法运算，这个算法总共用了 $n+5$ 个乘法运算、$2n+1$ 个加法运算、一个开放运算（当 n 不是一个单位矢量），加上投影平面所需的消耗。这对于标准的公式来讲有显著的提高，提高了几乎 6 倍。

7.2.3　基于栅格的面积度量算法

基于栅格的空间曲面的面积度量可以归结为 TIN 表面面积计算和格网 DEM 表面面积计算。格网 DEM 表面积计算可以有两种模式，其一是基于规则的栅格单元的面积积累；其二是将每个格网分解为两个三角形，进而转化为 TIN 进行计算。本节重点介绍基于栅格的平面面积算法，基于 TIN 的区域地形表面积算法，基于 TIN 的区域地形投影面积和基于格网的地形剖面面积 4 种算法。

7.2.3.1　基于栅格的平面面积算法

基于栅格的平面面积计算有多种不同的算法，如基于栅格单元的累计法、基于积分原理的条柱法。基于栅格单元的累计法是在栅格数据记录与属性匹配的基础上，将具有相同属性的同一面域内的栅格单元数进行累计，然后乘以栅格面积即可，算法如下：

$$S = N \times S_0 \qquad (7\text{-}30)$$

式中，S 为多边形面积；N 为多边形中个数总数；S_0 为栅格单元面积。

由于栅格数据往往采用某种压缩编码方式存储，因此 N 的统计要视具体的压缩编码方式而定，如对称编码，N 为各游程长度 Length 的和；对于四叉树编码，N 为各叶结点大小 Node 的和；对于 Morton 压缩编码，N 为各压缩编码长度 Length 之和。

基于积分原理的条柱法是以栅格行（或列）为参考方向，如图 7-22 所示，当统计列号（或行号）相同时，其最大行号与最小行号（或最大列号与最小列号）之差，将所有差数累加并加上差数总数，再乘以栅格单元面积，则得到多边形面积。其算法如下：

$$S = S_0 \sum_{i=1}^{n} (R_{\max} - R_{\min} + 1) \qquad (7\text{-}31)$$

式中，$R_{\max}$ 为对应某一列号的最大行号；$R_{\min}$ 为对应某一列号的最小行号；n 为条柱总数。

以上是针对多边形区域是凸多边形和无岛多边形的情况，其中 $R_{\max}$ 和 $R_{\min}$ 实质上是多边形的上下边界点的行号。当多边形区域为非凸或有岛的复杂多边形区域时，如图 7-23 所示，对应某一列号可能有多个便捷点，此时应将边界点的行号从小到大顺序排序，并不重复地两两组合，再求其差和。其算法如下：

$$S = S_0 \sum_{i=1}^{n} \sum_{j=1}^{m} (\Delta C_{ij} + 1) \qquad (7\text{-}32)$$

式中，m 为对应某一列号的边界点组数；ΔC_{ij} 为对应第 i 列的第 j 组边界点的行号之差。

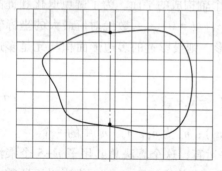 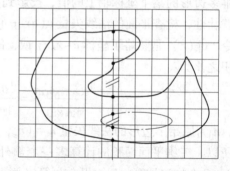

图 7-22　基于积分原理的凸多边形面积算法　　图 7-23　基于积分原理的复杂多边形面积算法

7.2.3.2　基于 TIN 的表面积算法

地形表面积的计算常基于三角形面积计算原理，即将每一个格网分割为两个三角形。三角形表面积 S 的海伦计算公式为：

$$\begin{cases} S = \sqrt{P(P - D_1)(P - D_2)(P - D_3)} \\ P = \dfrac{1}{2}(D_1 + D_2 + D_3) \\ D_i = \sqrt{\Delta X^2 + \Delta Y^2 + \Delta Z^2} \end{cases} \qquad (7\text{-}33)$$

式中，D_i 为三角形两顶点之间的 3D 空间距离，$i = 1 \sim 3$；P 为三角形周长之半；ΔX、ΔY、ΔZ 为两顶点之间 X、Y、Z 方向的坐标差。

7.2.3.3 基于 TIN 的投影面积算法

投影面积 S_P 是指任意多边形在水平面上的面积，可以直接采用海伦公式计算，公式如下：

$$\begin{cases} S_p = \sqrt{P(P - D_1)(P - D_2)(P - D_3)} \\ P = \dfrac{1}{2}(D_1 + D_2 + D_3) \\ D_i = \sqrt{\Delta X^2 + \Delta Y^2} \end{cases} \quad (7\text{-}34)$$

式中，D_i 为三角形两顶点之间 X、Y 方向的坐标等。

7.2.3.4 剖面积算法

剖面积计算是岩土工程、土木工程和地质工程等许多工程领域的一项重要工作，例如，在工程线路设计之后以及在工程实施过程中，需要计算沿线路的剖面面积。设基本参照面（也称基准面）高程为 H_0，则剖面积 S_f 计算公式为：

$$\begin{cases} S_f = \sum_{i=1}^{N-1} \dfrac{Z_i + Z_{i+1} - 2H_0}{2} \cdot D_{i,i+1} \\ D_{i,i+1} = \sqrt{(x_{i+1} - x_i)^2 + (y_{i+1} - y_i)^2} \end{cases} \quad (7\text{-}35)$$

式中，N 为线路与 DEM 格网的交点数（要求按前进方向顺序排列）；Z_i 为第 i 个交点的高程；$D_{i,i+1}$ 为 P_i、P_{i+1} 两个交点之间的平面投影距离。

7.3 体积度量算法

所谓体积有两种理解，其一为物体占有多少空间的量，其二为空间曲面与某一基准面之间的空间的体积，前者属于立体几何方面的常识，不做讨论；至于后者，随着基准面高程变化，空间曲面的平均高程可能低于基准面，出现负体积的情况，这在工程中称为填方，反之为挖方。山体体积或挖填方体积计算是岩土工程、土木工程和地质工程领域的一项重要工作。通常，可以根据四棱柱、三棱柱体积累计的原理来进行近似计算。其基本思想均是：以基底面积（正方形或三角形）乘以格网点曲面的平均高度，然后进行累计，则可求得基于规则格网 DEM 或基于三角形 DEM 的山体体积和挖填方体积。

7.3.1 山体体积计算

如图 7-24 所示，设基本参照面高程为 H_0，则山体体积计算公式为：

$$\begin{cases} V_3 = \sum_{j=1}^{N} \dfrac{Z_{j1} + Z_{j2} + Z_{j3} - 3H_0}{3} \cdot S_j \\ V_4 = \sum_{i=1}^{N} \dfrac{Z_{i1} + Z_{i2} + Z_{i3} + Z_{i4} - 4H_0}{4} \cdot S_i \end{cases} \quad (7\text{-}36)$$

式中，V_3、V_4 分别为基于 TIN 的 DEM 和基于规则格网 DEM 的体积；N 为 DEM 中三角形或规则格网中格网的总数；Z_{ij} 为第 i 个 TIN 或规则格网的角点的高程（$i = 1 \sim N$），对于三角形 $j = 1 \sim 3$，对于规则格网 $j = 1 \sim 4$；S_i 为第 i 个三角形或规则格网的投影面积（$i = 1 \sim N$）。

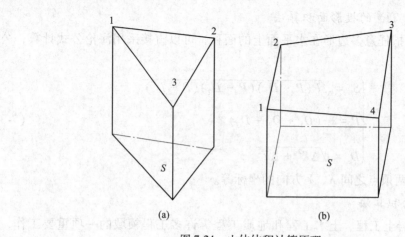

图 7-24　山体体积计算原理
（a）基于 TIN 和三菱柱；（b）基于规则格网和四棱柱

7.3.2　挖填方体积算法

若已知挖填前后的山体体积分别为 V_0 和 V_1，则挖填方体积为：

$$V = V_0 - V_1 \tag{7-37}$$

当 $V>0$ 时，表示挖方；当 $V<0$ 时，表示填方；当 $V=0$ 时，表示挖填相当。

习　　题

7-1　常见的空间度量算法有哪些，它们的优缺点是什么，在什么情况下使用哪种算法更合适？

7-2　空间度量算法是否存在局限性，它们在处理高维数据时是否会遇到挑战，如何解决这些问题？

7-3　设计算法求点到直线、线段、射线的最短距离。

7-4　求点 $P(x,y)$ 到多义线 pl 的最短距离。

7-5　编程求栅格多边形的面积。

7-6　在机器学习和数据挖掘中，如何利用空间度量算法来进行聚类、分类和异常检测？

8 空间数据索引算法

空间索引是一种用于组织和管理空间数据的数据结构或算法，它允许在具有地理位置或几何属性的数据集中进行高效的数据存储和查询。空间索引也可以称为空间数据查询，是对存储在介质上的数据位置信息的描述，作为一种辅助性的空间数据结构，空间索引介于空间操作算法和空间对象之间，它能够利用索引筛选掉大量与特定空间操作无关的空间对象，从而提高空间操作的速度和效率。空间索引的主要目标是减少查询时需要检查的数据量，从而提高查询的效率。通过构建适当的数据结构，空间索引可以在较小的时间复杂度下定位和检索满足查询条件的空间数据。空间数据索引算法是用于组织和管理空间数据的一种技术，它们允许在具有地理位置或几何属性的数据集中进行高效的数据存储和检索，空间数据通常包括地图数据、GIS 数据、遥感图像等。

计算机的体系结构将存储器分为内存、外存两种，内存空间小但是读写快，外存空间大却读写慢，访问外存花费的时间是访问内存的十万倍以上。而在 GIS 的实际应用中大量的数据都是存储在外存上的，这些数据全都杂乱无章地堆放在存储器中，每需要查询一个数据就需要扫描整个数据文件，这样访问磁盘的代价是非常大的，严重影响了系统效率。同时 GIS 所表现的地理数据多维性使得传统的 B 树索引并不适用，所以需要研究特殊的能适应多维特性的空间索引方式。

8.1 树和二叉树

树形结构是一类重要的非线性数据结构，其中以树和二叉树最为常用，直观看来，树是以分支关系定义的层次结构。树结构在客观世界中广泛存在，如人类社会的族谱和各种社会组织结构都可用树来形象表示。树在计算机领域中也得到广泛应用，如在编译程序中，可用树来表示源程序的语法结构；又如在数据库系统中，树形结构也是信息的重要组织形式之一。

8.1.1 树的定义和基本定语

8.1.1.1 树的定义

树是 $n(n \geq 0)$ 个结点的有限集。$n=0$ 的树称为空树；$n>0$ 的树 T 的特点如下：

有且仅有一个特定的称为根（Root）的结点；

当 $n>1$ 时，其余结点可分为 $m(m>0)$ 个互不相交的有限集 T_1，T_2，$\cdots$，T_m，其中每一个集合本身又是一棵树，并且称为根的子树（SubTree）。树的递归定义显示了树的固有特性，树中每个结点都是该树中某一棵子树的根。例如，在图 8-1 表示的树结构中，图 8-1（a）是一棵空树；图 8-1（b）是只有一个根结点的树；图 8-1（c）是有 10 个结点的树。其中 A 是根，其他三个结点分成 3 棵互不相交的子集 T_1、T_2 和 T_3 作为 A 的子树，$T_1 = \{B, E, F\}$，$T_2 = \{C, G\}$，$T_3 = \{D, H, I, J\}$，子树的根分别为 B、C 和 D。

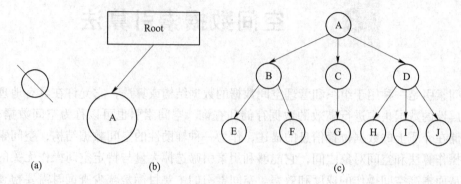

图 8-1　树的示例
（a）$n = 0$，空树；（b）$n = 1$，树中只有一个根结点；（c）$n = 10$，深度为 3 的树

8.1.1.2　树的术语

树的术语如下：

（1）结点。结点（Node）由数据元素以及指向子树的分支构成。

（2）孩子结点与双亲结点。若 P 结点有子树，则子树的根结点称为 P 孩子（Child）结点，又称子女结点。相应的，P 称为其孩子结点的双亲（Parent）结点，又称父母结点。一棵树中，根没有双亲结点。例如，B、C、D 是 A 的子树的根，所以 A 的孩子结点是 B、C、D，即 A 是 B、C、D 的双亲结点，但 A 没有双亲结点。

（3）兄弟结点。同一双亲的孩子结点之间互称兄弟结点。例如，B、C 和 D 是兄弟，E 和 F 也是兄弟，但 F 和 G 不是兄弟，而是堂兄弟。

（4）祖先结点与子孙结点。X 结点的祖先结点是指从根到 X 经过的所有结点。X 结点的子孙是指 X 的所有孩子结点，以及孩子结点的孩子。例如，E 的祖先是 B 和 A，E 则是 A 的子孙结点。

（5）结点的度。结点的度定义为结点所拥有子树的棵树。例如，A 的度是 3，E 的度是 0。

（6）叶子结点与分支结点。叶子结点是指度为 0 的结点，又称为终端结点。除叶子结点之外的其他结点，称为分支结点或非终端结点。例如，E 和 F 是叶子结点，B、C 和 D 是分支结点。

（7）树的度。树的度是指树中各结点度的最大值。例如，图 8-1 中树的深度为 3。

（8）结点的层次与深度。结点的层次从根开始定义起，根为第一层，根的孩子为第二层。若某结点在第 1 层，则其子树的根就在第 1+1 层。其双亲在同一层的结点互为堂兄弟。树中结点的最大层次称为树的深度或高度。

（9）森林。森林是 $m(m \geq 0)$ 棵互不相交的树的集合。对树中每个结点而言，其子树的集合即为森林。由此，也可用森林和树相互递归的定义来描述树。

就逻辑结构而言，任何一棵树是一个二元组 $Tree = (root, F)$，其中 $root$ 是数据元素，称作树的根结点；F 是 $m(m \geq 0)$ 棵树的森林，$F = (T_1, T_2, \cdots, T_m)$，其中 $T_i(r_i, F_i)$ 称

作根 $root$ 的第 i 棵子树；当 $m \neq 0$ 时，在树根和其子树森林之间存在下列关系式：

$$RF = \{ <root, r_i> \mid i = 1, 2, \cdots, m, m > 0 \} \tag{8-1}$$

8.1.2　二叉树的定义和性质

8.1.2.1　二叉树的定义

二叉树（Binary Tree）是一种特殊的树结构，它的特点是每个结点至多只有两棵子树（即二叉树中不存在度大于 2 的结点），并且二叉树的子树有左右之分，其次序不能任意颠倒。

二叉树是一种有序树，因为二叉树中每个结点的两棵子树有左、右之分，即使只有一个子树的、互不相交的二叉树组成，由于这两棵子树也是二叉树，则它们也可以是空树。由此，二叉树可以有 5 种基本形态：空二叉树、只有根结点的二叉树、只有左子树的二叉树、只有右子树的二叉树、左右子树均非空的二叉树，如图 8-2 所示。

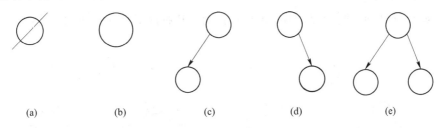

图 8-2　二叉树的 5 种基本形态

（a）空二叉树；（b）只有根结点的二叉树；（c）只有左子树的二叉树；
（d）只有右子树的二叉树；（e）左右子树均非空的二叉树

8.1.2.2　二叉树性质

性质 1： 在二叉树的第 i 层上至多有 2^{i-1} 个结点（$i \geq 1$）。

性质 2： 深度为 k 的二叉树最多有 $2^k - 1$ 个结点（$k \geq 1$）。

性质 3： 一棵二叉树的叶子结点数为 n_0，度为 2 的结点数为 n_2，则 $n_0 = n_2 + 1$。

证明： 设二叉树结点数为 n，n_1 为二叉树中度为 1 的结点数。因为二叉树中所有结点的度均小于或等于 2，所以其结点总数为：

$$n = n_0 + n_1 + n_2 \tag{8-2}$$

再看二叉树中的分支数。除了根结点外，其余结点都有一个分支进入，设 B 为分支总数，则 $n = B + 1$。由于这些分支是由度为 1 或 2 的结点射出的，所以又有 $B = n_1 + 2n_2$。于是有：

$$n = n_1 + 2n_2 + 1 \tag{8-3}$$

由式（8-2）和式（8-3）可得 $n_0 = n_2 + 1$。

一棵深度为 k 且有 $2^k - 1$ 个结点的二叉树称为满二叉树。图 8-3（a）所示是一棵深度为 4 的满二叉树，这种树的特点是每一层上的结点数都是最大结点数。

可以对满二叉树的结点进行连续编号，约定编号从根结点起，自上而下、自左至右。由此可以引出完全二叉树的定义：深度为 k，有 n 个结点的二叉树，当且仅当其每一个结点都与深度为 k 的满二叉树中编号从 $1 \sim n$ 的结点一一对应时，称之为完全二叉树。图

8-3（b）所示为一棵深度为 4 的完全二叉树。显然，这种树的特点是：

（1）叶子结点只可能在层次最大的两层上出现；

（2）对任一结点，若其右分支下子孙的最大层次为 1，则其左分支下子孙的最大层次必为 1 或 1+1。如图 8-3（c）和（d）不是完全二叉树。

完全二叉树将在很多场合下出现，下面介绍完全二叉树的两个重要特性。

性质 4：具有 n 个结点的完全二叉树的深度为 $(\log_2^n)+1$。

性质 5：如果对一棵有 n 个结点的完全二叉树（其深度为 $(\log_2^n)+1$）的结点按层序编号，则对任一结点 $i(1 \leqslant i \leqslant n)$ 有：

（1）如果 $i=1$，则结点 i 是二叉树的根，无双亲；如果 $i>1$，则其双亲 $PARENT(i)$ 是结点 $((i)/2)$。

（2）如果 $2i>n$，则结点 i 无左孩子（结点 i 为叶子结点）；否则，其左孩子 $LCHILD(i)$ 是结点 $2i$。

（3）如果 $2i+1>n$，则结点 i 无右孩子；否则，其右孩子 $RCHILD(i)$ 是结点 $2i+1$。

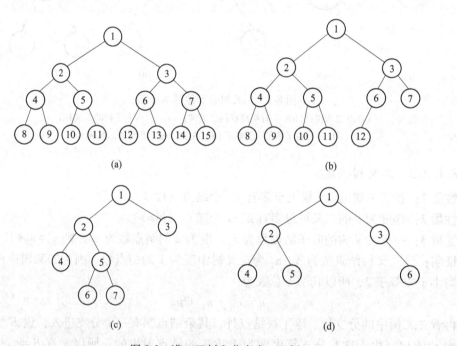

图 8-3　满二叉树和非完全二叉树

（a）满二叉树；（b）完全二叉树；（c）（d）非完全二叉树

8.1.3　遍历二叉树的递归算法

8.1.3.1　二叉树遍历的概念

在二叉树的一些应用中，常常要求在树中查找具有某种特征的结点，或者对树中全部结点逐一进行某种处理。这就提出了一个遍历二叉树的问题，遍历二叉树就是按照一定规则和次序访问二叉树中的所有结点，并且每个结点仅被访问一次。"访问"的含义很广，可以是对结点做各种处理，如输出的结点的信息等。遍历对线性结构来说，是一个容易解决的问题。而二叉树则不然，由于二叉树是一种非线性结构，每个结点都可能有两棵子树，因而需要寻找一种规律，以便使二叉树上的结点能排列在一个线性队列上，从而便于遍历。

二叉树由 3 个基本单元组成：根结点、左子树和右子树。因此，若能依次遍历这三个部分，便是遍历了整个二叉树。假如以 L、D、R 分别表示遍历左子树、访问根结点和遍历右子树，则可有 DLR、LDR、LRD、DRL、RDL 和 RLD 这 6 种遍历二叉树的方案。若限定先左后右，则只有前 3 种情况，分别称之为先序（根）遍历、中序（根）遍历和后序（根）遍历。

（1）先序遍历二叉树的过程如下：

1）访问根结点；

2）先序遍历左子树；

3）先序遍历右子树。

（2）中序遍历二叉树的过程如下：

1）中序遍历左子树；

2）访问根结点；

3）中序遍历右子树。

（3）后序遍历二叉树的过程如下：

1）后序遍历左子树；

2）后序遍历右子树；

3）访问根结点。

除了上述三种遍历方法之外，还可以对二叉树进行从上到下、从左到右按层次遍历，即层序遍历。

例如图 8-4 中，二叉树的遍历产生的序列如下：

先序遍历：A，B，D，G，C，E，H，F；

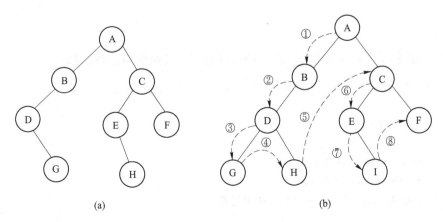

(a)   (b)

图 8-4　二叉树的遍历过程

（a）一棵二叉树；（b）二叉树的先序遍历过程

中序遍历：D, G, B, A, E, H, C, F;

后序遍历：G, D, B, H, E, F, C, A;

层序遍历：A, B, C, D, E, E, G, H。

根据二叉树的遍历规则：在先根序列中，根结点是最先被访问的；而在后根序列中，根结点是最后被访问的；在中根序列中，排在根结点前面的都是左子树上的结点，在根结点后面的都是其右子树上的结点。所以，先根次序或后根次序反映双亲与孩子结点的层次关系，中根次序反映兄弟结点间的左右次序。

8.1.3.2   遍历二叉树的递归算法

（1）先序遍历二叉树的递归算法。按先序遍历二叉树的递归算法描述如下：

```
public voidPreOrderTraverse(BiTNode T)//先序遍历二叉树的递归算法
{
    if(T！=null)
    {
        Console. Write(T. Data+" ");//输出元素
        PreOrderTraverse(T. Left);
        PreOrderTraverse(T. Right);
    }
}
```

（2）中序遍历二叉树的递归算法。按中序遍历二叉树的递归算法描述如下：

```
public void InOrderTraverse(BiTNode T)//中序遍历二叉树的递归算法
{
    if(T！=null)
    {
        InOrderTraverse(T. Left);
        Console. Write(T. Data+" ");//输出元素
        InOrderTraverse(T. Right);
    }
}
```

（3）后序遍历二叉树的递归算法。按后序遍历二叉树的递归算法描述如下：

```
public void PostOrderTraverse(BiTNode T)//后序遍历二叉树的递归算法
{
    if(T！=null)
    {
        PostOrderTraverse(T. Left);
        PostOrderTraverse(T. Right);
        Console. Write(T. Data+" ");//输出元素
    }
}
```

【例 8-1】　求图 8-5 所示的二叉树的前序、中序、
后序遍历序列。

解：图 8-5 所示的二叉树用下述公式表示：

$$a + b * (c - d) - \frac{e}{f} \qquad (8\text{-}4)$$

先序序列：$-+ab*-cd/ef$；

中序序列：$a+b*c-d-e/f$；

后序序列：$abcd-*+ef/-$。

从表达式来看，以上三个序列恰好为表达式的前
缀表示（波兰式）、中缀表示和后缀表示（逆波兰
式）。

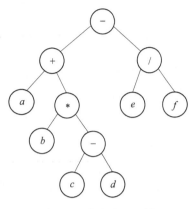

图 8-5　表达式二叉树

8.2　四　叉　树

四叉树（Quadtree）是一种特殊的树结构，用于划分二维空间。它将二维空间划分为
四个象限，并在每个结点上存储相关的数据。四叉树的名称来自每个结点最多有 4 个子结
点的特点，四叉树广泛应用于图像处理、空间数据索引、2D 中的快速碰撞检测和存储稀
疏数据领域。从 20 世纪 80 年代开始，四叉树编码在地理信息系统和数据压缩等方面进行
大量的研究与应用，并由此产生了许多的编码方法。

8.2.1　常规四叉树

四叉树数据结构是一种对栅格数据的压缩编码方法。其基本思想是：将空间区域按照
四个象限递归分割 n 次，每次分割形成 $2^n \times 2^n$ 个子象限，直到子象限的灰度或属性值都相
同为止，该子象限就不再分割。这样的数据组织称为自上往下的常规四叉树。四叉树也可
以自下向上地进行建立，其过程是从底层开始检测每一个栅格数据的值，判断其与同一区
域内 3 个栅格数据的值是否一致，若相同则进行合并，如此逐层递归向上合并。

如图 8-6 展示了四叉树自上而下地分解寻找 α 的过程。

由四叉树的特点可以知道，一幅 $2^n \times 2^n$ 的栅格阵列图的最大深度为 2，其包含的层次
为 0，1，2，…，n。常规四叉树包含的信息有每一个结点的值以及该结点的一个前趋结点
和四个后趋结点，这些信息可以反映四叉树中结点之间的联系，因此常规四叉树会占据较
大的内外存空间。而计算机对栅格数据进行计算时，还要作遍历每个树结点的运算，更增
加了操作的复杂度。所以在实际应用中，地理信息系统或图像分割不使用常规四叉树，而
是线性四叉树。

8.2.2　线性四叉树

由于树数据结构本身属于非线性数据结构，所以我们所说的线性四叉树编码指的是用
四叉树的方式组织数据，但并不以四叉树的方式存储数据。线性四叉树是通过编码四叉树
的叶结点来表示数据块的层次和空间关系，其中每个叶结点都有一个反映位置的关键字，
称之为位置码。其实质是把四叉树中大小相等的栅格集合转换成了大小不等的方块集合，

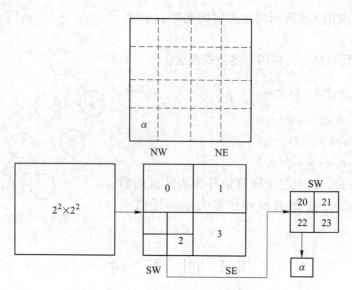

图 8-6　常规四叉树分解过程

并对每一个方块集合赋予一个位置码。如图 8-7 所示，该栅格图的线性四叉树表示可通过 19 个叶结点来描述。线性四叉树的关键在于如何对叶结点进行编码，不同的表示位置码的编码方法产生了各种不同的四叉树编码法之间的差异。

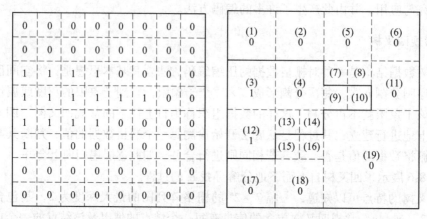

图 8-7　线性四叉树编码

　　一般来说，自上而下的分割方法需要大量的重复运算，十分影响计算的效率，因此产生了效率更高、应用更广的自下而上的合并方法。自下而上的合并方法，先将栅格阵列的行列值转换成最大位数的位置码，然后对这些位置码进行排序，依次检查每 4 个相邻位置码的属性值，若相同则进行合并，并除去位置码最低的一位，循环直到没有可以合并的子块为止。

　　下面介绍几种线性四叉树的编码方式。

8.2.2.1　基于深度和层次码的线性四叉树编码

　　基于深度和层次码的线性四叉树编码方式（自上而下）通过叶结点的深度码和层次码组成该叶结点的位置码。对一幅 $2^n \times 2^n$ 的栅格阵列图，深度为 n，用 $2n$ 位作为层次码。以

图 8-7 中叶结点（10）为例，该结点的编码方式见表 8-1。

表 8-1 叶结点（10）的编码

层次码			深度码
第一层	第二层	第三层	0011
01	10	11	

层次码：第一层在位置 1（右上 NE），用两位二进制表示为 01；第二层在位置 2（左下 SW），用两位二进制表示为 10；第三层在位置 3（右下 SE），用两位二进制表示为 11。

深度码：有 3 层深，用四位二进制表示为 0011。

该位置码的二进制值为：0110110011；

该位置码的十进制值为：$2^0+2^1+2^4+2^5+2^7+2^8=435$。

8.2.2.2 基于四进制的线性四叉树编码

从自上而下的方法来说，对一幅 $2^n\times2^n$ 的栅格阵列图，用四叉树描述最多有 n 层，共有 n 位四进制数来表示所有的位置码。图 8-8 的栅格图中，叶结点（10）的编码见表 8-2。

M	000	001	010	011	100	101	110	111
000	000	001	010	011	100	101	110	111
001	002	003	012	013	102	103	112	113
010	020	021	030	031	120	121	130	131
011	022	023	032	033	122	123	132	133
100	200	201	210	211	300	301	310	311
101	202	203	212	213	302	303	312	313
110	220	221	230	231	320	321	330	331
111	222	223	232	233	322	323	332	333

Ix_b Iy_b

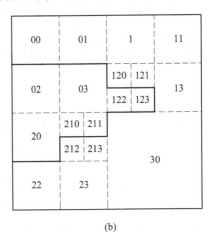

(a)

(b)

图 8-8 四叉树的四进制编码

（a）编码表；（b）栅格图

表 8-2 基本四进制的叶结点（10）的位置编码

第一层	第二层	第三层
1	2	3

该位置码的四进制值为 123。

从自下而上的方法来说，首先将栅格阵列的行列值分别转换成二进制码，得到二进制行号 I_{y_b}，列号 I_{x_b}（从第 0 行 0 列开始）。四进制编码 $M=2\times I_{y_b}+I_{x_b}$；那么叶结点（10）的编码就是第 3 行（011）第 5 列（101）：$M=2\times11+101=123$。

利用这种方法，对每一个的栅格位置进行编码可以得到图 8-8（a）编码表，然后检查相邻四个位置码的属性值，若相同则进行合并，除去最低位。以此类推，若该层全部检测完毕再从上层同样进行上述合并，如此循环直到没有合并的子块为止，最后得到图 8-8（b）所示。

基于四叉树的四进制编码可以很好地实现行列值与编码值之间的转换，但同时也需要较大的存储空间，而且大部分软件都不支持四进制，还要用十进制来表示四进制码，缺陷也比较大，因此出现了基于十进制的线性四叉树编码。

8.2.2.3　基于十进制的线性四叉树编码

类似于四进制的编码过程，四叉树的十进制编码结果如图 8-9（a）所示，使用自下而上的编码方式归并得到图 8-9（b）。

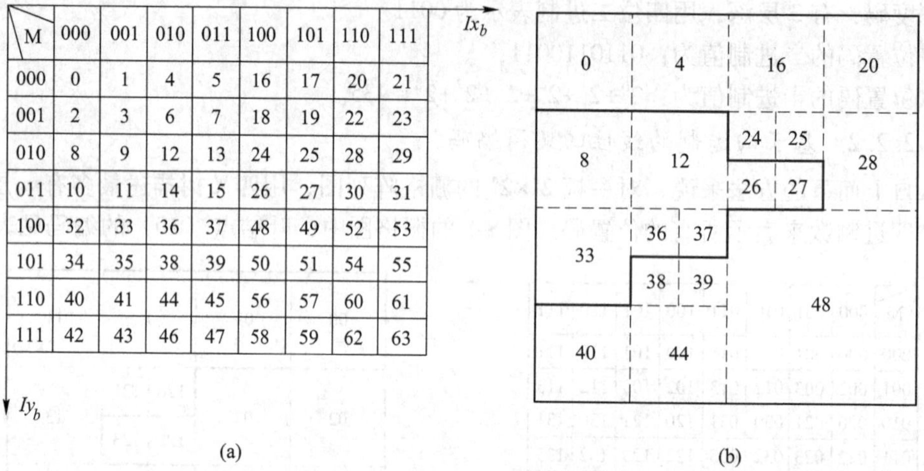

M	000	001	010	011	100	101	110	111
000	0	1	4	5	16	17	20	21
001	2	3	6	7	18	19	22	23
010	8	9	12	13	24	25	28	29
011	10	11	14	15	26	27	30	31
100	32	33	36	37	48	49	52	53
101	34	35	38	39	50	51	54	55
110	40	41	44	45	56	57	60	61
111	42	43	46	47	58	59	62	63

图 8-9　四叉树的十进制编码

（a）编码表；（b）栅格图

归并时，首先将图 8-9（a）中编码进行排序，依次检查四个相邻叶结点的属性代码是否相同，若相同归并成一个父结点，记下地址及代码，否则不予归并。然后，再归并更高一层的父结点，如此循环，直到最后。

同基于四进制的线性四叉树编码一样，十进制四叉树编码其栅格阵列的行列号之间可方便地进行转换。已知栅格阵列的行列号转换成四叉树的十进制码的方法，如上所述，首先将栅格阵列的行列号，分别以二进制形式表示，得到二进制的 Iy_b 和列号 Ix_b，然后奇数位用列号填充，偶数位用行号填充，就得到了四叉树的十进制编码。

例如，求图 8-9（a）中第 5（100）行，第 6（101）列所对应的 M 码，结果如图 8-10 所示。

同样，已知十进制 M 码，可将其转换成二进制码；然后，隔位抽取便可得到相应的二进制行号、列号，这就是十进制 M 码在栅格阵列中所处的行列位置。

四叉树的十进制编码不仅比四进制编码节省存储空间，而且前后两个 M 码之差即代表了叶结点的大小，从而还可进一步利用游程编码对数据进行压缩。图 8-10 所示栅格数据的线性四叉树的十进制编码可归纳成图 8-11（a），并进一步用块式编码（二维游程长度编码）如图 8-11（b）所示。

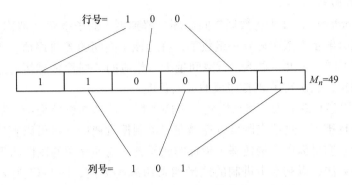

图 8-10 行列号转换为十进制码

Md码	属性值		Md码	属性值
0	0		0	0
4	0			
8	1		8	1
12	1			
16	0			
20	0			
24	0		16	0
25	0			
26	1		26	1
27	1			
28	0			
32	1		28	0
36	1			
37	1			
38	0		32	1
39	0			
40	0			
44	0			
48	0		38	0

(a)   (b)

图 8-11 四叉树游程编码

（a）十进制编码；（b）块式编码

8.2.3 Z 曲线与 Hilbert 曲线

想要在一维存储设备上实现高效的空间数据存储和查询，需要一个从高维空间向一维空间的映射。该映射距离不变，将空间上邻近的元素映射为直线上接近的点，使其一一对应，即空间上不会有两个点映射到直线的同一个点上。为达到这一目标，提出了许多映射方法（它们都不能完全理想地满足这一目标），最突出的方法包括 Z 曲线、格雷码和 Hibert 曲线。

8.2.3.1　Z曲线

Z-排序（Z-ordering）技术将数据空间循环分解到更小的子空间（被称为 Peano Cell），每个子空间根据分解步骤依次得到一组数字，称为该子空间的 Z-排序值。子空间有不同的大小，Z-排序有不同的长度，显然，子空间越大，相应的 Z-排序值越短。这里的分辨率是指最大的分解层次，它决定了 Z-排序值的最大长度。

Z 排序可以用来有效地为一组点构建一个四叉树。其基本思想是：按照 Z 顺序对输入集进行排序，一旦排序，这些点既可以存储在二进制搜索树中，也可以直接使用，称为线性四叉树，或者它们可以用于构建基于指针的四叉树。前面介绍的线性四叉树是 Z 曲线生成算法中的典型算法，以基于十进制的线形四叉树编码为例，图 8-12 为 Z 曲线的生成过程，图 8-13 为基于十进制编码生成得到的 Z 曲线。

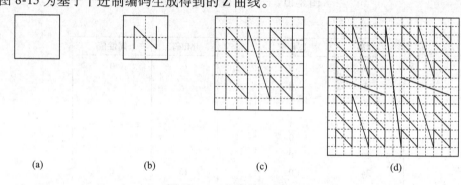

图 8-12　Z 曲线的生成过程

（a）$n=0$；（b）$n=1$；（c）$n=2$；（d）$n=3$

8.2.3.2　Hilbert 曲线

与 Z-排序类似，Hilbert 曲线也是一种空间填充曲线，它利用一个线性序列来填充空间。理想情况下，这种映射会带来更少的磁盘访问，但由于磁盘访问的次数依赖于很多因素，如磁盘页面容量、分割算法、插入顺序等，因此，对于不同的查询，其磁盘访问的次数会有很大的不同。通常，可将给定查询代表的子空间中每个网格点的散列单元平均数，来作为衡量磁盘访问效率的标准。

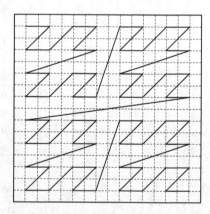

图 8-13　基于十进制编码得到的 Z 曲线

Hilbert 曲线的算法如下：

（1）读入 x 和 y 坐标的 n 比特二进制表示。

（2）隔行扫描二进制比特到一个字符串。

（3）将字符串自左至右分成 2 比特长的串 s_i，其中 $i=1$，…，n。

（4）规定每个 2 比特长的串的十进制值 d_i，例如 "00" 等于 0，"01" 等于 1，"10" 等于 2，"11" 等于 3。

（5）对于数组中每个数字 j，如果 $j=0$ 把后面数组中出现的所有 1 变成 3，并把所有出现的 3 变成 1。$j=3$ 把后面数组中出现的所有 0 变成 2，并把所有出现的 2 变成 0。

（6）将数组中每个值按（5）转换成二进制表示（2 比特长的串），自左至右连接所有的串，并计算其十进制值。

Hilbert 曲线的构造过程如图 8-14 所示。

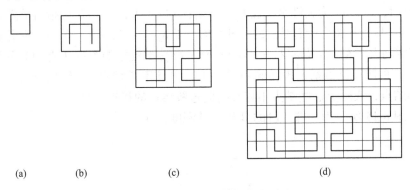

(a)　　　　(b)　　　　(c)　　　　　　　　(d)

图 8-14　Hilbert 曲线的生成过程

（a）$n=0$；（b）$n=1$；（c）$n=2$；（d）$n=3$

实验证明，Hilbert 曲线的方法比 Z-排序好一些，因为它没有斜线。不过 Hilbert 曲线算法的计算量要比 Z-排序复杂。

8.3　B 树和 B⁺树

在计算机科学中，B 树（B-Tree）是一种树状数据结构，它能够存储数据、对其进行排序并允许以 $O(\log_2 n)$ 的时间复杂度运行进行查找、顺序读取、插入和删除的数据结构。B 树类型的索引树是一种高度平衡的多路径检索树结构，B 树为系统最优化大块数据的读和写操作。B 树算法减少定位记录时所经历的中间过程，从而加快存取速度，普遍运用在数据库和文件系统。但是，传统的 B 树只能检索多属性数据，对于空间数据却无能为力。因此，需要对传统 B 树进行扩展，开拓创新，提出更多基于 B 树的专用空间索引技术，如 R 树、R⁺树等。

8.3.1　B 树索引结构

8.3.1.1　B 树的定义

B 树是一种自平衡的搜索树，对于每个非叶子结点都存在关键字和指针，关键字的作用是对目标数据进行比对，用于存储和检索大量数据。它被广泛应用于文件系统、数据库和其他需要高效数据访问的应用程序中。

对于一个 $m(m>2)$ 阶的 B 树，其定义如下：

（1）树的任意结点最多有 m 棵子树，是特殊的 m 叉树。

（2）若根结点不是叶子结点，则其子树个数必须满足 $[2, m]$。

（3）处在中间层的结点（除根结点和叶子结点）的子树个数必须满足 $[m/2, m]$，这意味着中间层的任意结点不能没有子树。

（4）每个结点存放至少 $m/2-1$（向上取整）和至多 $m-1$ 个关键字（至少 2 个关键字）。

（5）非叶子结点的关键字个数=指向儿子的指针个数-1；因为在一维空间上 k 个分隔点可以分成 $k+1$ 个区间。

（6）每个非叶子结点都包含如下信息：

$$(n, A_0, K_1, A_1, K_2, A_2, \cdots, K_n, A_n)$$

其中，$K_i(i = 1, \cdots, n)$为关键字，且$K_i < K_{i+1}$；$A_i(i = 0, \cdots, n)$为指向子树根结点的指针，且指针A_{i-1}所指子树中所有结点的关键字均小于$K_i(i = 1, \cdots, n)$，A_n所指子树中所有结点的关键字均大于K_n，$n(\lceil m/2 \rceil - 1 \leqslant n \leqslant m - 1)$为关键字的个数（或$n+1$为子树个数）。

（7）所有的叶子结点都出现在同一层次上，并且不带信息（可以看作是外部结点或查找失败的结点，实际上这些结点不存在指向这些结点的指针为空）。

例如，图 8-15 所示为一棵 4 阶的 B 树，其深度为 4。

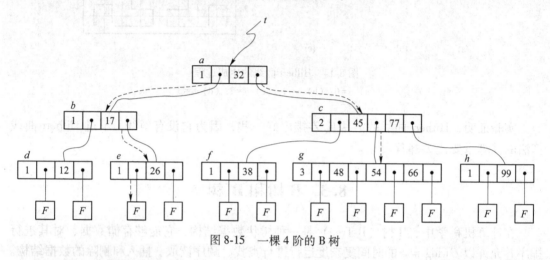

图 8-15　一棵 4 阶的 B 树

8.3.1.2　B 树的查找算法

如何在 B 树上进行查找呢？例如，在图 8-15 的 B 树上查找关键字 48 的过程如下：首先从根开始，根据根结点指针 t 找到 a 结点，因 a 结点中只有一个关键字，且给定值 48>32，若存在，则必在指针 A_1 所指的子树内，顺指针找到 c 结点，该结点有两个关键字（45 和 77），而 45<48<77，若存在，则必在指针 A_1 所指的子树中。同样，顺指针找到 g 结点，在该结点中顺序查找找到关键字 48，由此查找成功。查找不成功的过程也类似，例如，在同一棵树中查找 23。从根开始，因为 23<32，则顺该结点中指针 A_0 找到 b 结点，又因为 b 结点中只有一个关键字 17，且 23>17，所以顺结点中第二个指针 A_1，找到 e 结点。同理因为 23<26，则顺指针往下找，此时因指针所指为叶子结点，说明此棵 B 树中不存在关键字 23，查找因失败而告终。

由此可见，在 B 树上查找的过程是一个顺指针查找结点和在结点的关键字中进行查找交叉进行的过程。由于 B 树主要用作文件的索引，因此它的查找涉及外存的存取，在此略去外存的读写，只作示意性的描述。假设结点类型如下：

```
//B 树结点类
public class BMinusTNode
{
    public const int m=3;//B 树的阶,暂设为 3
    private int keyNum;//结点中关键字个数,即结点的大小
```

```
    private BMinusTNode parent;//指向双亲结点
    private object[ ]key;//关键字向量
    private BMinusTNode[ ]ptr;//子树指针向量
    private Record[ ]recPtr;//记录指针向量,Record 为查找结果类
    public BMinusTNode( )
    {
        key=new object[m+1];//0 号单元未用
        ptr=new BMinusTNode[m+1];
        recPtr=new Record[m+1];//0 号单元未用
    }
}
//B 树的查找结果类
public class Result
{
    private BMinusTNode pt;//指向找到的结点
    private inti;//1..m,在结点中的关键字序号
    private int tag;//1:查找成功,0:查找失败
    public Result(BMinusTNode pt,int i,int tag)
    {
        this. pt=pt;
        this. i=i;
        this. tag=tag;
    }
}
```

B 树查找操作的实现如下:

/*在以 T 为根结点的 B 树上查找关键字 K。若查找成功, 则特征值 tag=1, 指针 pt 所指结点中第 1 个关键字等于 K; 否则特征值 tag=0, 等于 K 的关键字应插入在指针 pt 所指结点中第 i 和第 i+1 个关键字之间 */

```
Result SearchBMinusTree(BMinusTNode T,object K)
{
    BMinusTNode p,q;//p 指向待查结点,q 指向 p 的双亲
    bool found;
    int i;
    p=T;q=null;found=false;i=0;//初始化
    while(q!  =null&&! found)
    {
        //在 p. key[1..keyNum]中查找,p. key[i]<=K<p. key[i+1]
        i=p. Search(K);
        if(i>0&&p. key[i]= =K)found=true;//找到待查关键字
        else
        {
```

```
            q=p;p=p. ptr[i];
        }
    }
    if(found)return new Result(p,i,1);//查找成功
    else return new Result(q,i,0);//查找不成功,返回 K 的插入位置信息
}
```

从上述查找算法可见，在 B 树上进行查找包含两种基本操作：

（1）在 B 树中找结点；

（2）在结点中找关键字。

由于 B 树通常存储在磁盘上，则前一查找操作是在磁盘上进行的（在上述算法中没有体现），而后一查找操作是在内存中进行的，即在磁盘上找到指针 p 所指结点后，先将结点中的信息读入内存，然后再利用顺序查找或折半查找查询等于 K 的关键字。显然，在磁盘上进行一次查找比在内存中进行一次查找耗费时间多得多，因此，在磁盘上进行查找的次数、即待查关键字所在结点在 B 树上的层次数，是决定 B 树查找效率的首要因素。

现考虑最坏的情况，待查结点在 B 树上的最大层次数。也就是，含 N 个关键字的 m 阶 B 树的最大深度是多少？

先看一棵 3 阶的 B 树。按 B 树的定义，3 阶的 B 树上所有非终端结点至多可有两个关键字，至少有一个关键字（即子树个数为 2 或 3，故又称 2-3 树）。因此，若关键字个数小于或等于 2 时，树的深度为 2（即叶子结点层次为 2）；若关键字个数小于或等于 6 时，树的深度不超过 3。反之，若 B 树的深度为 4，则关键字的个数必须小于或等于 7（见图 8-16（g）），此时，每个结点都含有可能的关键字的最小数目。

我们先讨论深度为 d+1 的 m 阶 B 树具有的最少结点数。根据 B 树的定义，第一层至少有 1 个结点，第二层至少有 2 个结点；由于除根之外的每个非终端结点至少有 $\lceil m/2 \rceil$ 棵子树，则第三层至少有 $2\lceil m/2 \rceil$ 个结点；依次类推 d+1 层至少有 $2(\lceil m/2 \rceil)d-1$ 个结点，而 d+1 层的结点为叶子结点。若 m 阶 B 树中具有 N 个关键字，则叶子结点即查找不成功的结点为 N+1，由此有：

$$N + 1 \geq 2 \cdot \left\lceil \frac{m}{2} \right\rceil^{d-1} \tag{8-5}$$

反之：

$$d \geq \log_{\left\lceil \frac{m}{2} \right\rceil} \left(\frac{N+1}{2} \right) + 1 \tag{8-6}$$

这就是说，在含有 N 个关键字的 B 树上进行查找时，从根结点到关键字所在结点的路径上涉及的结点数不超过 $\log_{\left\lceil \frac{m}{2} \right\rceil} \left(\frac{N+1}{2} \right) + 1$。

8.3.1.3 B 树的插入和删除

B 树的生成也是从空树开始，逐个插入关键字而得。但由于 B 树结点中的关键字个数必须大于或等于 $\lceil m/2 \rceil - 1$，因此，每次插入一个关键字不是在树中添加一个叶子结点，而是首先在最低层的某个非终端结点中添加一个关键字；若该结点的关键字个数不超过 m-1，则插入完成，否则要产生结点的"分裂"。

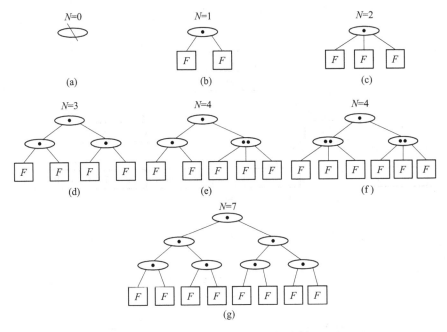

图 8-16 不同关键字数目的 B 树

（a）空树；（b）N=1；（c）N=2；（d）N=3；（e）N=4；（f）N=5；（g）N=7

例如，图 8-17（a）所示为 3 阶的 B 树（图中略去 F 结点（即叶子结点）），假设需依次插入关键字 30，26，85 和 7。首先通过查找确定应插入的位置，由根 a 起进行查找，确定 30 应插入在 d 结点中，由于 d 中关键字数目不超过 2（即 m-1），故第一个关键字插入完成。插入 30 后的 B 树如图 8-17（b）所示。同样，通过查找确定关键字 26 亦应插入在 d 结点中。由于 d 中关键字的数目超过 2，此时需将 d 分裂成两个结点，关键字 26 及其前、后两个指针仍保留在 d 结点中，而关键字 37 及其前、后两个指针存储到新产生的结点 d′ 中。同时，将关键字 30 和指示结点 d′ 的指针插入到其双亲结点中。由于 b 结点中的关键字数目没有超过 2，则插入完成。插入后的 B 树如图 8-17（d）所示。类似地，在 g 中插入 85 之后需分裂成两个结点，当 70 继而插入到双亲结点时，由于 e 中关键字数目超过 2，则再次分裂为结点 e 和 e′，如图 8-17（g）所示。最后在插入关键字 7 时，c、b 和 a 相继分裂，并生成一个新的根结点 m，如图 8-17（h）~（j）所示。

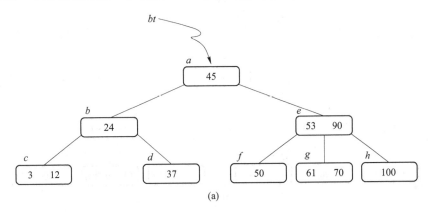

（a）

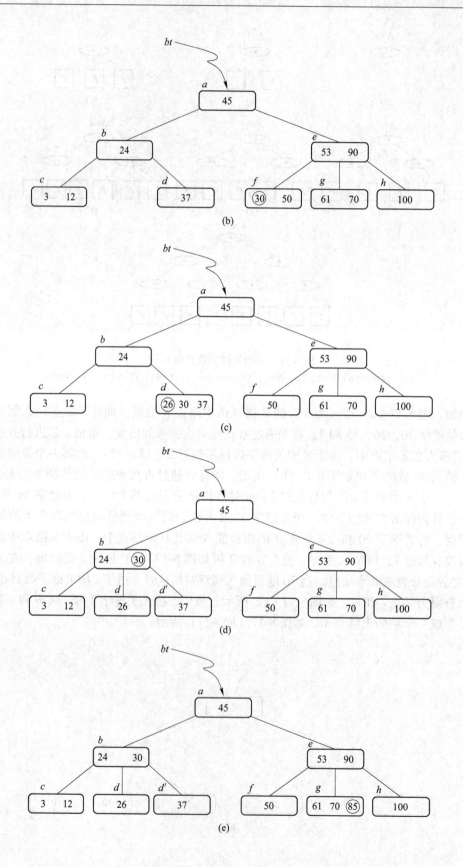

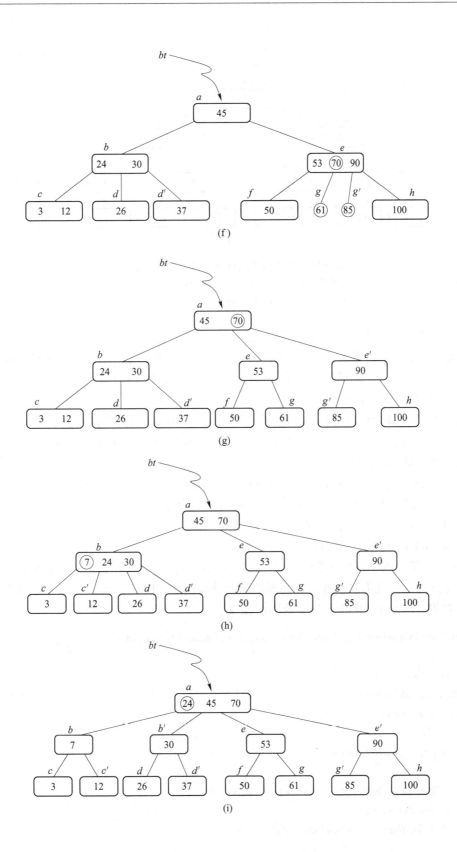

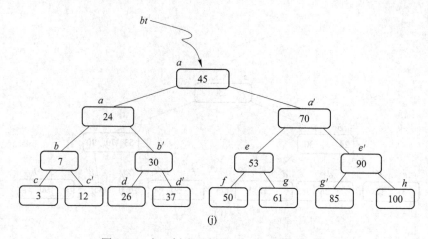

图 8-17　在 B 树中进行插入（省略叶子结点）

（a）一棵 2-3 树；（b）插入 30 之后；（c）（d）插入 26 之后；

（e）～（g）插入 85 之后；（h）～（j）插入 7 之后

一般情况下，结点可如下实现"分裂"。

假设 *p 结点中已有 m-1 个关键字，当插入一个关键字之后，结点中含有信息为：
$$(M,A_0),(K_1,A_1),(K_2,A_2),\cdots,(K_m,A_m)$$
且其中 $K_i < K_{i+1}(1 \leqslant i < m)$。

此时可将 *p 结点分裂为 *p 和 *p′两个结点，其中 *p 结点中含有信息为：
$$([m/2]-1,A_0),(K_1,A_1),\cdots,(K[m/2]-1,A[m/2]-1)$$
*p′结点中含有信息为：
$$(m-[m/2],A[m/2]),(K[m/2]+1,A[m/2]+1),\cdots,(K_m,A_m)$$
而关键字 $K[m/2]$ 和指针 *p′一起插入 *p 的双亲结点中。

在 B 树上插入关键字的过程的算法如下（其中，q 和 i 是由查找方法 SearchBMinusTree 返回的信息而得）：

/＊在以 T 为根结点的 m 阶 B 树上结点 *q 的 key[i] 与 key[i+1] 之间插入关键字 k。若引起结点过大，则沿双亲链进行必要的结点分裂调整，使 T 仍是 m 阶 B 树。其中 q 和 i 是取自查找方法 SearchBMinusTree 返回的信息。 ＊/

```
public int InsertBMinusTree(ref BMinusTNode T,object K,BMinusTNode q,int i)
{
    objectx = K;
    BMinusTNode ap = null;
    bool finished = false;
    int temp,s;
    while(q! = null&&! finished)
    {
        //将 x 和 ap 分别插入 q. key[i+1]和 q. ptr[i+1]
        q. Insert(i,x,ap);
        if( q. keyNum<m)finished = true;//插入完成
```

```
        else
        {
            temp=m/2;//分裂结点 * q
            if(m/2. 0>temp)s=temp+1;
            else s=temp;//取不小于 m/2 的最小整数
            //将 q. key[s+1. . m],q. ptr[s. .m]和 q. recPtr[ s+1. . m]移入新结点 * ap
            q. split(s,ap);
            x=q. key[s];
            q=q. parent;
            if(q! =null)i=q. Search(x);
        }
    }
    //T 是空树(参数 q 初值为 null)或者根结点已分裂为结点 * q 和 * ap
    //生成含信息(T,x,ap)的新的根结点 * T,原 T 和 ap 为子树指针
    if(! finished)new Root(T,q,x,ap);
    return1;
}
```

　　反之，若在 B 树上删除一个关键字，则首先应找到该关键字所在结点，并从中删除之，若该结点为最下层的非终端结点，且其中的关键字数目不少于 $\lceil m/2 \rceil$，则删除完成，否则要进行"合并"结点的操作。假若所删关键字为非终端结点中的 K_i，则用指针 A_i 所指子树中的最小关键字 Y 替代 K_i，然后在相应的结点中删去 Y。例如，在图 8-17（a）中的 B 树上删去 45，可以 f 结点中的 50 替代 45，然后在 f 结点中删去 50。因此，下面我们可以只需讨论删除最下层非终端结点中关键字的情形。有下列 3 种可能：

　　（1）被删关键字所在结点中的关键字数目不小于 $\lceil m/2 \rceil$，则只需从该结点中删去该关键字 K_i 和相应指针 A_i，树的其他部分不变。例如，从图 8-17（a）所示 B 树中删去关键字 12，删除后的 B 树如图 8-18（a）所示。

　　（2）被删关键字所在结点中的关键字数目等于 $\lceil m/2 \rceil -1$，而与该结点相邻的右兄弟（或左兄弟）结点中的关键字数目大于 $\lceil m/2 \rceil -1$，则需将其兄弟结点中的最小（或最大）的关键字上移至双亲结点中，而将双亲结点中小于（或大于）且紧靠该上移关键字的关键字下移至被删关键字所在结点中。例如，从图 8-18（a）中删去 50，需将其右兄弟结点中的 61 上移至 e 结点中，而将 e 结点中的 53 移至 f，从而使 f 和 g 中关键字数目均不小于 $\lceil m/2 \rceil -1$，而双亲结点中的关键字数目不变，如图 8-18（b）所示。

　　（3）被删关键字所在结点和其相邻的兄弟结点中的关键字数目均等于 $\lceil m/2 \rceil -1$。假设该结点有右兄弟，且其右兄弟结点地址由双亲结点中的指针 A_i 所指，则在删去关键字之后，它所在结点中剩余的关键字和指针，加上双亲结点中的关键字 K_i 一起，合并到 A_i 所指兄弟结点中（若没有右兄弟，则合并至左兄弟结点中）。例如，从图 8-18（b）所示 B 树中删去 53，则应删去 f 结点，并将 f 中的剩余信息（指针"空"）和双亲 e 结点中的 61 一起合并到右兄弟结点 g 中。删除后的 B 树如图 8-18（c）所示。如果因此使双亲结点中的关键字数目小于 $\lceil m/2 \rceil -1$，则依次类推作相应处理。例如，在图 8-18（c）的 B 树中删去关键字 37 之后，双亲 b 结点中剩余信息（指针"c"）应和其双亲 a 结点中关键字

45 一起合并至右兄弟结点 e 中，删除后的 B 树如图 8-18（d）所示。

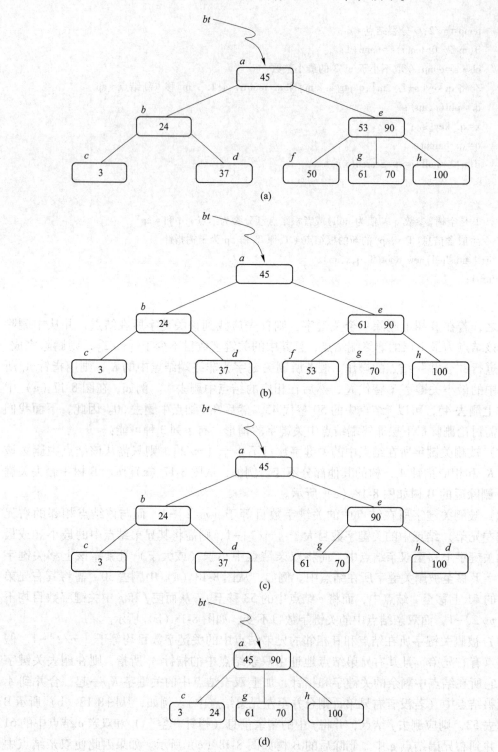

图 8-18　在 B 树中删除关键字的情形
（a）一棵 B 树；（b）删除 53 之后；（c）合并双亲结点之后；（d）删除关键字 53 后的 B 树

在 B 树中删除结点的算法在此不再详述，请读者参阅相关资料后自行写出。

8.3.2 B⁺树索引结构

B⁺树是一种平衡多叉树，它是应文件系统所需而出现的一种 B 树的变形树。一棵 m 阶的 B⁺树和 m 阶的 B 树的差异在于：

（1）有 n 棵子树的结点中含有 n 个关键字。

（2）B⁺树内部结点不保存数据，只用于索引，所有的叶子结点中包含了全部关键字的信息，及指向含这些关键字记录的指针，且叶子结点本身依据关键字的大小自小而大顺序链接。

（3）所有的非终端结点可以看成是索引部分，结点中仅含有其子树（根结点）中的最大（或最小）关键字。

例如，图 8-19 所示为一棵 3 阶的 B⁺树，通常在 B⁺树上有两个头指针，一个指向根结点，另一个指向关键字最小的叶子结点。因此，可以对 B⁺树进行两种查找运算：一种是从最小关键字起顺序查找，另一种是从根结点开始进行随机查找。

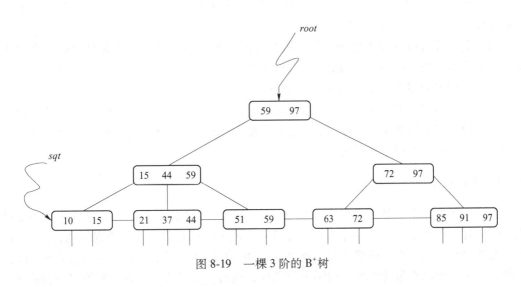

图 8-19　一棵 3 阶的 B⁺树

在 B⁺树上进行随机查找、插入和删除的过程基本上与 B 树类似。只是在查找时，若非终端结点上的关键字等于给定值并不终止，而是继续向下直到叶子结点。因此，在 B⁺树不管查找成功与否，每次查找都是走了一条从根到叶子结点的路径。B⁺树的插入仅在叶子结点上进行，当结点中的关键字个数大于 m 时要分裂成两个结点，它们所含关键字的个数分别为 $\lceil (m+1)/2 \rceil$ 和 $\lfloor (m+1)/2 \rfloor$，并且它们的双亲结点中应同时包含这两个结点中的最大关键字。B⁺树的删除也仅在叶子结点进行，当叶子结点中的最大关键字被删除时，其在非终端结点中的值可以作为一个"分界关键字"存在。若因删除而使结点中关键字的个数少于 $\lceil m+1 \rceil$ 时，其和兄弟结点的合并过程亦和 B 树类似。

8.4　R　树

Guttman(1984) 受到 B$^+$树的启发，于 1984 年提出了 R 树，R 树是 B$^+$树在 K 维空间的自然扩展。其运用了空间分割的理念，存放的并不是原始数据，而是数据的最小边界矩形（Minimum Bounding Box，MBR），R 树是用来做空间数据存储的树状数据结构，是一棵平衡树。例如，给地理位置矩形和多边形这类多维数据建立索引，R 树的查询效率高，且适用范围广，能够支持高维的空间对象。R 树索引的基本思想是：根据地理要素的空间分布对研究区域进行递归的空间分割，形成一颗平衡树，树中的叶结点记录其所包含的地理要素的概要信息，非叶结点记录其每个子结点的覆盖范围。每个 R 树的叶子结点包含了多个指向不同数据的指针，这些数据可以是存放在硬盘中的，也可以是存在内存中。根据 R 树的这种数据结构，当我们需要进行一个高维空间查询时，我们只需要遍历少数几个叶子结点所包含的指针，查看这些指针指向的数据是否满足要求即可。这种方式使我们不必遍历所有数据即可获得答案，效率显著提高。

一棵 R 树满足如下性质：

（1）除根结点之外，所有非根结点包含有 N 至 M 个记录索引（条目），根结点的记录个数可以少于 N，通常 $N=M/2$。

（2）每一个非叶子结点的分支数和该结点内的条目数相同，一个条目对应一个分支。所有叶子结点都位于同一层，因此 R 树为平衡树。

（3）叶子结点的每一个条目表示一个点。

（4）非叶结点的每一个条目存放的数据结构为：（I，child-pointer）。其中，child-pointer 是指向该条目对应孩子结点的指针，I 表示一个 n 维空间中的最小边界矩形 MBR，I 覆盖了该条目对应子树中所有的矩形或点。

8.4.1　R 树查找

R 树的查询操作与 B 树中的十分相似，查询时，从 R 树的根结点开始，沿 R 树结构找到查询对象所在的叶结点，并根据该叶结点中记录的概要信息，快速定位到存储设备找到所需的地理要素。R 树的建立需要满足：设 M 为 R 树中每个结点最多包含的索引记录条数，m 为每个结点包含的最少索引记录条数，则有 $m \geq M/2$。点查询和范围查询在 R 树中可以采用自顶向下递归的方法进行处理。树中的每个结点最多有 M 个条目，最少有 m 个（其中，$m \geq M/2$），除非它是根。查询点（或区域）首先与根结点中每个项（MBR，子结点指针）进行比较。如果查询点在 MBR 中（或查询区域与其相交），则查找算法就递归地应用在子结点指针指向的 R 树结点上，该过程直到 R 树的叶结点为止。

R 树用一个边平行于坐标轴的最小矩形框住空间对象。在查询时，只需要先找到空间对象的 MBR 即可，如图 8-20 所示。

假设所有数据都是二维空间下的点，图中仅仅标志了 I 区域中的数据，也就是那个需要查找的范围。别把那一块不规则图形看成一个数据，把它看作是多个数据围成的一个区域。为了实现 R 树结构，将用一个最小边界矩形恰好框住这个不规则区域。这样，便构造出了一个区域 I。I 的特点很明显，就是正正好好框住所有在此区域中的数据。其他实线包围

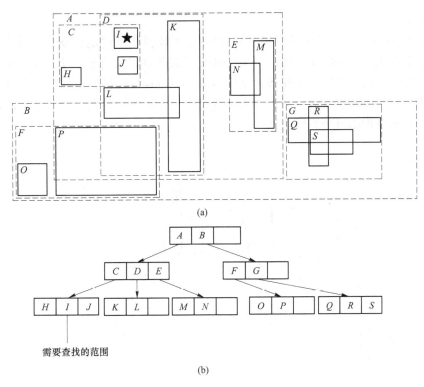

(a)

(b)

图 8-20　R 树索引查找

（a）R 树空间结构；（b）R 树树型结构

住的区域，如 H、J、K 等都是同样的道理。一共得到了 12 个最基本的最小矩形，这些矩形都将被存储在子结点中。下一步操作就是进行高一层次的处理，能够看出 H、I、J 三个矩形距离最为靠近，因此就可以用一个更大的矩形 C 恰好框住这 3 个矩形。同样道理，O、P 被 F 恰好框住，K、L 被 D 恰好框住，等等。所有最基本的最小边界矩形被框入更大的矩形中之后，再次迭代，用更大的框去框住这些矩形。

R 树的搜索性能取决于两个参数：覆盖范围和结点之间的重叠区域大小。树的某一层的覆盖是指这一层所有结点的 MBR 所覆盖的全部区域，树中某一层的重叠是指该层上各结点的 MBR 相交的区域。重叠使得查找一个对象时必须访问树中的多个结点。要得到一个高效的 R 树，覆盖和重叠都应该最小，而且重叠的最小化比覆盖的最小化更加关键。为了解决这个问题，产生了 R 树的变种，如 R$^+$TREE、R*TREE 等。

8.4.2　R 树的插入和删除

8.4.2.1　R 树的插入

R 树有一个重要的特点就是兄弟结点对应的空间区域可以互相重叠，这样的特性使 R 树比较容易进行删除和插入操作，但使空间搜索的效率降低，因为区域之间有重叠，可能要对多条路径进行搜查后才能得到最后的结果。总体来讲，R 树是一种较好的索引结构。该结构的 MBR 之间允许重叠，一方面保证了 R 树具有至少 50% 的空间利用率，但另一方面这种无约束的重叠，在维数增高时很可能会导致索引次数和存储空间的大量增加，严重影响查询效率。

　　如图 8-21 所示，为了将新的记录条目 T 插入到 R 树中合适的位置（叶子结点）中，首先我们需要调用 ChooseLeaf 方法，用于选择叶子结点 D 以放置记录 T，再向 D 中添加 T 并更新 D，将变换向上传递时便开始对结点 D 进行 AdjustTree 操作，如果结点分裂，且该分裂向上传播导致了根结点的分裂，那么需要创建一个新的根结点，并且让它的两个子结点分别为原来那个根结点分裂后的两个结点。

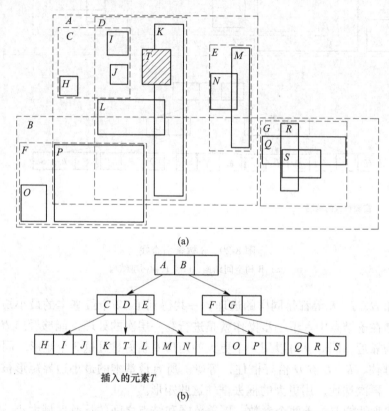

(a)

(b)

图 8-21　在 R 树中进行插入

（a）R 树插入的空间结构；（b）R 树插入的树型结构

8.4.2.2　R 树的删除

　　R 树的删除操作与 B 树的删除操作会有所不同，同 B 树一样，会涉及压缩等操作。从 R 中删除一个点，首先需要找到该点所在的叶子结点，通过判断点是否在条目所对应的矩形区域内来选择分支，直到找到叶子结点，判断所要删除的点是否在该叶子结点内，如果在则删除，并调整父结点对应的矩形。

　　如果将要把 L 和 N 删除，此时 D 和 E 中都只有一个子结点，均小于 m，根结点 D、E 被删除，此时 A 中只剩下一个子结点，可以把 K 和 M 加入临时链表中，一直遍历到根结点为止，就可以把临时链表中的数据重新插入会原层。将 C 直接插入回 A 子结点，当插入 M 时子结点已满，则 C 就会分裂成 C 和 X，这时候根结点 X 包含了两个子结点 K 和 M。最终 R 树的删除操作如图 8-22（b）所示。

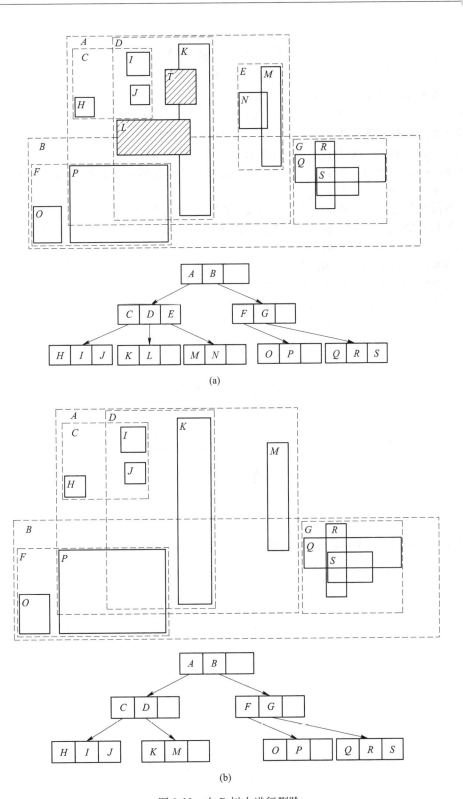

图 8-22 在 R 树中进行删除

(a) 删除目标区域 T；(b) 删除区域 T 之后的 R 树

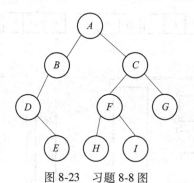

习　题

8-1　高度为 5 的 3 阶 B 树至少有 （　　） 个结点。

（A）5　　　　　　　（B）31　　　　　　　（C）32　　　　　　　（D）121

8-2　空间数据查询的类型包括_____ 、_____和_____等。

8-3　由 3 个结点构成的二叉树有_____种形态。

8-4　树是结点的有限集合，它有_____根结点，记为 T。其余的结点分成为 $m(m \geqslant 0)$ 个_____的集合 T_1，T_2，…，T_m。

8-5　一棵深度为 5 的满二叉树有_____个分支结点和_____个叶子。

8-6　一棵具有 129 个结点的完全二叉树，它的深度为_____。

8-7　给定二叉树的两种遍历序列，分别是：

先序遍历序列：A，B，C，D，E，F，G

中序遍历序列：D，C，B，E，A，F，G

试画出二叉树，并求出二叉树的后序序列。

8-8　试写出如图 8-23 所示的二叉树分别按先序、中序、后序遍历时得到的结点序列。

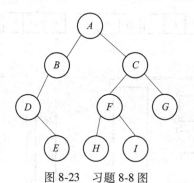

图 8-23　习题 8-8 图

8-9　常见的空间数据索引算法有哪些？请列举并讨论它们的优点和缺点。

9 空间数据内插算法

在实际地理研究中，空间数据往往是根据用户要求获取的采样点观测值，如地面高程、土壤重金属含量等。采样获得的数据一般是研究因素在某点的具体数值，这些采样点的分布一般是不规则、不连续的，在用户感兴趣或模型复杂区域可能采样点多，反之则少。在研究区域采样的个数是有限的，不可能布满整个研究区域，然而在实际应用中经常会遇到采样密度不够、采样分布不合理、采样存在空白区等情况，这就需要知道附近未采样点的值，导致了空间内插技术的诞生，其目的是根据已知点的属性合理推断和预测附近未知点的属性值。

9.1 概　述

空间数据内插就是根据一组已知的离散数据或分区数据，按照某种数学关系推求出其他未知点或未知区域的数据的数学过程。空间数据内插的方法多种多样，可以将内插时使用已知采样点的范围分为两大类：整体拟合和局部拟合；可以根据从内插的具体内容分为两大类：点的内插和区域内插；从内插方法的基本假设和数学本质可以分为：几何方法、统计方法、空间统计方法、函数方法、随机模拟方法、确定性模拟方法和综合方法。

（1）整体拟合是指内插模型基于研究区域内的所有采样点的特征观测值建立的，如趋势面分析、傅里叶级数等。整体拟合的特点是不能提供内插区域的局部特性，如金矿品位富集、辐射源等局部异常。所以整体拟合通常用于大范围、长周期变化情况，如沙漠地貌、平原地貌、地下水位、煤层分布、海水同温层、大气对流层等，内插结果一般具有粗略性特点。

（2）局部拟合是指仅用邻近于未知点的少数已知采样点的特征值来估算该未知点的特征值，如样条函数法、移动平均法等。局部拟合的特点是可以提供内插区域的局部特性，且不受其他区域的内插影响。所以局部拟合通常用于如地下溶洞推测、金属矿品位估计、陷落柱预测、污染源搜索等，内插结果一般具有精确性特点。

下面就内插方法的基本假设和数学本质进行介绍。

9.2 几 何 方 法

在空间数据内插中，几何算法是一种常用的方法，用于根据已知的离散空间数据点，推导出未知位置上的值。几何方法主要利用邻近的区域比距离远的区域更相似这个"地理学第一定律"的基本假设。几何方法的优点是简单易实现，计算效率高，局部适应性强且易于扩展和修改。几何方法的最大问题是无法对误差进行理论估计。常用的几何方法有反距离加权法和泰森多边形（最近距离法）。

反距离加权法也称为距离倒数方法，是最常用的空间内插方法之一，它假定每个测量点都有一种局部影响，而这种影响会随距离的增大而减小。由于这种方法为距离预测位置最近的点分配的权重较大，而权重却作为距离的函数而减小，因此称之为反距离加权法。可用下式表示：

$$Z = \frac{\sum\limits_{i=1}^{n} \frac{1}{(D_i)^p} Z_i}{\sum\limits_{i=1}^{n} \frac{1}{(D_i)^p}} \tag{9-1}$$

式中，Z 为估计值；Z_i 为第 $i(i=1,\cdots,n)$ 个样本；D_i 为距离；p 为距离的幂，它显著影响内插的结果，最小平均绝对误差最低的幂值视为最佳幂值。

反距离加权法主要依赖于反距离的幂值，幂参数可基于距离出点的距离来控制已知点对内插值的影响，通过定义更高的幂值，可进一步强调最近点，邻近数据会受到最大影响，表面会变得更不平滑，随着幂值的增大内插值将逐渐接近最近采样点的值。指定较小的幂值将对距离较远的周围点产生更大影响，从而导致更加平滑的表面。

反距离加权插值法假定每个输入点都有局部影响，这种影响随着距离的增加而减弱，步骤为：

（1）计算未知点到所有点的距离；

（2）计算每个点的权重，权重是距离的倒数的函数；

（3）根据式（9-1）计算待估值 Z。

9.3　统　计　方　法

统计方法是一种常用的空间数据内插方法，它们基于对数据的统计分析和建模，以推断未知位置上的值。统计方法是一系列空间数据相互关系的基本假设，预测值的趋势和周期是与它相关的其他变量的函数。统计方法基于数据点之间的统计分析和模型建立，能够考虑数据的空间相关性。但是，其前提是一定要有好的采样设计。如果采样过程不能反映出表面变化的重要因素，如周期性和趋势，则内插一定不能取得好的效果。常用的统计方法有趋势面法和多元回归法。

9.3.1　趋势面方法

趋势面法是根据有限的观测数据拟合曲面，进行内插。它适用于：（1）能以空间的视点诠释趋势和残差；（2）观测有限，内插也基于有限的数据。当趋势和残差分别能与区域和局部尺度的空间过程相联系时，趋势面分析最有用。

趋势面是一种平滑函数，是用多项式表示的线或面按照最小二乘法原理对数据点进行拟合，线或面多项式的选择取决于数据是一维还是二维。通常来说，拟合函数难以正好通过原始数据点，除非数据点数和多项式的系数的个数正好相同。拟合时假定数据点的 X、Y 为独立变量，而表示特征值的 Z 坐标为因变量。

地理特征 z 是 x 的线性函数表达式：$z = b_0 + b_1 x$。其中，b_0、b_1 为多项式系数。x 距离内特征 z 的最佳匹配线性回归线如图 9-1 所示。

许多情况下 z 不是 x 的线性函数，而是以更为复杂的方式变化，在这种情况下需用二次或更高次的多项式：$z = b_0 + b_1 x + b_2 x^2 + \cdots$ 来拟合更复杂的曲线，如图 9-2 所示。

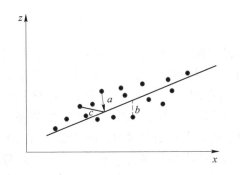

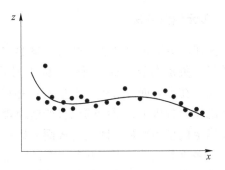

图 9-1 x 距离内特征 z 的最佳匹配线性回归线　　　　图 9-2 高次多项式

实质上，趋势面法就是通过一个二元函数来逼近采样数据的整体变化趋势。该二元函数的一般形式为：

$$f(x,y) = \sum_{r+s=0}^{r+s=p} (b_{rs}\, x^r y^s) \qquad (9\text{-}2)$$

式中，p 为二元函数的阶数。

（1）当 $p = 0$ 时，二元函数为水平面，公式为：

$$f(x,y) = b_0 \qquad (9\text{-}3)$$

（2）当 $p = 1$ 时，二元函数为倾斜平面，公式为

$$f(x,y) = b_0 + b_1 x + b_2 y \qquad (9\text{-}4)$$

可用于模拟边坡、倾斜煤层、断层等。

（3）当 $p = 2$ 时，二元函数为二次曲面，公式为：

$$f(x,y) = b_0 + b_1 x + b_2 y + b_3 x^2 + b_4 xy + b_5 y^2 \qquad (9\text{-}5)$$

可用于模拟地形起伏、褶曲煤层等。

（4）当 $p = 3$ 时，二元函数为复杂曲面，公式为：

$$f(x,y) = b_0 + b_1 x + b_2 y + b_3 x^2 + b_4 xy + b_5 y^2 + b_6 x^3 +$$
$$b_7 x^2 y + b_8 xy^2 + b_9 y^3 \qquad (9\text{-}6)$$

该二元函数必须满足观测值与拟合值之差的平方和最小，公式为：

$$\sum_{r+s=0}^{r+s=p} (z(x_i,y_i) - f(x_i,y_i))^2 = \min \qquad (9\text{-}7)$$

式中，$z(x_i,\ y_i)$ 为 $(x_i,\ y_i)$ 点处的采样值。

趋势面拟合程度的检验，与多元回归分析一样可用 F 分布进行检验，其检验统计量为：

$$F = \frac{U/P}{Q/(n - P - 1)} \qquad (9\text{-}8)$$

式中，U 为回归平方和；Q 为残差平方和（剩余平方和）；P 为多项式的项数（但不包括常

数项 b_0）；n 为使用资料的数目。

在给定置信水平 α 的条件下，当 $F > F_\alpha$ 时，则趋势面拟合显著，否则不显著。

9.3.2　多元回归方法

多元回归方法可以考虑多个自变量的空间属性和非空间属性，并建立自变量与因变量之间的线性关系模型。多元回归在数学形式上与趋势面很相似，但它们又有着显著的不同。首先，在趋势面分析中，A 是坐标矩阵，而在回归分析中，它可以是任意变量。其次，在趋势面分析中，模型的拟合严格地遵从自常数、一次、二次、立方等的顺序，主要问题是确定模型的次数，因此趋势面分析有内在的多重共线性问题；而在多元回归中，尽管也存在多重共线性，但它并非内在的，可以通过逐步回归解决。因此，相对于趋势面的选择次数，多元回归的核心问题是选择变量（主成分分析等方法有助于选择变量）和区分模型。

9.4　空间统计方法

空间统计是研究地理空间数据的分布、模式和相互关系的统计分析方法，在 20 世纪 50 年代初开始形成，60 年代在法国统计学家 Matheron 的大量理论研究工作基础上逐渐趋于成熟。空间统计方法是一类专门用于处理空间数据的统计分析方法，它考虑了数据在空间上的相关性和自相关性。这些方法可以揭示空间数据的空间模式、趋势和变异，并用于预测、插值、聚类、空间揭示和空间优化等，其基本假设是建立在相关的先验模型之上的。假设空间随机变量具有二阶平稳性，或者服从空间统计的本征假设，则它具有这样的性质：距离较近的采样点比距离远的采样点更相似，相似的程度或空间协方差的大小，是通过点对的平均方差度量的。点对差异的方差大小只与采样点间的距离有关，而与它们的绝对位置无关。空间统计内插的最大优点是以空间统计学作为坚实的理论基础，可以克服内插中误差难以分析的问题，能够对误差做出逐点的理论估计，它也不会产生回归分析的边界效应。其缺点是复杂，计算量大，尤其在变异函数是几个标准变异函数模型的组合时，计算量很大；另一个缺点是变异函数需要根据经验人为选定。克里金法（Kriging）及其各种变种是空间统计方法的代表，它们用于插值未知位置的属性值并完善的理论基础，且能够提供初步估计的优点。

9.4.1　克里金法

克里金插值法（Kriging）也称为空间局部插值法，是以变异函数理论和结构分析为基础，在有限区域内以变异函数理论和结构分析为基础，在有限区域内对区域变化量进行无偏最优估计的一种方法。克里金数学模型是由南非矿产地理学家 Krige 首先引入的一种空间预测过程，并因此而命名。它是建立在变异函数理论分析的基础上，对有限区域内的区域化变量取值进行无偏最优估计（Best Linear Unbiased Estimator，BLUE）的一种方法。克里金法是线性的，因为它的估计值是根据已有资料的加权线性结合而获得的。与其他的估计方法相比，克里金插值法的平均残差或误差接近于零，这也是克里金插值法的显著特点。

克里金法与传统的插值方法的不同之处是：在估计原观测样本数值时，不仅考虑待插值点与邻近有观测数据点的空间位置，还考虑了各邻近点之间的位置关系，而且利用已有观测空间分布的结构特点，使其估计比传统方法更精确，更符合实际，并可以有效避免系统误差产生的"屏蔽效应"。Matheron 给出了克里金法的一般公式为：

$$z(x_0) = \sum_{i=1}^{n} \lambda_i z(x_i) \tag{9-9}$$

式中，$z(x_i)$ 为观测值，它们分别位于区域内 x_i 位置；x_0 为一个未采样点；λ_i 为权，并且其和等于 1，即：

$$\sum_{i=1}^{n} \lambda_i = 1 \tag{9-10}$$

选取 λ_i 使 $z(x_0)$ 的估计无偏，并且使方差 σ_e^2 小于任意观测值线形组合的方差最小方差由下式给定：

$$\sigma_e^2 = \sum_{i=1}^{n} \lambda_i \gamma(x_i, x_0) + \varphi \tag{9-11}$$

式中，$\gamma(x_i, x_0)$ 为 z 在采样点 x_i 和未知点 x_0 之间的半方差，这些量都从适宜的变异函数得到；φ 为极小化处理时的拉格朗日乘数。

估计半方差函数是一个复杂的过程，这一过程称为空间数据探索分析（ESDA）。对于克里金内插而言，空间数据探索分析的目标是建立半方差 $\gamma(n)$ 和点对之间的空间距离 h 之间的关系，即变异函数。空间统计的本征假设可以表示为以下两个公式。

（1）任意两个距离为 h 两点间的差值的数学期望为 0：

$$E(z(x) - 2(x + h)) = 0 \tag{9-12}$$

（2）任意两个距离为 h 两点间的差值的方差最小：

$$\mathrm{Var}(z(x) - z(x + h)) = E\{(\varepsilon'(x) - \varepsilon'(x + h))^2\} = 2\gamma(h) \tag{9-13}$$

因此由下式估计半方差 $\gamma(h)$：

$$\gamma(h) = \frac{1}{2n} \sum_{i=1}^{n} (z(x_i + h))^2 \tag{9-14}$$

上述关系即变异函数，它提供了内插、优化采样的有用信息，Kriging 内插的第一步是根据样本找到适合的变异函数理论模型，常用的变异函数模型有：mugget、球面、指数、高斯、阻尼正弦、幂和线形模型。其中，前几种模型在一定范围内达到极大方差，而线形模型的方差增长没有极限。

9.4.2 协克里金法

协克里金内插法（Cokriging）的基本原理与克里金内插法相同，但它通过考虑一个以上变量而优化估计，内插由于考虑变量之间的关系而得到改善。例如，在估计温度、降水等气候变量时，海拔高度是附加的重要变量。协克里金内插法包括以下过程：（1）确定多个观测值之间空间相关的特征；（2）借助于变异函数和交叉变异函数，建立相关模型；（3）利用这些函数估计内插值。协克里金内插法引入一个新的假定，即两个变量之间差值的方差最小。

$$Var(z(x) - z^k(x)) = 2\gamma(h) \tag{9-15}$$

式中，$z^k(x)$ 为与估计值 $z(x)$ 相关的第 k 个变量。

协克里金内插法中引入交叉变异函数，它是两个不同变量之间的相关随距离变化的函数。它与简单变异函数不同，前者的形式是方差，因此总是为正或零；而后者的形式为协方差，因此可以为正、负或零。如果两个变量向相反的方向变化，交叉变异函数为负；如果两个变量的变化相对独立，交叉变异函数为零。协克里金内插法的关键是估计交叉变异函数，以分析变量自身以及变量之间的空间相关。协克里金内插法的其他过程与克里金内插法的相同。

9.5　函　数　方　法

函数方法是一种用于逼迫近曲面的方法，通常在特定情况下用于空间内插，例如生成等高线地图或提高格网数据的空间分辨率。然而，对于使用有限的安装数据进行恢复值预测和格网内插，函数方法通常不太适用，因为它们的误差难以估计。函数方法的特点是不需要对空间结构的预先估计，不需要做统计假设。其缺点是难以对误差进行估计，点稀时效果不好。常用的函数方法有：样条函数、张力样条函数、薄板样条函数、规则样条函数、双线性内插等。

9.5.1　样条函数

所谓样条函数，即三次多项式。样条函数法的实质是采用三次多项式对采样曲线进行分段修匀。每次的分段拟合仅利用少数采样点的观测值，并要求保持各分段的连接处连续，即光滑可导。其拟合过程相当于用柔性板来绘制分段连续的曲线。样条函数的一般形式为：

$$f(x,y) = \sum_{r+s=0}^{r+s=3} b_{rs} x^r y^s \tag{9-16}$$

样条函数拟合必须满足观测值与拟合值差的平方和最小，公式为：

$$\sum_{i=0}^{i=n} b_{rs} W_i^2 [z(x_i, y_i) - f(x_i, y_i)]^2 = \min \tag{9-17}$$

需要 9 个以上的采样点，通过多重回归技术确定样条函数的系数，进而建立基于样条函数的拟合曲线方程。再输入内插点的坐标值 (x_u, y_u)，就可以解算出内插点的特征值。

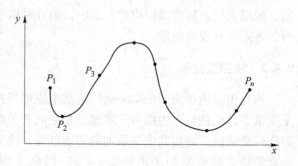

9.5.2　张力样条函数

如图 9-3 所示，已知平面上的非等距采样点 $p_1(x_1, y_1)$、$p_2(x_2, y_2)$、$p_n(x_n, y_n)$，

图 9-3　张力样条函数拟合示意图

从第一点开始其累加弦长为：

$$S_{i+1} = S_i + \sqrt{(x_{i+1} - x_i)^2 + (y_{i+1} - y_i)^2} \tag{9-18}$$

满足 $s_1 < s_2 < \cdots < s_n$。

选择二阶导数连续的单值函数 $x = x(s)$ 和 $y = y(s)$，使之满足：

$$\begin{cases} x_i = x(s_i) \\ y_i = y(s_i) \end{cases} \quad (i = 1, 2, \cdots, n) \tag{9-19}$$

再给定一个常数 $\sigma \neq 0$，使得 $x''(s) - \sigma^2 x(s)$ 和 $y''(s) - \sigma^2 y(s)$ 都在区间 $[s_i, s_{i+1}]$ 上呈线性变化，即：

$$\begin{cases} x''(s) - \sigma^2 x(s) = [x''(s_i) - \sigma^2 x_i] \times \dfrac{s_{i+1} - s}{h_i} + [x''(s_{i+1}) - \sigma^2 x_{i+1}] \times \dfrac{s - s_i}{h_i} \\ y''(s) - \sigma^2 y(s) = [y''(s_i) - \sigma^2 y_i] \times \dfrac{s_{i+1} - s}{h_i} + [y''(s_{i+1}) - \sigma^2 y_{i+1}] \times \dfrac{s - s_i}{h_i} \end{cases} \tag{9-20}$$

式中，$h_i = s_{i+1} - s_i$，为相邻采样点之弦长。

式（9-19）和式（9-20）的解函数即为所要选择的二阶导数连续的单值函数，称为张力样条函数，记为：

$$\begin{cases} x(s) = \dfrac{1}{\sigma^2 \mathrm{sh}(\sigma h_i)} \{x''(s_i) \mathrm{sh}[\sigma(s_{i+1} - s)] + x''(s_{i+1}) \mathrm{sh}[\sigma(s - s_i)]\} + \\ \qquad \left[x_i - \dfrac{x''(s_i)}{\sigma^2}\right] \times \dfrac{s_{i+1} - s}{h_i} + \left[x_{i+1} - \dfrac{x''(s_{i+1})}{\sigma^2}\right] \times \dfrac{s - s_i}{h_i} \\ y(s) = \dfrac{1}{\sigma^2 \mathrm{sh}(\sigma h_i)} \{y''(s_i) \mathrm{sh}[\sigma(s_{i+1} - s)] + y''(s_{i+1}) \mathrm{sh}[\sigma(s - s_i)]\} + \\ \qquad \left[y_i - \dfrac{y''(s_i)}{\sigma^2}\right] \times \dfrac{s_{i+1} - s}{h_i} + \left[y_{i+1} - \dfrac{y''(s_{i+1})}{\sigma^2}\right] \times \dfrac{s - s_i}{h_i} \end{cases} \tag{9-21}$$

式中，σ 称为张力系数。通过改变 σ 的大小，可以调节拟合曲线的光滑程度；σ 趋近于 0，则曲线为三次样条；当 σ 趋近于无穷大，则曲线退化为折线。张力样条法插值的缺点是计算量大。

9.5.3 薄板样条函数

薄板样条函数是建立一个通过控制点的面，并使所有点的坡度变化最小。换言之，薄板样条函数以最小曲率面拟合控制点。薄板样条函数的估计值由下式计算：

$$Q(x, y) = \sum A_i d_i^2 \lg d_i + a + bx + cy \tag{9-22}$$

式中，x 和 y 为要被插值的点的 x、y 坐标，公式为：

$$d_i^2 = (x - x_i)^2 + (y - y_i)^2 \tag{9-23}$$

式中，x_i 和 y_i 分别为控制点 i 的 x、y 坐标。

薄板样条函数包括两个部分：$(a + bx = cy)$ 表示局部趋势函数，它与线性或一阶趋势面具有相同的形式，$d_i^2 \lg d_i$ 表示基本函数，可获得最小曲率的面。相关系数 A_i、a、b 和 c 由以下线性方程组决定：

$$\begin{cases} \sum_{i=1}^{n} A_i \, d_i^2 \log d_i + a + bx + cx = f_i \\ \sum_{i=1}^{n} A_i = 0 \\ \sum_{i=1}^{n} A_i \, x_i = 0 \\ \sum_{i=1}^{n} A_i \, y_i = 0 \end{cases} \tag{9-24}$$

式中，n 为控制点的数目；f_i 为控制点 i 的已知值；A_i、a、b、c 为系数，其计算要求 $n+3$ 个联立方程。

薄板样条函数的一个主要问题是在数据贫乏地区的坡度较大，常出现过伸（overshoots）。用于校正过伸的方法包括薄板张力样条、规则样条和规则张力样条等。

9.5.4 薄板张力样条

薄板张力样条法有如下表达形式：

$$a + \sum_{i=1}^{n} A_i R(d_i) \tag{9-25}$$

式中，a 为趋势函数。

基本函数 $R(d)$ 为：

$$-\frac{1}{2\pi\phi^2} \Big(\ln\Big(\frac{d\phi}{2}\Big) + c + K_0(d\phi) \Big) \tag{9-26}$$

式中，ϕ 为本张力法要用到的权重。

如果 ϕ 的权重被设为接近于 0，则用张力法与基本薄板样条法得到的估计值相似。较大的 ϕ 值降低了薄板的刚度，结果插值的值域使得插值成的面与通过控制点的膜状形态相似。薄板样条函数及其变种被推荐用于平滑和连续的面，如高程或水位面，样条法也被用于对气候数据（如平均降水量）的插值。

9.5.5 规则样条

规则样条的近似值与薄板样条有相同的局部趋势函数，但是，其基本函数取不同形式：

$$\frac{1}{2\pi}\Big\{ \frac{d^2}{4}\Big[\ln\Big(\frac{d}{2\tau}\Big) + c - 1 \Big] + \tau^2\Big[K_0\Big(\frac{d}{\tau}\Big) + c + \ln\Big(\frac{d}{2\pi}\Big) \Big] \Big\} \tag{9-27}$$

式中，τ 为样条法中要用到的权重；d 为待定值的点和控制点 i 间的距离；c 为常数，取 0.577215；$K_0(d/\tau)$ 为修正的零次贝塞尔函数，它可由一个多项式方程估计。τ 值通常被设为 0~0.5，因为更大的值会导致在数据贫乏地区趋于过伸。

9.5.6 双线性内插

双线性内插值算法是一种数字图像处理、DEM 数据处理等方面使用比较多的局部插值方法。在分块插区中，当采样点的特征值在 x、y 方向分别按线性规律变化时，需要取按双线性插值法估值内插的特征值。双线性插值函数为：

$$f(x,y) = Ax + By + Cxy + D \tag{9-28}$$

需要 4 个已知采样点来确定式（9-28）中的 4 个系数。4 个已知采样点的选择，如图 9-4 所示，有以下要求：

（1）环绕内插点，即尽量以内插点为中心均匀分布；

（2）离内插点距离最近。

如图 9-4 所示，设 $f(0,0) = z_1$，$f(1,0) = z_2$，$f(0,1) = z_3$，$f(1,1) = z_4$，求 $f(x,y)$ 点的值，其中 x，$y \in [0,1]$。将 $f(0,0)$，$f(1,0)$，$f(0,1)$，$f(1,1)$ 代入双线性内插方程：求出各参数 A，B，C，D 的值，再将 x，y 代入，解得 $f(x,y)$。

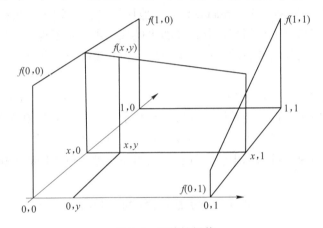

图 9-4　双线性插值

在数字图像处理中，对于求解一个目的像素的值，设置坐标通过反向变换得到的浮点坐标为 $(i+u, j+v)$，其中，i，j 均为非负整数，u，v 为 $[0,1)$ 区间的浮点数，则这个像素的值 $f(i+u, j+v)$ 可由原图像中坐标为 (i,j)，$(i+1,j)$，$(i,j+1)$，$(i+1,j+1)$ 所对应的周围四个像素的值决定，即：

$$f(i+u, j+v) = (1-u)(1-v)f(i,j) + (1-u)vf(i,j+1) +$$
$$u(1-v)f(i+1,j) + uvf(i+1,j+1) \tag{9-29}$$

式中，$f(i,j)$ 为原图像 (i,j) 处的像素值。

9.6 随机模拟方法

随机模拟方法是一种基于随机性和概率的统计分析方法，用于模拟和预测随机过程和不确定性事件。在空间数据分析中，随机模拟方法可以用于模拟和生成具有空间相关性的数据，填补缺失值，评估风险和不确定性，以及进行空间预测。它通过空间分布现象可选的、等概的数值表达（地图）来对空间不确定性建模。对应不确定性，可以接受可选的多个答案。与空间统计方法不同，随机模拟方法不是产生唯一的估计结果，它产生一系列可选的结果，它们都与实际数据一致，而且相关模型将它们联系起来。随机模拟方法的最大优点是定义了各种随机变量之间的空间相关，这类相关可以根据相邻数据把高度不确定性的先验分布更新为低度不确定性的后验分布。其缺点是建模困难，计算量大。常用的随机模拟方法有蒙特卡洛模拟、随机字段模拟、地质模拟、马尔科夫链蒙特卡洛模拟。

（1）蒙特卡洛模拟（Monte Carlo Simulation）：蒙特卡洛模拟是一种基于概率和随机抽样的模拟方法。它通过生成大量的随机样本，并根据概率分布函数进行抽样，模拟、预测随机过程和不确定事件的行为。在空间数据分析中，蒙特卡洛模拟可以用于生成具有特定空间相关性的随机数据，评估不确定性的影响，并进行风险分析。

（2）随机字段模拟（Random Field Simulation）：随机字段模拟是一种用于生成具有空间相关性的随机场的方法。它基于空间统计模型和协方差函数，通过随机样本生成技术生成具有特定空间结构和变异性的随机场。随机字段模拟可用于模拟地质属性、地表特征、气候变量等具有空间相关性的数据。

（3）地质模拟（Geostatistical Simulation）：地质模拟是一种用于模拟地质属性和矿产资源分布的方法。它结合了空间统计分析和随机模拟技术，基于地质样本和空间变异性模型，生成具有地质结构和变异性的随机模拟模型。地质模拟可以用于勘探预测、资源评估和风险管理等领域。

（4）马尔科夫链蒙特卡洛模拟（Markov Chain Monte Carlo Simulation）：马尔科夫链蒙特卡洛模拟是一种用于模拟复杂系统的方法。它基于马尔科夫链和蒙特卡洛模拟技术，通过抽样和模拟状态转移过程，生成符合特定分布和约束条件的样本。在空间数据分析中，马尔科夫链蒙特卡洛模拟可以用于模拟具有空间相关性和约束条件的数据。

9.7　确定性模拟方法

确定性模拟方法是一种用于模拟和预测系统行为的方法，与随机模拟方法相对。它基于已知的输入和确定性关系，通过数学模型或物理规律，对系统进行建模和模拟，得到确定性的输出结果。在空间数据分析中，确定性模拟方法可以用于预测未来的空间变化、模拟系统的响应和优化决策。对于这一类内插，往往是使用有限的观测值获得一些必需的经验参数，再把这些参数代入到物理模型之中。典型的例子是，高斯计数器模式（GCM）是一个纯物理模型，但它的参数化使用了经验方法。在山区气候变量的内插过程中，也大量使用这种方法。确定性模拟的最大优点是它的确定性，它不依赖或很少依赖观测样本。

9.8　综 合 方 法

综合方法是将多种分析方法和技术结合起来，以获得更全面、准确和可靠的结果。在空间数据分析中，综合方法的应用可以通过整合不同的方法和数据源，充分利用它们的优势，提高分析的精度和可解释性。对于空间变量，一般能够用不同的方法分别对结构化变量、随机变量和观测误差（残差）建模。综合方法还适宜于能够得到辅助性数据，如遥感数据的场合。通过从辅助性数据中提取空间模式，在合理的数据结构（如四叉树）的支持下，划分空间同质的区域，从而逼近最佳的预测值。将多种分析方法和技术结合使用，以获得更全面的结果。例如，可以结合克里金插值和随机森林模型进行空间插值，利用克里金插值的空间相关性和随机森林模型的非线性拟合能力来提高插值精度。

9-1　利用反距离权重插值算法对离散的高程点构建 DEM。

9-2　在空间数据内插算法中，线性插值和最近邻插值是两种常见的方法。请比较这两种方法的优缺点，并讨论在不同应用场景下应选择哪种方法。

9-3　克里金插值是一种常用的空间数据内插算法，它可以根据半变异函数和变异程度来拟合数据。讨论克里金插值算法在实践中的适用性和局限性。

9-4　编写五点法多项式插值程序，实现折线的光滑化。

9-5　编程实现普通克里金法和通用克里金法。

10 TIN 与 Voronoi 图构建算法

10.1 概　述

不规则三角网（Triangular Irregular Network，TIN）以数字方式来表示表面形态，TIN 是基于矢量的数字地理数据的一种形式，通过将一系列折点（点），每个点具有一个反映高程值的连续性实数值，各折点通过一系列边进行连接，最终形成非重叠的三角形或面，这些三角形或面完全充填一个区域。TIN 是一种有效表达表面的方法，具有高效率的存储、数据结构简单、与不规则的地面特征和谐一致、可以表示线性特征和叠加任意形状的区域边界、易于更新、可适应各种分布密度的数据等优点。Voronoi 图被作为一种有效的数据结构引入计算几何领域，已成为 GIS 理论与算法中一项重要的研究内容，在邻近查询与邻域分析及专题制图、空间模式转换、几何形体构造、图形图像处理与模式识别、粒子分析模型、机械工程、机器人路径规划等方面得到广泛的应用。

二维平面域内任意离散点的不规则三角网是 GIS 数据表达、管理、集成和可视化的一项重要内容，也是地学分析、计算机视觉、表面目标重构、有限元分析、道路 CAD 技术等领域的一项重要应用技术。TIN 可以通过不同层次的分辨率来描述地形表面，也可以通过插入特征点、特征线、结构线等来精确逼近地表形态。

Delaunay 三角网与 Voronoi 图是被广泛应用于分析研究区域离散数据的有力工具。在地学领域，经常需要处理大量分布于地域内的离散数据，由于这些数据分布的不均匀性，就产生了一个如何合理有效地使用这些数据的问题。1908 年，G. Voronoi 首先在数学上限定了每个离散点数据的有效作用范围，有效反映区域信息的范围，并定义了二维平面上的 Voronoi 图（简称 V 图）。1934 年，B. Delaunay 由 V 图演化出了更易于分析应用的 Delaunay 三角网（简称 D 三角网）。此后，V 图、D 三角网就成为广泛应用于研究区域离散数据的有力工具。

由于 TIN 本身的特点，决定了它在现代地理科学与计算机中的重要地位。在分析二维研究区域的离散数据时，可采用 Delaunay 三角网或 Voronoi 图的分析途径。例如在 GIS 中的网络分析，描述地表形态的一种最佳方法，是地表（地貌和地物）数字化表现的手段和分析工具。

10.2　Voronoi 图

荷兰气候学家 A. H. Thiessen 根据离散分布的气象站的降雨量来计算平均降雨量，即将所有相邻气象站连成三角形，作这些三角形各边的垂直平分线，于是每个气象站周围的若干垂直平分线便围成一个多边形。用这个多边形内所包含的一个唯一气象站的降雨强度来表示这个多边形区域内的降雨强度,这个多边形就称为泰森多边形(Thiessen Polygon)。如图 10-1 所示,其中虚线构成的多边形就是泰森多边形。泰森多边形每个顶点是每个三角形的外接圆圆心。泰森多边形也称为 Voronoi 图或 Dirichlet 图。

泰森多边形利用离散点的值对该点所在的区域进行赋值,得到的结果是数值的变化只发生在多边形的边界上,而多边形内部的数值则是均匀的,同质的。其数学表达式为:

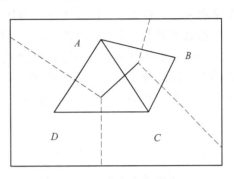

$$V_e = V_i \qquad (10\text{-}1)$$

式中,V_e 为带插值点的距离;V_i 为 i 点的离散观测值;i 点必须满足如下条件:

$$d_{ei} = \min(d_{e1}, d_{e2}, \cdots, d_{en}) \qquad (10\text{-}2)$$

式中,d_{ei} 为点 $i(x_i, y_i)$ 与点 $j(x_j, y_j)$ 间的欧几里得距离。

图 10-1 泰森多边形图

泰森多边形也称为最近距离法,GIS 和地理分析中经常采用此方法进行快速插值和分析地理实体的影响区域,是解决邻接问题的常用方法。尽管泰森多边形产生于气候学领域,它却特别适合于专题数据的内插以生成"领地"或控制区域。因为它生成专题与专题之间明显的边界,不会有不同级别之间的中间现象。泰森多边形的算法非常简单,未采样点的值等于与它距离最近的采样点的值。

泰森多边形的特性是:

(1)每个泰森多边形内仅含有一个离散点数据;

(2)泰森多边形内的点到相应离散点的距离最近;

(3)位于泰森多边形边上的点到其两边的离散点的距离相等。

泰森多边形可用于定性分析、统计分析、邻近分析等。例如,可以用离散点的性质来描述泰森多边形区域的性质;可用离散点的数据来计算泰森多边形区域的数据;判断一个离散点与其他离散点相邻时,可根据泰森多边形直接得出,且若泰森多边形是 n 边形,则就与 n 个离散点相邻;当某一数据点落入某一泰森多边形中时,它与相应的离散点最邻近,无须计算距离。在泰森多边形的构建中,首先要将离散点构成三角网,这种三角网称为 Delaunay 三角网。

泰森多边形的关键是将离散观测点合理地连接到三角网络中,即构建 Delaunay 三角网络。构建泰森多边形步骤如图 10-2 所示。

假定 P_1、P_2 是平面上两点,L 是线段 P_1P_2 的垂直平分线,L 将平面分成两部分 L_L 和 L_R 位

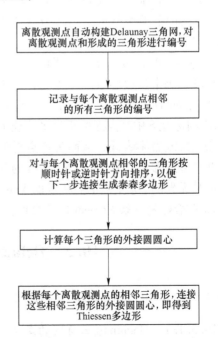

图 10-2 泰森多边形的创建流程

于 L_L 内的点 P，具有特性：$d(P_L, P_1)<d(P_L, P_2)$，其中 $d(P_L, P_i)$ 表示 P_L 与 P_i 之间的欧式几里得距离，$i = 1, 2$。这表示位于 L_L 内的点比平面其他点更接近 P_L，也就是说，L_L 内的点是比平面上其他点更接近于 P_L 点的轨迹，记为 $V(P_L)$，如图 10-3 所示。如果用 $h(P_1, P_2)$ 表示半平面的 L_L，而 $L_R = h(P_2, P_1)$，则有 $V(P_1) = h(P_1, P_2)$，$V(P_2) = h(P_2, P_1)$。

　　给定平面上 n 个点的点集 S，$S = \{P_1, P_2, \cdots, P_n\}$。定义 $V(P_i) = \bigcap_{i \neq j} H(P_i, P_j)$，即 $V(P_i)$ 表示比其他点更接近 P_i 的点轨迹是 $n-1$ 个半平面的交，它是一个不多于 $n-1$ 条边的凸多边形域，称为关联于 P_i 的 Voronoi 多边形或关联于 P_i 的 Voronoi 域。图 10-4 中表示关联于 P_1 的 Voronoi 多边形，它是一个四边形，而 $n = 6$。

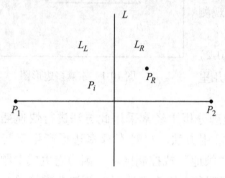

图 10-3　$V(P_1)$、$V(P_2)$ 的图示

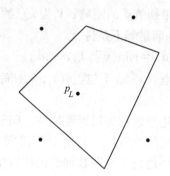

图 10-4　$n = 6$ 时的 $V(P_L)$

　　对于 S 中的每个点都可以作为一个 Voronoi 多边形，这种由 n 个 Voronoi 多边形组成的图称为 Voronoi 图，记为 $\text{Vor}(S)$，如图 10-5 所示。该图中的顶点和边分别称为 Voronoi 顶点和 Voronoi 边。显然，$|S| = n$ 时，$\text{Vor}(S)$ 划分平面成 n 个多边形域，每个多边形域 $V(P_i)$ 包含 S 中的一个点而且只包含 S 中的一个点。$\text{Vor}(S)$ 的边是 S 中某点对的垂直平分线上的一条线段或者半直线，从而为该点对所在的两个多边形域共有。$\text{Vor}(S)$ 中有的多边形域是无界的。

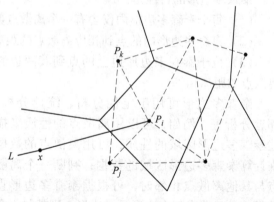

图 10-5　Voronoi 图及其对偶图

n 个点的点集 S 的 Voronoi 图最多有 $2n - 5$ 个顶点和 $3n - 6$ 条边，每个 Voronoi 点恰好是三条 Voronoi 边的交点。

10.3　Delaunay TIN 构建算法

10.3.1　Delaunay 三角网的定义和性质

10.3.1.1　Delaunay 三角网的定义

Voronoi 图是 Delaunay 三角网的对偶图，也是不规则表达中最重要的几何构造（许多文，2010）。它的定义有以下两个。

第一个定义：假设 $V = \{V_1, V_2, \cdots, V_n\}$ 是欧几里得平面上的一个点集，规定 $n \geqslant 3$，要求这些点不共线，而且四点不共圆，用 $d(v_i, v_j)$ 表示点 v_i、v_j 间的欧几里得距离。设 p 为平面上的点，则区域：$V_i = \{p \in E^2 \mid d(x, v_i) \leqslant d(p, v_j)\}, j = 1, 2, \cdots, N, j \neq i$ 称为 Voronoi 多边形，各点的 V-多边形共同组成 V-图。

第二个定义：平面上的 V-图可以看作是点集 V 中的每个点作为生长核，然后以相同的速率向外扩张，直到彼此相遇为止而在平面上形成的图形。除最外层的点形成开放的区域外，其余每个点都形成一个凸多边形。

Delaunay 三角网（简称 D-TIN）是相互邻接且互不重叠的三角形的集合，每一个三角形的外接圆内不包含其他的点，是 Voronoi 图的对偶图，是对应 Voronoi 多边形共边的点连接而成，这三个相邻点对应的 Voronoi 多边形有一个共同的顶点，这个顶点也是 Delaunay 三角形外接圆的圆心。如图 10-6 所示，表示了 Voronoi 图和 Delaunay 三角网的关系。

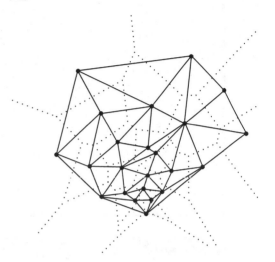

图 10-6　二维的 Delaunay 三角网（实线）和 Voronoi 图（……线）

10.3.1.2　Delaunay 三角网的性质

Delaunay 三角网剖分共有以下六个准则。

（1）空外接圆准则：在 TIN 中，过每个三角形的外接圆均不包含点集的其余任何点；（2）最大最小角准则：在相邻三角形形成的凸四边形中，这两个三角形中的最小内角一定大于交换凸四边形对角线后所形成的两个三角形的最小内角；（3）最短距离和准则：最短距离和就是指一点到基边两端的距离和为最小；（4）张角最大准则：一点到基边的张角为最大；（5）面积比准则：三角形内切圆面积与三角形面积或三角形面积与周长平方之比最小；（6）对角线准则：两个三角形组成的凸四边形的两条对角线之比，比值限定值需给定，即当计算值超过限定值才进行优化。

由于 Delaunay 三角形的最大最小角这一特性，并且经过 LOP（Local Optimal Procedure，LOP）法则优化后，对于给定点集的三角网尽量接近等边三角形，同时保证三角形边长之和最小和 TIN 的唯一性，所以空外接圆准则、最大最小角（max-min angle）是 Delaunay 三角网的两个基本性质。

【例 10-1】　现有若干个高程点数据存储在文件中，利用这些高程点数据构建不规则三角网（TIN）。

解：利用高程点数据生成不规则三角网，具体步骤如下：

（1）创建 WinForm 应用程序 DelaunayApp，在 Form1 中添加 1 个 PictureBox 控件、2 个

Button 控件，设计界面如图 10-7（a）所示。

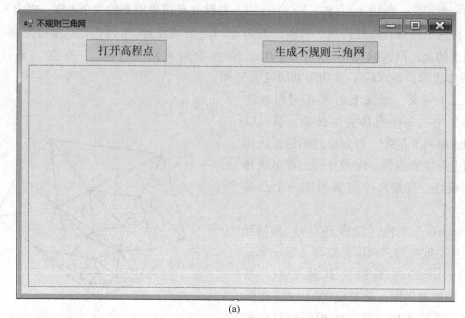

(a)

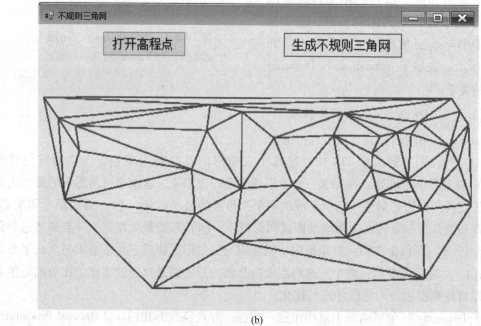

(b)

图 10-7　不规则三角网生成算法实例

(a) 设计界面；(b) 程序执行界面

（2）添加不规则三角网类，在类中添加方法 Area（）、CalcScale（）、DMinDistance（）、Find（）、Direction（）、Angle（）、MaxAngle（）。

（3）在 Form1.cs 中添加 Point2D 结构、定义 Filename 变量，并实现事件打开高程点_Click，生成不规则三角网_Click，主要代码如下：

```
public string Filename;
//创建高程点的结构,存储高程点的名称,X、Y 坐标,高程 H 值
int[ ]t1 = new int[1000];
int[ ]t2 = new int[1000];
int[ ]t3 = new int[1000];

public struct Point2D
{
    public int Number;
    public string Name;          //存储点的名称
    public double x;             //存储点的 X 坐标
    public double y;             //存储点的 Y 坐标
    public double h;             //存储点的高程值 H
}
Point2D[ ]pt = new Point2D[1000];  //定义初始的点数组大小为 1000
int Lines;                          //记录文件的行数,即点的个数
double xmax, xmin, ymax, ymin;     //记录所有点中的 x,y 坐标最大最小值
int K;

//打开高程点数据文件
private void 打开高程点_Click(object sender, EventArgs e)
{
    OpenFileDialog filename = new OpenFileDialog();
    filename.Filter = "All files( * . * )| * . * |txt files( * . txt)| * . txt|dat files( * . dat)| * . dat";
    filename.FilterIndex = 2;
    if(filename.ShowDialog() == DialogResult.OK)
    {
        Filename = filename.FileName.ToString();
        string[ ]lines = File.ReadAllLines(Filename);
        Lines = lines.Length;
        for(int i = 1;i <= Lines;i++)
        {
            string[ ]sArray = lines[i-1].Split(',');//按","将每一行分割
            pt[i].Number = i;
            pt[i].Name = sArray[0];
            pt[i].x = Convert.ToDouble(sArray[1]);
            pt[i].y = Convert.ToDouble(sArray[2]);
            pt[i].h = Convert.ToDouble(sArray[3]);
        }
    }
}
//确定所有点的范围
private void Area()
```

```
      xmax = xmin = pt[1].x;
      ymax = ymin = pt[1].y;
      for( int i = 2;i <= Lines;i++)
      {
        if(xmax< pt[i].x)xmax = pt[i].x;
        if(xmin>pt[i].x)xmin = pt[i].x;
        if(ymax< pt[i].y)ymax = pt[i].y;
        if(ymin>pt[i].y)ymin = pt[i].y;
      }
    }
```

//计算坐标转换比例因子
```
public double CalcScale( )
{
Area( );
Rectangle m_rect = pictureBox1.ClientRectangle;
double ds = 1.0;
double dsx, dsy;
if( ( xmax-xmin ！ = 0)&&( ymax-ymin ！ = 0) )
{
  dsx = Math.Abs( ( xmax-xmin)/m_rect.Height) ;
  dsy = Math.Abs( ( ymax-ymin)/m_rect.Width) ;
  ds = Math.Max( dsx, dsy) ;
}
else
{
  if( xmax-xmin ！ = 0)
  {
    ds = Math.Abs( ( xmax-xmin)/m_rect.Height) ;
  }
  else
  {
    if( ymax-ymin ！ = 0)
    {
      ds = Math.Abs( ( ymax-ymin)/m_rect.Width) ;
    }
    else{ ds = 1; }
  }
}
  return ds;
}
```

//找到两个最近的高程点
```
public void MinDistance( Point2D[ ]pt, out int pt1, out int pt2)
```

```
    {
        int i, j;
        double[ , ] Distance = new double[ Lines, Lines ];
        //将任意两点间的距离存储到矩阵 Distance 中
        for( i = 1 ; i<= Lines ; i++)
            for( j = i+1 ; j< Lines ; j++)
                if( i ! = j)
                    Distance[ i, j] = Math. Sqrt( Math. Pow( pt[ i]. x−pt[ j]. x, 2)+Math. Pow( pt[ i]. y−pt[ j]. y, 2));
        double[ ]Mindistance = { 10000, 0, 0 };
        //找到矩阵 Distance 中的最小值,并记录行列号
        for( i = 1 ; i<= Lines ; i++)
            for( j = i+1 ; j< Lines ; j++)
                if( Mindistance[ 0]>Distance[ i, j])
                {
                    Mindistance[ 0] = Distance[ i, j];
                    Mindistance[ 1] = i;
                    Mindistance[ 2] = j;
                }
        pt1 = ( int) Mindistance[ 1];
        pt2 = ( int) Mindistance[ 2];
    }


//找到离中点最近的点
public void Find( int pt1, int pt2, out int pt3)
    {
        int i;
        double meanx = ( pt[ pt1]. x+pt[ pt2]. x)/2;
        double meany = ( pt[ pt1]. y+pt[ pt2]. y)/2;
        double Min = 10000000000;
        pt3 = 0;
        for( i = 1 ; i<= Lines ; i++)
        {
            if( i ! = pt1 && i ! = pt2)
            {
                double temp = Math. Sqrt( Math. Pow( pt[ i]. x−meanx, 2)+Math. Pow( pt[ i]. y−meany, 2));
                if( Min>temp)
                {
                    Min = temp;
                    pt3 = i;
                }
            }
        }
    }
```

```
//判断三角形扩展点是否在同一侧
public bool Direction(int point1, int point2, int point3, int point4)
{
    //计算直线方程的系数 a,b
    double a=(pt[point2].y-pt[point1].y)/(pt[point2].x-pt[point1].x);
    double b=(pt[point1].x*pt[point2].y-pt[point2].x*pt[point1].y)/(pt[point2].x-pt[point1].x);
    double fxy1=pt[point3].y-(a*pt[point3].x-b);
    double fxy2=pt[point4].y-(a*pt[point4].x-b);
    //当位于非同一侧时
    if(fxy1< 0 && fxy2>0 || fxy1>0 && fxy2< 0)
        return true;
    //当位于同一侧时
    else return false;
}


private void 生成不规则三角网_Click(object sender, EventArgs e)
{
    //找到所有点中距离最小的两个点,作为第一个三角形的第一个点和第二个点
    MinDistance(pt,out int point1, out int point2);
    t1[1]=point1;
    t2[1]=point2;

    //寻找第一个三角形的第三个点:离第一条边距离最短的点
    Find(point1, point2,out int point3);
    t3[1]=point3;

    //设置计数变量 K 记录扩展的三角形数
    K=0;
    //设置计数变量 L 记录已经形成的三角形数
    int L=1;
    //设置数组存储可能的扩展点
    int[ ]x=new int[Lines];

    //扩展三角形
    while(K! =L)
    {
        K++;
        point1=t1[K];
        point2=t2[K];
        point3=t3[K];

        //第一条扩展边不重复,没有被两个三角形共用
        if(Repeat(point1, point2, L))
```

```
{
  //判断新扩展的边
  int t=0;
  x[t++]=0;
  //寻找可能的扩展点
  for(int i=1;i<=Lines;i++)
    if(i！=point1 && i！=point2 && i！=point3 && Direction(point1, point2, point3, i))
    {
      x[t++]=i;
    }
  //存在扩展点
  if(t>1)
  {
    int max=MaxAngle(x, point1, point2, t-1);
    L=L+1;
    t1[L]=point1;
    t2[L]=point2;
    t3[L]=max;
  }
}


//第二条扩展边不重复,没有被两个三角形共用
if(Repeat(point1, point3, L))
{
  int t=0;
  x[t++]=0;
  for(int i=1;i<=Lines;i++)
    if(i！=point1 && i！=point3 && i！=point2 && Direction(point1, point3, point2, i))
    {
      x[t++]=i;
    }
  if(t>1)
  {
    int max=MaxAngle(x, point1, point3, t-1);
    L=L+1;
    t1[L]=point1;
    t2[L]=point3;
    t3[L]=max;
  }
}


//第三条扩展边不重复,没有被两个三角形共用
if(Repeat(point2, point3, L))
```

```
}
    int t=0;
    x[t++]=0;
    for(int i=1;i<=Lines;i++)
      if(i！=point2 && i！=point3 && i！=point1 && Direction(point2, point3, point1, i))
        {
          x[t++]=i;
        }
    if(t>1)
      {
        int max=MaxAngle(x, point2, point3, t-1);
        L=L+1;
        t1[L]=point2;
        t2[L]=point3;
        t3[L]=max;
      }
}
//绘制 TIN
Graphics g=pictureBox1.CreateGraphics();
double m_scale=CalcScale();
Pen mypen=new Pen(Color.Red, 1);            //创建画笔
Rectangle m_rect=pictureBox1.ClientRectangle；    //获得画布大小
g.SmoothingMode=System.Drawing.Drawing2D.SmoothingMode.HighQuality;//消除锯齿
for(int i=1;i<=L;i++)
  {
    //由测量坐标计算屏幕坐标
    double ix1=(pt[t1[i]].y-ymin)/m_scale;
    double iy1=m_rect.Height-(pt[t1[i]].x-xmin)/m_scale-20;

    double ix2=(pt[t2[i]].y-ymin)/m_scale;
    double iy2=m_rect.Height-(pt[t2[i]].x-xmin)/m_scale-20;

    double ix3=(pt[t3[i]].y-ymin)/m_scale;
    double iy3=m_rect.Height-(pt[t3[i]].x-xmin)/m_scale-20;

    g.DrawLine(mypen,(float)ix1,(float)iy1,(float)ix2,(float)iy2);
    g.DrawLine(mypen,(float)ix1,(float)iy1,(float)ix3,(float)iy3);
    g.DrawLine(mypen,(float)ix3,(float)iy3,(float)ix2,(float)iy2);
  }
  }
}


//计算扩展边的角度余弦值
```

```
public double Angle(int pt1, int pt2, int pt3)
{
    double angle;
    double L1 = Math. Sqrt((pt[pt2]. x-pt[pt3]. x) * (pt[pt2]. x-pt[pt3]. x)+(pt[pt2]. y-pt[pt3]. y) * (pt[pt2]. y-pt[pt3]. y));
    double L2 = Math. Sqrt((pt[pt1]. x-pt[pt3]. x) * (pt[pt1]. x-pt[pt3]. x)+(pt[pt1]. y-pt[pt3]. y) * (pt[pt1]. y-pt[pt3]. y));
    double L3 = Math. Sqrt((pt[pt2]. x-pt[pt1]. x) * (pt[pt2]. x-pt[pt1]. x)+(pt[pt2]. y-pt[pt1]. y) * (pt[pt2]. y-pt[pt1]. y));
    angle = (L1 * L1+L2 * L2-L3 * L3)/(2 * L1 * L2);
    return angle;
}


//找到扩展边形成张角最大的点
private int MaxAngle(int[]x, int A, int B, int n)
{
    double C = 0, temp, s = 0;
    int max = 0;
    for(int i = 1;i<=n;i++)
    {
        if(x[i] ! =A && x[i] ! =B)
        {
            s = Angle(A, B, x[i]);
            if(s< 1)
                C = Math. Acos(s);
            else C = 0;
            max = x[i];
            break;
        }
    }
    for(int i = 1;i<=n;i++)
    {
        if(i ! =A && i ! =B)
        {
            s = Angle(A, B, x[i]);
            if(s< 1)
                temp = Math. Acos(s);
            else temp = 0;
            if(temp>C)
            {
                C = temp;
                max = x[i];
            }
        }
```

```
        }
    }
    return max;
}


//判断三角形的一条边是否已经出现过两次
public bool Repeat(int point1, int point2, int L)
{
        int sum = 0;
        for(int i = 1; i <= L; i++)
        {
            if( point1 == t1[i] && point2 == t2[i] || point1 == t2[i] && point2 == t1[i] ||
            point1 == t2[i] && point2 == t3[i] || point1 == t3[i] && point2 == t2[i] ||
            point1 == t3[i] && point2 == t1[i] || point1 == t1[i] && point2 == t3[i])
            {
            sum++;
            if( sum == 2)
                return false;
            }
        }
        return true;
}
```

（4）程序执行后在窗体中点击"打开高程点"按钮，导入多个高程点数据，点击"生成不规则三角网"按钮便可得到图 10-7（b）所示的三角网。

10.3.2 基于离散点的 TIN 构建算法

基于离散点构建 TIN 的基本思想是：利用随机分布的离散点高程采样点建立连续的覆盖整个区域的 TIN。关键技术点是确定哪 3 个离散点数据点构成一个三角形，并使得每个离散采样点均构成三角形的顶点。根据 Delaunay 三角形的特性，TIN 的构建均归结为 Delaunay 三角网（简称 D-TIN）。根据 D-TIN 的实现过程的异同，可分为逐点插入法、凸包算法等。

10.3.2.1 逐点插入法

逐点插入法最早由 Lawson（1977）提出，目前应用最广泛的是 Delaunay 三角网构造方法，算法的过程简单，而且也很好理解。该算法的基本思想是：逐一将点插入到已构建的 Delaunay 三角网，然后采用 LOP 算法（交换凸四边形的对角线，保留短的那条对角线，使三角网中所有三角形的最小角度最大化）优化与新插入点相关的凸四边形，最终构成新的三角网。算法实现的基本步骤如下（见图 10-8）。

步骤 1：定义一个包含所有离散点的超三角形，把它作为初始 Delaunay 三角网；
步骤 2：从数据集选择点集内一个点（如 A），插入初始的 Delaunay 三角网内；
步骤 3：在三角网中找出包含 P 的三角形，把 P 与这个三角形的三个顶点相连，生成

3 个新的三角形；

步骤 4：应用 Lawson 提出的局部优化算法，向外更新步骤 4 之前生成的所有三角形；

步骤 5：重复步骤 2 与步骤 4 的过程，直至所有点都被插入；

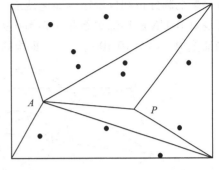

步骤 6：删除包含超三角顶点的所有三角形。

10.3.2.2　凸包算法

凸包（convex hull）是由包含二维平面上的点集中所有点的最小凸多边形。在凸包中，连接任意两点的线段必须完全位于多边形内。凸包是数据点的自然极限边界，相当于包围数据点的最短路径，凸包必定是该点集 D-TIN 的外部边界。图 10-9 为凸包的生成过程，算法步骤如下。

图 10-8　逐点插入法的原理

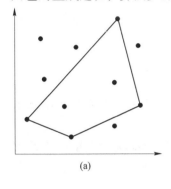 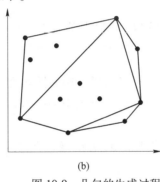 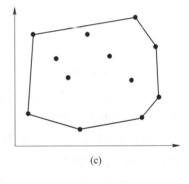

(a)　　　　　　　　　　(b)　　　　　　　　　(c)

图 10-9　凸包的生成过程

（a）建立初始凸包；（b）修改凸包；（c）生成凸包

步骤 1：建立初始凸包，将 $\min x$、$\min y$、$\max x$、$\max y$ 的点或 $\min(x+y)$、$\min(x-y)$、$\max(x+y)$、$\max(x-y)$ 的点连接起来作为初始凸包，并按逆时针方向存储于链表中。

步骤 2：修改凸包，对链表中相邻的两点，检查位于其右侧距离最大的点（计算三角形面积即可）。若点存在，或最大距离为零且该点位于上述两点之间，则将该点插入链表中上述两点之间；否则，不插入。重复以上过程，直到链表中的每一条边均判断一次，即完成凸包的形成。

步骤 3：生成凸包，以最终生成的凸包代替初始凸包，并将链表写入凸包坐标数据文件。

基于凸包构建 D-TIN 有多种方法，其中前沿推进法和环切边界法最为典型。（1）前沿推进法是以凸包的每一条边作为新生成三角形的起始边（所有三角形的边按逆时针方向存储），向凸包内逐渐"推进"，找到相应一点满足 Delaunay 构网法则，生成第一层 Delaunay 三角形。之后，依次以第一层三角形的各边为起始边，找到相应一点满足 Delaunay 构网法则，生成第二层 Delaunay 三角形，如此进行下去，直到构网结束。（2）环切边界法是在凸包链表中每次寻找一个由相邻两条凸包边组成的三角形，在该三角形的内部和边界上都不包含凸包上任何其他点；将这两条凸包边的公共点去掉，得到新的凸包链表，重复以上过程，直到凸包链表中只剩下 3 个离散点为止。将凸包链表中的最后 3 个点构成一个三角形，该三角形连同已经找到的三角形形成整体，成为凸包三角形剖分结果。

基于凸包构建 D-TIN 之后，可以在其中插入任意的特征点，即：通过 Delaunay 法则、外接影响圆分析和分块结构加速搜索，生成加入点的影响 TIN(influence triangulation)，来实现对 D-TIN 的局部更新和相邻拓扑关系的重新定义，也可采用逐点插入法进行 D-TIN 的局部重构。如图 10-10 所示，其重构的基本过程如下。

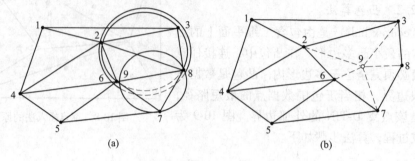

图 10-10　D-TIN 局部重构实例

（a）确定插入域；（b）局部重构

（1）找出外接圆包含插入点的所有三角形，构成插入区域；

（2）删除插入区域内的三角形公共边（见图 10-10（a）中的虚线），形成由影响三角形的顶点构成的多边形；

（3）将插入点与该多边形的所有顶点相连，构成新的 Delaunay 三角形（见图 10-10（b）中的虚线）；

（4）重复（1）~（3），直到所有非凸包点都插入完。

10.4　Voronoi 图的矢量构建算法

Voronoi 图是一种通用的几何结构，在邻近查询与邻域分析、空间模式转换、几何形体重构、图形图像处理与模式识别、晶体和生物大分子结构分析、粒子分析模型、机器人路径规划等方面有广泛应用。Voronoi 图有二维和三维、狭义和广义、一阶和高阶之分，其中最基本、应用最广泛和研究最深入的还是二维欧氏空间平面点集 Voronoi 图，平面线集和面集 Voronoi 图可以通过平面点集 Voronoi 图处理近似获得。平面点集 Voronoi 图常用构造算法主要包括矢量方法和栅格方法，基于矢量的方法有半平面的交、增量算法、分治法、减量算法、间接法，基于栅格的方法有邻域栅格扩张法和栅格邻近归属法。在此，将介绍一种全新的栅格法是平面点集 Voronoi 图的细分算法。

10.4.1　半平面的交

利用等式 $V(p_i) = \cap_{i \neq j} h = (p_i, p_j)$ 构造 $n-1$ 个半平面的交，得到点 p_i 的 Voronoi 多边形，然后逐点构造每一个点的 Voronoi 多边形便得到 S 的 Voronoi 图，该算法的时间复杂性为 $O(n^2)$。利用半平面的交求 Voronoi 图的算法思路如下：

步骤 1：按 x 坐标分类 S 中的各点，设为 p_1, p_2, $\cdots$, p_n；

步骤 2：$i \leftarrow 1$；

步骤 3：利用等式 $V(p_i) = \cap_{i \neq j} h = (p_i, p_j)$ 求点 p_i 的 Voronoi 多边形；

步骤 4：$i \leftarrow i + 1$，重复步骤 3，直至 $i > n$。

10.4.2　增量算法

假设点集 $S = \{p_1, p_2, \cdots, p_n\}$，并设已经构造出 $k(k<n)$ 个点的 Voronoi 图 $Vor(\{p_1, p_2, \cdots, p_k\})$，再增加点 p_{k+1} 之后，要求构造 Voronoi 图 $Vor(\{p_1, p_2, \cdots, p_k, p_{k+1}\})$。若 p_{k+1} 位于以 Voronoi 为顶点 v_i 为圆心的圆内，即 $C(v_i)$ 内，那么 $Vor(\{p_1, p_2, \cdots, p_k\})$ 顶点不一定是 $Vor(\{p_1, p_2, \cdots, p_k, p_{k+1}\})$ 顶点。如图 10-11 所示，图中 $k=4$，凸壳用虚线表示，实线为 $Vor(\{p_1, p_2, p_3, p_4\})$，该 Voronoi 图有两个 Voronoi 顶点 v_1 与 v_2。

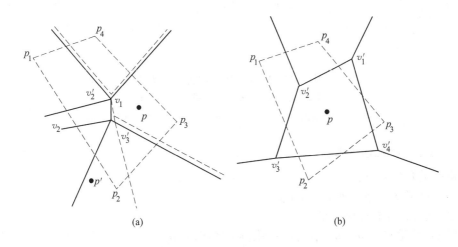

(a)　　　　　　　　　　　　　　　　(b)

图 10-11　Voronoi 图的构造增量算法

（新增点 p 位于点集凸壳的内部或圆 $C(v_2)$ 内）

（a）点 p 在圆内并位于点集的凸壳之外；（b）点 p 位于点集凸壳内

考虑增加的点 p 在圆内并位于点集的凸壳之外（见图 10-11（a）），此时先确定 p 的位置在凸壳的哪条边的右侧、或一条边的右侧、一条边的左侧（该凸壳顶点按逆时针方向排列）；然后修改相应的 Voronoi 多边形及 Voronoi 点。在图 10-11（a）中，点 p 位于凸壳边 $\overline{p_4 p_1}$ 的右侧，图中点线表示 $Vor(\{p_1, p_2, p_3, p_4, p'\})$，该 Voronoi 图有 3 个 Voronoi 点 v_1、v'_2、v'_3。显然，v'_2 与 v'_3 不是 $Vor(\{p_1, p_2, p_3, p_4\})$ 的顶点；v_1 是 $Vor(\{p_1, p_2, p_3, p_4\})$ 的顶点。

假设新增加的点 p 位于点集凸壳内（见图 10-11（b）），此时应先确定点 p 所在的 Voronoi 多边形域，点 p 位于点 p_2 相关的 Voronoi 多边形内。然后修改该 Voronoi 多边形的边与顶点，图 10-11（b）中产生 4 个新的 Voronoi 点 v'_1、v'_2、v'_3 与 v'_4，而原来的 Voronoi 点 v_1 与 v_2（见图 10-11（a））不再是 Voronoi 点。

考虑新增加的点 p 位于凸壳的外部并且不在圆 $C(v)$ 内，其中 v 为 Voronoi 点，如图 10-12 所示。此时分两种情况讨论：（1）点 p 位于凸壳的一条边的右侧，如图 10-12（a）所示。图中点 p 在 $\overline{p_1 p_2}$ 的右侧，修改点 p 所在 Voronoi 多边形的边界，得到点线所示的新增 Voronoi 多边形，并且 v_3 是新增的 Voronoi 点。（2）点 p 位于凸壳的两条边的右侧，如图 10-12（b）所示，图中点 p 在 $\overline{p_4 p_1}$ 的右侧及 $\overline{p_1 p_2}$ 的右侧，修改点 p 所在 Voronoi 多边形的边界，得到点线所示的新增 Voronoi 多边形，并且 v_3、v_4 是新增加的 Voronoi 点。

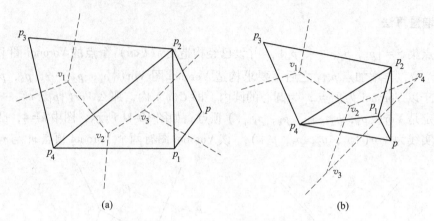

图 10-12　Voronoi 图的构造增量算法

（新增点 p 位于点集凸壳的内部或圆 $C(v_2)$ 外部）

（a）点 p 位于凸壳的一条边的右侧；（b）点 p 位于凸壳的两条边的右侧

10.4.2.1　脱机增量算法

脱机增量算法如下：

输入：点集 $S = \{p_1,\ p_2,\ \cdots,\ p_n\}$。

输出：点集 S 的 Voronoi 图。

步骤 1：任取三点 p_i、p_j、p_k，并拼接成三角形 $p_i p_j p_k$。

步骤 2：计算三角形 $p_i p_j p_k$ 外接圆圆心及半径，设为 v 和 d。

步骤 3：计算距离 $d(p_b,\ v)$（$b = 1,\ n,\ b \neq i,\ j,\ k$），并将距离由小到大分类，设相应点列为 p_1，p_2，$\cdots$，p_{n-3}，$l \leftarrow 1$。

步骤 4：如果 $d(p_b,\ v) > d$ 则进入步骤 6，否则进入步骤 5。

步骤 5：改取三点 p_l、p_j、p_k 或 p_i、p_j、p_l，并拼接成三角形，或有多个点 p_1，p_2，$\cdots$，p_m 在圆 $C(v)$ 内，则取 p_1、p_2、p_3 连接成三角形。

步骤 6：判定 p_1 在已有凸壳哪条边的右侧或两条边的右侧，如图 10-12 所示。

步骤 7：修改 p_1 所在 Voronoi 多边形的边界及顶点。

步骤 8：$l \leftarrow l+1$，进入步骤 6，直到 $l > n-3$。

算法中步骤 6 至步骤 8 的每次循环都是在条件 "p_1 不在圆 $C(v)$ 内" 下执行的，其中 v 是已求得的 Voronoi 点。

算法中步骤 1 与步骤 2 只需要常数时间，步骤 3 要求 $n-3$ 次距离计算及 $n\log_2 n$ 次比较。步骤 4 与步骤 5 耗费常数时间，步骤 5 至步骤 2 的循环次数为常数次，步骤 6 需要 a 次判断，其中 a 为已计算子点集凸壳的边数，每次判断需要 6 次乘法，步骤 7 的耗费为常数，步骤 8 至步骤 6 循环 $n-3$ 次，耗费为：

$$\sum_{a=3}^{n-1} O(n^2) \tag{10-3}$$

因此，算法的时间复杂性为 $O(n^2)$。

10. 4. 2. 2　联机增量算法

假设点集中的点以随机方式并间隔一段时间产生，最初只产生一个点 p_1，间隔 Δt 时间后产生第二个点 p_2，产生 p_2 后，算法立即执行，求出两个点的 Voronoi 图，即 $\overline{p_1 p_2}$ 的中垂线。随后产生第三个点 p_3，算法求三个点 Voronoi 图 $\mathrm{Vor}(\{p_1, p_2, p_3\})$，依此类推。要求算法在 Δt 时间内完成计算增加一个点之后 Voronoi 图的工作。在已有 $\mathrm{Vor}(\{p_1, p_2, \cdots, p_k\})$ 的基础上，随机增加点 p_{k+1} 之后，为了计算 $\mathrm{Vor}(\{p_1, p_2, \cdots, p_k, p_{k+1}\})$，首先要判定点 p_{k+1} 位于 $\mathrm{Vor}(\{p_1, p_2, \cdots, p_k\})$ 中哪个 Voronoi 多边形域内，然后修改相应的 Voronoi 多边形的边与顶点就可以求得 $\mathrm{Vor}(\{p_1, p_2, \cdots, p_k, p_{k+1}\})$。

只要分别计算 p_{k+1} 与 p_1，p_2，$\cdots$，p_k 的距离，然后求得其最小距离，便可判定点 p_{k+1} 落入哪个 Voronoi 多边形域内。设 p_{k+1} 位于与 p_i 关联的 Voronoi 多边形域内，如图 10-12（a）中，p 位于与 p_2 关联的 Voronoi 域内并且 p 在凸壳内，该多边形的边是由 p_2 分别与 p_1、p_3、p_4 的中垂线组成。修改与 p_2 关联的 Voronoi 多边形时，只要分别计算 p 与 p_1、p_2、p_3、p_4 的中垂线，如图 10-12（b）所示。如果 p 不在凸壳内，如图 10-12（b）中点 p，此时 p 位于与 p_1 关联的 Voronoi 多边形域内，该多边形的边是由 p_1 分别与 p_2、p_4 的中垂线组成，修改与 p_1 关联的 Voronoi 多边形时，只要分别计算 p' 与 p_1、p_2、p_4 的中垂线，不必计算 p 与 p_3 的中垂线，从而节省了计算量。

构造 Voronoi 图的联机增量算法步骤如下：

步骤 1：当产生 p_1，p_2 时作 $\overline{p_1 p_2}$ 的中垂线，输出 Voronoi 图为中垂线。

步骤 2：当产生 p_3 时连接 p_1、p_2、p_3 成三角形，作三边中垂线，其交点为 Voronoi 点，从该点引出的三条中垂线构成 Voronoi 图。

步骤 3：$i \leftarrow 4$。

步骤 4：当产生 p_i 时判定 p_i 落在哪个 Voronoi 多边形域内，修改该 Voronoi 多边形及相应 Voronoi 多边形的边与顶点。

步骤 5：$i \leftarrow i+1$，进入步骤 4，直至产生点的工作终止。

算法中步骤 1、步骤 2 与步骤 3 均耗费常数时间。利用分别计算 p_i 至 p_1，p_2，$\cdots$，p_{i-1} 的距离及 $i-2$ 次比较可以求得与 p_i 最近的点，例如 p_j，从而判定 p_i 落入与 p_j 关联的 Voronoi 多边形内，这个工作需要计算 $i-1$ 次距离及 $i-2$ 次比较。修改与 p_j 关联的 Voronoi 多边形边与顶点时，其边的数目决定了计算复杂性，n 个点的 Voronoi 图至多有 $3n-6$ 和 $2n-5$ 个顶点，所以每个 Voronoi 多边形边的数目为一常数，因此修改 Voronoi 多边形边与顶点耗费常数时间。设步骤 5 至步骤 4 的循环次数为 n，则算法时间复杂性为 $O(n^2)$。

第 i 次进行步骤 4，需要 $i+2$ 次距离计算和 $i+1$ 次比较，另外还需要修改相应的 Voronoi 多边形边和顶点，设修改工作所需的时间为 C。如果 Δt_i 表示第 i 次执行步骤 4 所需的时间，那么 Δt_i = 计算（$i+2$）次距离的时间 + ($i+1$) 次比较的时间 + C，这也是产生点 p_{i+3} 后，要间隔 Δt_i 时间再产生点 p_{i+4}。显然，该时间是逐步增加的。

10. 4. 3　分治算法

分治算法（Divide and Conquer Algorithm）是一种算法设计策略，它将一个大问题分解

为多个相同或类似的子问题，然后递归地解决这些子问题，最后将子问题的解合并得到原问题的解。构造 Voronoi 图的分治算法是由 Shamos 和 Hoey 于 1975 年提出的，复杂性为 $O(n\log_2 n)$。算法的基本思想是：按点的 x 坐标的中值（或先按点的二坐标分类，然后从中间分割）分割点集 S 为 S_1 与 S_2，使 $|S_1| = |S_2| = \dfrac{1}{2}|S|$。如果 S_1、S_2 含点数目大于 4，则继续分割点集，直至子点集规模小于或等于 4，对于每个子点集利用 10.4.1 小节或 10.4.2 小节中的方法求 Voronoi 图，然后不断合并相邻子点集的 Voronoi 图，直至得到 $\mathrm{Vor}(S)$。该算法思路如下：

步骤 1：划分 S 为规模近似相等的子集 S_1，S_2。

步骤 2：递归地构造 $\mathrm{Vor}(S_1)$ 和 $\mathrm{Vor}(S_2)$。

步骤 3：构造折线 B，分开 S_1 和 S_2，并使 $d(a,v)=d(b,v)$，其中 $a \in S_1$，$b \in S_2$，v 为折线上的点。

步骤 4：删去位于 B 侧 $\mathrm{Vor}(S_2)$ 的所有边及位于 B 侧 $Vor(S_1)$ 的所有边，得到集合 S 的 Voronoi 图 $\mathrm{Vor}(S)$。

组成折线 B 的每条线段是 S_1 和 S_2 中某两点连线的垂直平分线。假设已知 $CH(S_1)$ 和 $CH(S_2)$，在线性时间内求得 $CH(S_1)$ 和 $CH(S_2)$ 的正切线。设 $\overline{p_1 p_2}$ 为所求的正切线，$p_1 \in S_1$，$p_2 \in S_2$，作 $\overline{p_1 p_2}$ 的垂直平分线。设想由上向下沿该垂直平分线下移的 z 点遇到 $\mathrm{Vor}(S_2)$ 或 $\mathrm{Vor}(S_1)$ 的一条边，例如遇到 $\mathrm{Vor}(S_2)$ 的一条边，如图 10-13 所示；图中点 p_7 和 p_4 分别属于 $S_1 = \{p_1, p_2, \cdots, p_8\}$ 和 $S_2 = \{p_9, p_{10}, \cdots, p_{16}\}$，$\overline{p_{14} p_7}$ 的向下垂直平分线首先与 $\mathrm{Vor}(S_2)$ 的边相交，即与 $p_{11} p_{14}$ 的垂直平分线与 $\overline{p_{14} p_7}$ 的垂直平分线的交点，因此 q_1 是三角形 $p_{14} p_7 p_{11}$ 的外接圆的圆心，所以下一段折线为 $p_7 p_{11}$ 的垂直平分线上的一条线段，此时寻找 $\overline{p_7 p_{11}}$ 的垂直平分线与 p_7 关联的 Voronoi 多边形的哪条边相交，从图中可以看到 $\overline{p_7 p_{11}}$ 的垂直平分线与 $\overline{p_7 p_6}$ 的垂直平分线相交交点为 q_2。$\overline{q_2 q_3}$ 为 $\overline{p_{11} p_6}$ 的垂直平分线上的一条线段，即寻找 $\overline{p_{11} p_6}$ 的垂直平分线与 p_{11} 关联的 Voronoi 多边形边相交，则以比 q_2 的 y 坐标小的点作为 B 的下一个顶点 q_3，q_3 为 $\overline{p_{11} p_6}$ 的垂直平分线与 $p_{11} p_{10}$ 的垂直平分线的交点。同理，$\overline{q_3 q_4}$ 为 $\overline{p_6 p_{10}}$ 的垂直平分线上的一条线段（q_4 为 $\overline{p_6 p_{10}}$ 的垂直平分线与 $\overline{p_6 p_5}$ 的垂直平分线的交点），$\overline{q_4 q_5}$ 为 $\overline{p_{10} p_5}$ 的垂直平分线上的一条线段（q_5 为 $\overline{p_5 p_{10}}$ 的垂直平分线与 $\overline{p_8 p_5}$ 的垂直平分线的交点），$\overline{q_5 q_6}$ 为 $\overline{p_{10} p_8}$ 的垂直平分线上的一条线段（q_6 为 $\overline{p_{10} p_8}$ 的垂直平分线与 $\overline{p_{10} p_{12}}$ 的垂直平分线的交点），$\overline{q_6 q_7}$ 为 $\overline{p_8 p_{12}}$ 的垂直平分线上的一条线段（q_7 为 $\overline{p_{12} p_8}$ 的垂直平分线与 $\overline{p_{12} p_9}$ 的垂直平分线的交点），$\overline{q_7 q_8}$ 为 $\overline{p_8 p_9}$ 的垂直平分线上的一条线段（q_8 为 $\overline{p_8 p_9}$ 的垂直平分线与 $\overline{p_8 p_4}$ 的垂直平分线的交点），q_8 向下的射线是 $\overline{p_9 p_4}$ 的垂直平分线上的一条射线。折线 B 的构造过程，如图 10-14 所示。

该折线 B 构造过程可以看成是三角形序列的演变过程，也就是 $p_{14} p_7 p_{11} \rightarrow p_7 p_{11} p_6 \rightarrow p_{11} p_6 p_{10} \rightarrow p_6 p_{10} p_5 \rightarrow p_5 p_{10} p_8 \rightarrow p_{10} p_8 p_{12} \rightarrow p_{12} p_8 p_9 \rightarrow p_8 p_9 p_4$，称为三角形顶点转移法。

设 $S_1 = \{a_1, a_2, \cdots, a_k\}$，$S_2 = \{b_1, b_2, \cdots, b_k\}$，并假设已求得 $CH(S_1)$ 和 $CH(S_2)$，构造折线 B 的算法如下：

步骤 1：计算 $CH(S_1)$ 和 $CH(S_2)$ 的正切线，设为 $\overline{p_{a1} p_{b1}}$ 和 $\overline{p_{ak} p_{bk}}$，p_{a1} 的 y 坐标大于 p_{ak} 的 y 坐标，p_{b1} 的 y 坐标大于 p_{bk} 的 y 坐标。

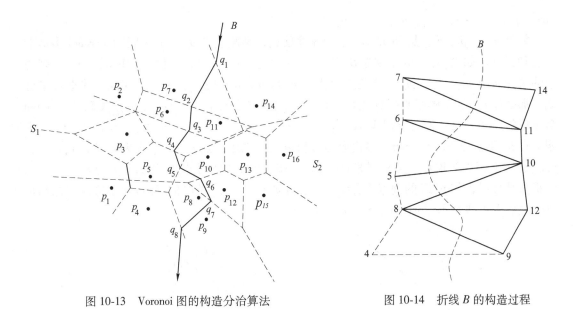

图 10-13 Voronoi 图的构造分治算法 　　　　图 10-14 折线 B 的构造过程

步骤 2：作 $\overline{p_{a1}p_{b1}}$ 的垂直平分线 l_{a1b1}，l_{a1b1} 与 p_{a1}（或 p_{b1}）关联的 Voronoi 多边形（$\overline{p_{b1}p_{b1}}$ 的垂直平分线或 $\overline{p_{a1}p_{a2}}$ 的垂直平分线）相交。如果有多个交点，则取 y 坐标值最大的点为 B 的第一个顶点 q_1；否则，交点为 B 的新顶点。

步骤 3：用三角形顶点转移法选择新的三角形，并用步骤 2 的方法计算 B 的新顶点，直至作出 $\overline{p_{ak}p_{bk}}$ 的垂直平分线。

执行步骤 2 时需要确定 l_{a1b1} 与 p_{b1} 关联的 Voronoi 多边形边的哪条边相交，这只要判断该 Voronoi 多边形的端点对是否位于 l_{a1b1} 的两侧即可，如果位于两侧，则相交；否则，不相交。如果相交，则求出交点，得到 B 的一个新顶点。

步骤 1 需要线性时间。折线 B 穿过 $\mathrm{Vor}(S_1)$ 和 $\mathrm{Vor}(S)$ 时，组成 B 的线段数目不超过 $|S_1|+|S_2|=n$。求每条线段只需常数时间，所以构造 B 仅用线性时间。设 $T(n)$ 表示用分治法构造 n 个点的点集 S 的 Voronoi 图所需要的时间，则 $T(n)$ 满足下述递归关系式：

$$T(n) = 2T\left(\frac{n}{2}\right) + O(n) \tag{10-4}$$

式中，$O(n)$ 为合并 $\mathrm{Vor}(S_1)$ 和 $\mathrm{Vor}(S_2)$ 所需要的时间。

由式（10-4）可得，该递归关系式的解为 $T(n) = O(n\log_2 n)$。

10.4.4 减量算法

减量算法（Decremental Algorithm）是一种算法设计方法，用于处理在动态环境下的数据结构更新问题。它通常用于在已有数据结构的基础上进行删除操作，即从现有数据结构中删除一个或多个元素。减量算法的特点是：它基于已有的数据结构，通过删除操作来更新数据结构，而不是重新构建整个数据结构。这种更新方式可以节省时间和空间开销，特别适用于处理大规模数据或需要频繁更新的情况。

已知点集 $S = \{p_1, p_2, \cdots, p_n\}$ 的 Voronoi 图，现删去点 p_i 之后，要求构造 Voronoi 图

$\mathrm{Vor}(\{p_1, p_2, \cdots, p_{i-1}, p_{i+1}, \cdots, p_n\})$。

如果 p_{i-1}、p_i、p_{i+1} 是 $BCH(S)$ 上的连续顶点，则删去点 p_i 及 p_i 关联的 Voronoi 多边形的边和顶点。如果 p_{i-1} 与 p_{i+1} 成为 $BCH(S-\{p_i\})$ 上相邻顶点，并设 p_i 关联的 Voronoi 多边形的边为 m_1，m_2，$\cdots$，m_k，这些边分别是 p_i 与 p_j、p_i 与 p_{j+1}、$\cdots$、p_i 与 p_{j+k} 的垂直平分线，那么作 $\overline{p_{i-1}\,p_{i+1}}$ 的垂直平分线并且修改点 p_{i-1}，p_j，p_{j+1}，$\cdots$，p_{j+k}，p_{i+1} 关联的 Voronoi 多边形的边和顶点，便可求得 $\mathrm{Vor}(\{p_1, p_2, \cdots, p_{i-1}, p_{i+1}, \cdots, p_n\})$。图 10-15（a）中删去点 p_5 及 p_5 关联的 Voronoi 多边形的边和顶点，之后，点 p_4 与 p_1 成为 $BCH(\{p_1, p_2, p_3, p_4\})$ 上相邻的顶点，点 p_5 关联的 Voronoi 多边形的边分别是 p_5 与 p_1、p_5 与 p_2、p_5 与 p_4 的垂直平分线，作 $\overline{p_1\,p_4}$ 的垂直平分线，并且修改点 $p_4\,p_1\,p_2$ 关联的 Voronoi 多边形的边和顶点，最后以点线表示 $\mathrm{Vor}(\{p_1, p_2, p_3, p_4\})$。

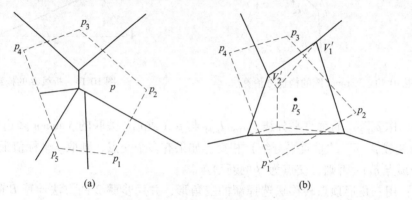

图 10-15   Voronoi 图的构造减量算法
（a）p 点在多边形内；（b）删除 p 点后

如果删去点 p_i 之后，p_{i-1} 与 p_{i+1} 不是 $BCH(S-\{p_i\})$ 上相邻顶点，如图 10-15（b）所示，那么只要删去点 p_i（见图 10-15（b）中点 p）及 p_i 关联的 Voronoi 多边形的边和顶点，并修改 $BCH(S-\{p_i\})$ 上新顶点关联的 Voronoi 多边形的边和顶点，便可得到 $\mathrm{Vor}(\{p_1, p_2, \cdots, p_{i-1}, p_{i+1}, \cdots, p_n\})$。图 10-15（b）中，删去点 p 之后，点 p_1 是 $BCH(S-\{p\})$ 上新顶点，虚线为删去的点 p 关联的 Voronoi 多边形边，虚线为 $\mathrm{Vor}(\{p_1, p_2, p_3, p_4\})$。

考虑删去的点 p_i 在凸壳内部，如图 10-15（b）中的点 p_5，此时删去点 p_5 关联的 Voronoi 多边形的边和顶点，并修改点 p_1、p_2、p_3、p_4 关联的 Voronoi 多边形的边和顶点，因为这些 Voronoi 多边形与 p_5 关联的 Voronoi 多边形有共同的边。

构造点集 S 的 Voronoi 图的减量算法如下：

步骤 1：如果 p_{i-1}，p_i，p_{i+1} 是 $BCH(S)$ 上连续的三个顶点；$\widehat{p_{i-1}}$ 与 $\widehat{p_{i+1}}$ 是 $BCH(S-\{p_i\})$ 上相邻顶点；$\widehat{p}$ 关联的 Voronoi 多边形边；m_{i1}，m_{i2}，$\cdots$，m_{in} 分别是 p_i 与 p_j，p_i 与 p_{j+1}，$\cdots$，p_i 与 p_{j+k} 的垂直平分线。

然后删去点 p_i 及 p 关联的 Voronoi 多边形边和顶点，作 $p_{i-1}\,p_{i+1}$ 的垂直平分线并修改点 p_{i-1}，p_j，p_{j+1}，$\cdots$，p_{j+k}，p_{i+1} 关联的 Voronoi 多边形的边和顶点。

p_{i-1}，p_k，p_{i+1} 是 $BCH(S-\{p_i\})$ 上连续的三个顶点。

然后删去点 p_i 及 p_i 关联的 Voronoi 多边形的边和顶点，并修改点 p_k 关联的 Voronoi 多边形的边和顶点。

步骤 2：如果 p_i 在 $CH(S)$ 内部 $\widehat{p_i}$ 关联的 Voronoi 多边形边分别是 p_i 与 p_j，p_i 与 p_{j+1}，$\cdots$，p_i 与 p_{j+k} 的垂直平分线。

然后删去点 p_i 及 p_{ji} 关联的 Voronoi 多边形边和顶点，并修改点 p_j，p_{j+1}，$\cdots$，p_{j+k} 关联的 Voronoi 多边形的边和顶点。

执行该算法时，首先判定点 p_i 是否为凸壳顶点或在凸壳内，这需要求出 $CH(S)$，再进行比较，其耗费为 $O(n\log_2 n)$。如果点 p_{i-1}、p_i、p_{i+1} 是 $BCH(S)$ 上连续的三个点，删去点 p_i 之后，耗费 $O(\log_2 n)$ 时间可以恢复 $BCH(S-\{p_i\})$，即判定 p_{i-1} 与 p_{i+1} 之间是否有新的凸壳顶点。删去点 p_i 及 p_i 关联的 Voronoi 多边形的边和顶点，修改相应的 Voronoi 多边形的边和顶点，耗费常数时间。因此，算法的时间复杂性为 $O(n\log_2 n)$。

10.4.5　间接法

间接法是结合 Voronoi 图与 Delannay 三角网的对偶关系而得到的算法。间接法的基本思想是：假设平面上有 n 个离散点，首先对这 n 个站点生成对应的 Delannay 三角网，随后对每个三角形的每条边作垂直平分线，所有站点对应的 Voronoi 图就是所有的垂直平分线的交，这就间接地生成生长元对应的 Voronoi 图。

间接法的重点步骤是生成 Delannay 三角网，在点确定的情况下 Delannay 三角网是唯一的，最后生成离散点集的 Voronoi 图。这个算法的时间复杂度取决于 Delannay 三角网生成的时间。如图 10-16 所示，实线是 Delannay 三角网，虚线为 Voronoi 图。

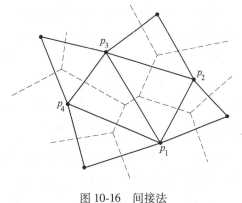

图 10-16　间接法

10.5　Voronoi 图的栅格构建算法

10.5.1　栅格扩张法

栅格扩张法是构建 Voronoi 图栅格表示的一种直观且有效的方法。它将栅格空间分割为具有不同属性的区域，以反映数据点之间的最近邻关系。栅格扩张法的基本思想：在平面的栅格空间中，第一步定义两个栅格 $p_1(x_1,y_1)$ 和 $p_2(x_2,y_2)$ 间的欧氏距离为：$d(P_1 \cdot P_2) = \sqrt{(x_1-x_2)^2 + (y_1-y_2)^2}$，然后计算每一个栅格与它邻近的一些发生元栅格之间的欧氏距离，以最近距离的发生元栅格的代码作为这个栅格的隶属代码，重复以上这一步，直到所有定义区域中的栅格单元的归属都被检索完毕，算法结束，就可以得到图形。栅格扩张法的时间复杂度为 $O(m^2 - n^2)$，其中 m 为栅格的总数量。

栅格扩张法的具体步骤如下：

步骤 1：构建栅格。

步骤 2：生成点集 $\{p_1,p_2,\cdots,p_n\}$。

步骤 3：查找每个发生元的邻近发生元栅格，从每个数据点开始，向周围的空白栅格单元格扩张，直到与相邻数据点的扩张边界相遇或达到边界限制。扩张操作可以通过广度优先搜索（BFS）或其他遍历算法来实现。

步骤4：计算某个栅格与其邻近的发生元栅格之间的欧氏距离，以最近距离的发生元栅格的代码作为该栅格的隶属代码。通常使用欧氏距离或其他距离度量来计算距离。

步骤5：合并集合。

步骤6：作图。

其中，步骤4计算距离耗时巨大。其计算时随着栅格变小而增加，但随着增加发生元所占栅格数量，时间会减少。

10.5.2　平面点集 Voronoi 图的细分算法

假设 $p_1(x_1, y_1)$，$p_2(x_2, y_2)$，$\cdots$，$p_n(x_n, y_n)$ 是给定二维平面上的 n 个站点，考虑的平面矩形区域是 $[\underline{x}, \overline{x}] \times [\underline{y}, \overline{y}]$，像素点大小（即像素点的长度和宽度中较大的那个）为 ε。计算这个平面矩形区域内这 n 个点的 Voronoi 图，等同计算这个平面矩形区域内到这些点的距离最短有两处或两处以上达到的像素点全体。

算法的关键步骤是：将平面矩形区域 $[\underline{x}, \overline{x}] \times [\underline{y}, \overline{y}]$ 用四叉树算法进行细分，计算出平面矩形区域 $[\underline{x}, \overline{x}] \times [\underline{y}, \overline{y}]$ 内到这 n 个站点的距离最短至少两处相同的像素点集合 M。先用普通区间算术（一种数值分析方法）逐个计算平面矩形区域 $[\underline{x}, \overline{x}] \times [\underline{y}, \overline{y}]$ 和站点 $p_i(x_1, y_1)$ 之间的区间距离 $[\underline{g_i}, \overline{g_i}] = \sqrt{([\underline{x}, \overline{x}] - x_i)^2 + ([\underline{y}, \overline{y}] - y_i)^2}$，再令，$\underline{g} = \min\{\underline{g_i}\}$，$\overline{g} = \min\{\overline{g_i}\}$（$1 \leq i \leq n$），则 $[\underline{g}, \overline{g}]$ 是平面矩形区域 $[\underline{x}, \overline{x}] \times [\underline{y}, \overline{y}]$ 到 n 个站点的距离最短区间。如果 $[\underline{g}, \overline{g}]$ 与 $[\underline{g_i}, \overline{g_i}]$，$1 \leq i \leq n$ 中只有一个区间相交，那么 $[\underline{x}, \overline{x}] \times [\underline{y}, \overline{y}]$ 不可能包含 Voronoi 图的点，从而可以抛弃 $[\underline{x}, \overline{x}] \times [\underline{y}, \overline{y}]$；但是，如果 $[\underline{g}, \overline{g}] \times [\underline{g_i}, \overline{g_i}]$，$1 < i < n$ 中至少两个区间相交，则此时 $[\underline{x}, \overline{x}] \times [\underline{y}, \overline{y}]$ 可能包含 Voronoi 图的点，此时将 $[\underline{x}, \overline{x}] \times [\underline{y}, \overline{y}]$ 在中点处平分为四个小矩形，然后对这四个小矩形区域分别重复刚才这个过程，通过不断四叉树递归使得区域细分后的部分逐渐减小，直到细分区域的大小即区域的长和宽都小于或等于 ε 为止；如果还是排除不掉，就将这个区域存入 Q，那么 Q 就是我们要计算的 Voronoi 图。

根据算法原理，具体步骤描述如下：

步骤1：输入 n 个平面点 $p_1(x_1, y_1)$，$p_2(x_2, y_2)$，$\cdots$，$p_n(x_n, y_n)$，它们所在的平面矩形区域 $[\underline{x}, \overline{x}] \times [\underline{y}, \overline{y}]$ 和像素的大小 ε。

步骤2：计算 $[\underline{g_i}, \overline{g_i}] = \sqrt{([\underline{x}, \overline{x}] - x_i)^2 + ([\underline{y}, \overline{y}] - y_i)^2}$，我们使用普通区间算术。然后令 $[\underline{g_i}, \overline{g_i}] = [\min\{\underline{g_i}\}, \min\{\overline{g_i}\}$，$1 \leq i \leq n]$，如果 $[\underline{g}, \overline{g}]$ 与 $[\underline{g_i}, \overline{g_i}]$，$1 \leq i \leq n$ 中只有一个区间相交，那么抛弃 $[\underline{x}, \overline{x}] \times [\underline{y}, \overline{y}]$；如果 $[\underline{g}, \overline{g}]$ 与 $[\underline{g_i}, \overline{g_i}]$，$1 \leq i \leq n$ 中至少两个区间相交，则将区域 $[\underline{x}, \overline{x}] \times [\underline{y}, \overline{y}]$ 在其中点处平分为四个小矩形，对每个小矩形重复步骤2，直到细分区域的长和宽都小于或等于 ε 为止；如果还是排除不掉，就将这个区域存入 Q。

步骤3：画出 $p_1(x_1, y_1)$，$p_2(x_2, y_2)$，$\cdots$，$p_n(x_n, y_n)$ 以及 Voronoi 图 Q，算法结束。

以上细分算法充分利用了 Voronoi 区域的连贯性，当算法判断出某矩形区域 $[\underline{x}, \bar{x}] \times [\underline{y}, \bar{y}]$ 内不可能包含 Voronoi 图时，可以把整个矩形区域 $[\underline{x}, \bar{x}] \times [\underline{y}, \bar{y}]$ 删除掉，从而运行效率比较高。

习　题

10-1　TIN 和 Voronoi 图在地理空间分析中有哪些共同的应用领域？

10-2　TIN 和 Voronoi 图都是从点集构建的地理空间结构，但构建的原理和方法不同。思考 TIN 和 Voronoi 图的构建过程，讨论它们之间的区别和联系。

10-3　在什么情况下应该从 TIN 转换为 Voronoi 图，或者从 Voronoi 图转换为 TIN？

10-4　编程实现脱机增量算法构建 Voronoi 图。

10-5　编程实现分治算法构建 Voronoi 图。

11 空间分析算法

在我们的生活中，大部分的信息数据都离不开位置。回家、去上班、寻找商场、餐厅、景点等一些生活中的小事，都离不开位置信息，那么怎样才能利用位置信息更好地服务大众生活呢？这就需要我们将各种空间、时间、属性等信息整合与分析，获得最好的决策帮助，空间分析在此起到了关键作用。现代的地理空间分析几乎涵盖了所有工业领域，如石油、天然气、国防、公共卫生等，不只是专业的地信从业人员需要掌握空间分析技术，更有很多不同行业的人需要进行空间分析。因此地理分析不能仅依赖专业的地理信息系统应用程序，而是使用一门编程语言也能实现基础的功能。

空间分析是基于地理目标的位置和空间形态特征的空间分析技术，从地理空间的角度描述和分析问题，将空间数据与非空间数据进行联合分析，提取和发现隐含的空间信息或规律，为目标项目做出合理分析。当涉及空间数据的处理和分析时，空间分析算法是至关重要的工具。基本的空间分析有缓冲区分析、叠置分析、路径分析和资源分配分析。

11.1 拓扑结构分析

拓扑研究是新兴的研究图形的几何学，也是几何学的一个分支，简单的几何运算描述距离和方向的信息，不能满足地理信息的数据分析要求，还需要研究几何图形的空间关系，如空间对象结点、弧段、多边形之间的包含、邻接、相离、关联等关系，它是空间分析、辅助决策等的基础内容，是地理信息分析区别于其他数据分析的主要内容之一，是空间数据分析的重要组成部分。拓扑学为空间关系的研究提供了数学方法，它研究的不是几何体的面积、周长、边长，而是将几何体抽象成点、线、面等元素，再研究其间的关系；并且在地理分析过程中，采集完数据之后，需要对数据进行拓扑检查，比如面是否闭合、点是否有悬挂等问题，以便实现后续的空间分析要求。

11.1.1 基础拓扑结构

基础的拓扑数据包含结点、弧段和多面形，点是相互独立的，点连成线，线构成面，构成多边形的线被称为弧段。每条弧段始于起始结点，止于终止结点，两条以上弧段相交的点称为结点。由一条弧段组成的多边形称为岛，多边形图中不含岛的多边形称为简单多边形，表示单连通区域；含岛区的多边形称为复合多边形，表示复连通区域。

（1）拓扑结点。拓扑结点（见图11-1）是

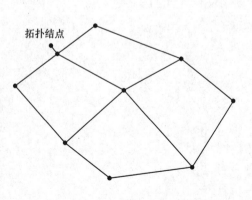

拓扑结点

图 11-1　拓扑结点

用来描述弧段交点的对象，如道路的路口、房屋的转角等，通常用 N_i 表示。当结点只与一条弧段相连接时，该结点被称为悬挂结点。结点一般包括结点号、结点坐标，与该结点项链的弧段的集合。结点可以用来检测弧段与弧段的连接关系和多边形是否正确闭合。

（2）拓扑面。拓扑面（Topological Face）是拓扑学中用于描述二维空间中封闭区域或多边形的概念，一般沿着弧段前进方向，弧段右边为右多边形，弧段左边为左多边形。在地理信息系统（GIS）中，拓扑面用于表示地理空间中的多边形要素、区域或面状对象。

```
public class TopologicalFace
{
    public List<Point>BoundaryPoints{get;set;}
    public TopologicalFace(List<Point>boundaryPoints)
    {
        BoundaryPoints=boundaryPoints;
    }
    ……        //可以在类中定义其他方法和操作
}
```

11.1.2 拓扑结构之间的关系

二维的空间拓扑关系一般包括拓扑相邻、拓扑邻接、拓扑关联和拓扑包含 4 种，无论图形如何变化，它们之间的拓扑关系都不会改变，即不受投影关系、比例尺等的影响。以下是几种常见的拓扑结构之间的关系：

（1）拓扑相邻是指两个目标之间相互邻近但又不互相接触的关系，比如树木与道路、道路与建筑等。

（2）拓扑邻接是指两个目标之间相互邻接的关系，如两个共线的面。

（3）拓扑关联是指不同目标之间的相互关联关系，如结点和弧段之间的关系、弧段和面之间的关系。

（4）拓扑包含是指不同目标之间的包含关系，如面包含其他面或者线、点，空间数据的拓扑关系对地理信息系统的数据处理和空间分析具有重要意义。

11.2　缓冲区分析算法

缓冲区分析是地理空间分析中最为常见的一种空间分析，通常用于某个目标的影响范围或服务范围，这个目标可以是点状要素、线状要素、面状要素或者点线面的综合要素。例如，确定某个医院的服务范围、确定铁路修建时的安全带、确定生态区的保护范围、确定某写字楼周围一定距离内有哪些餐馆等，都与最基本的缓冲区分析相关。

缓冲区是根据空间分析对象的点、线、面实体目标，自动建立周围一定宽度范围的多边形，而一定宽度范围的最大距离被称为缓冲距 R。从数学角度讲，单个目标的缓冲区是与对象的距离 d 小于或等于 R 的全部点的集合；对于多个对象集合的缓冲区就是其半径为 R 的缓冲区和对象缓冲区的并集。按照空间目标要素类型分为点缓冲区、线缓冲区、面缓冲区以及复杂目标缓冲区。点缓冲区是围绕该点的半径为缓冲距的圆周所包含的区域；线缓冲区是在平行线的两侧建立一定距离的带状区域，线的端点处使用圆弧或者直线闭合；面缓冲区，是沿该面边界线内侧或外侧按一定距离生成的闭合面；复杂目标缓冲区，即多个对象的缓冲区，需要经过计算和判断生成一个复杂多边形或者多边形集合。因此，缓冲区分析是解决邻近度问题的空间分析工具之一。不同类型空间目标的缓冲区如图 11-2 所示。

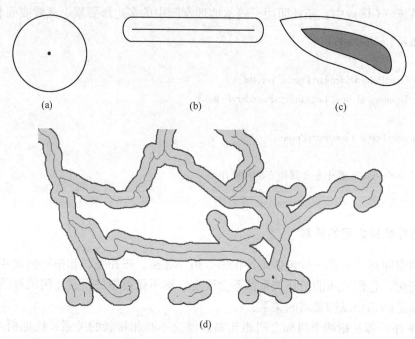

图 11-2　不同类型空间目标的缓冲区
（a）点缓冲区；（b）线缓冲区；（c）面缓冲区；（d）复杂目标缓冲区

在缓冲区分析算法中，关键算法在于缓冲区边界的生成、边线处理以及多个缓冲区的合并。根据数据结构的不同，可以分为基于矢量数据的缓冲区和基于栅格数据的缓冲区。由于基于矢量数据的缓冲区精度高、数据量较基于栅格数据的缓冲区数据量小，方法相对成熟，更能满足大众用户，栅格图像需要在栅格像元之间进行布尔运算，当缓冲区较大时会带来较重的运算负荷，故在此介绍基于矢量数据的缓冲区生成。

为了方便后续章节的理解，在此引入几个如图 11-3 所示的概念图。

（1）轴线：线目标的坐标点的有序串构成的迹线，或面目标的有向边界线。

（2）轴线的左侧和右侧：沿轴线前进方向的左侧和右侧分别称为轴线的左侧和右侧。

（3）多边形的方向：若多边形的边界为顺时针方向，则为正向多边形；否则，为负向多边形。按公式计算的正向多边形的面积为正，负向多边形的面积为负。

（4）缓冲区的内侧和外侧：位于轴线前进方向左侧的缓冲区称为缓冲区外侧；反之，为内侧。

（5）轴线的凹凸性：轴线上顺序 3 点，用右手螺旋法则，若拇指朝上，则中间点左边凹右边凸；若拇指朝下，中间点左边凸右边凹。

（6）正缓冲区多边形和负缓冲区多边形：闭合多边形包含的内部区域为缓冲区范围的

多边形为正缓冲区多边形；反之，闭合多边形不包含的外部区域为负缓冲区多边形。

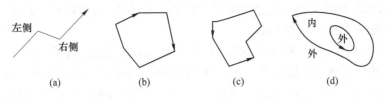

图 11-3　概念图示

（a）轴线的左侧和右侧；（b）正向多边形；（c）负向多边形；（d）缓冲区的内侧和外侧

11.2.1　点缓冲区边界生成算法

对于点、线、面不同的几何目标，建立缓冲区的方式有所不同。点目标的缓冲区生成算法比较简单，是以点目标为中心，缓冲距 R 为半径生成一个圆。根据不同的需求，缓冲距 R 可以不一样，算法的关键在于确定以点目标为中心的缓冲区的边界。给定一个点和缓冲区的半径，该算法会生成一个表示缓冲区边界的几何形状，通常是一个多边形。这个多边形表示以给定点为中心，具有指定半径的圆形缓冲区，如图 11-4 所示。

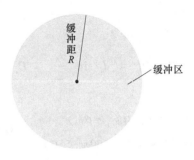

图 11-4　点缓冲区示例

11.2.2　线缓冲区边界生成算法

线状目标缓冲区的生成是点、线、面三种基本空间矢量要素缓冲区生成的基础和关键，同时生成算法也较为复杂。关键算法在于缓冲区边界点的生成，以线为轴，以缓冲距 R 作两侧的平行线，并在线的两端建立两个以缓冲距 R 为半径的圆弧段，主要方法有角平分线法和凸角圆弧法。除了缓冲区边界生成算法之外，还要考虑一些特殊情况的处理，例如尖角、凹陷边线的自相交问题。

11.2.2.1　角平分线法

角平分线法是在轴线的两边作出距离为缓冲距 R 的平行线，在各转折点处，将该点两边轴线平行线的交点作为缓冲区的转折点，轴线端点处作半径为缓冲距 R 的弧段，最终形成缓冲区。角平分线法如图 11-5 所示。

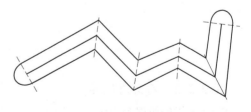

图 11-5　角平分线法

算法步骤如下：

（1）确定目标；

（2）确定线状目标左右侧的缓冲距离 d_r 和 d_l；

（3）提取线状目标的 n 个转折点，包括起始点和终点（端点）；

（4）沿轴线前进方向，依次计算轴线上各转折点的角平分线，线段起始点和终点处的角平分线取起始线段或终止线段的垂线；

（5）在各点角平分线的延长线上，分别以左右侧缓冲距 R 确定缓冲点位置；

（6）将左右缓冲点顺序连接，即构成线状目标的左右缓冲边界的基本部分；

（7）在起始点和终点处，以左右侧缓冲距离之和为直径，以角平分线（即垂线）为直径所在位置分别向外作外接半圆；

（8）将外接半圆分别与左右缓冲区边界的基本部分相连接，即形成缓冲区。

上述步骤中，关键的问题在于（5），左右缓冲点的确定。如图 11-6 所示。设轴线上相邻的三个点 $A(x_A, y_A)$、$B(x_B, y_B)$ 和 $C(x_C, y_C)$，AB、BC 连线的方位角为 α_{AB} 和 α_{BC}，沿前进方向，左右侧的缓冲宽度分别为 d_r 和 d_l，则计算可得：

$$\begin{cases} x_{Bl} = x_B - D_l\cos\beta_B \\ y_{Bl} = x_B - D_l\sin\beta_B \\ x_{Br} = x_B + D_r\cos\beta_B \\ y_{Br} = x_B + D_r\sin\beta_B \end{cases} \tag{11-1}$$

其中，$D_l = d_l/\sin\dfrac{\theta_B}{2}$、$D_r = d_r/\sin\dfrac{\theta_B}{2}$、$\alpha_{BA} = \begin{cases} \alpha_{AB} + \pi & (\alpha_{AB} < \pi) \\ \alpha_{AB} - \pi & (\alpha_{AB} \geqslant \pi) \end{cases}$、$\theta_B =$

$\begin{cases} \alpha_{BC} - \alpha_{BA}(\alpha_{BC} > \alpha_{BA}) \\ \alpha_{BC} - \alpha_{BA} + 2\pi(\alpha_{BC} < \alpha_{BA}) \end{cases}$、$\beta_B = \begin{cases} \alpha_{BA} + \dfrac{1}{2}\theta_B - 2\pi(\alpha_{AB} < \pi) \\ \alpha_{BA} + \dfrac{1}{2}\theta_B(\alpha_{AB} \geqslant \pi) \end{cases}$。

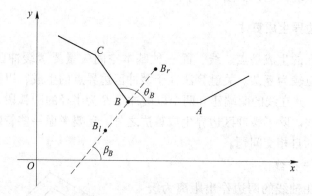

图 11-6　缓冲点求解

11.2.2.2　凸角圆弧法

由于角平分线很难最大限度地保证双线的等宽性，而且校正过程复杂，算法模型结构化不强，几何生成的过程中异常情况较多，所以通常采用凸角圆弧法生成线缓冲区。其基本思想是：在轴线两端用半径为缓冲距的圆弧弥合；在轴线的各转折点，首先判断该点的凹凸性，在凸侧用半径为缓冲距 R 的圆弧代替顶点的尖角，在凹侧依旧使用距轴线为缓冲距 R 的两平行线的交点作为对应顶点，然后将这些圆弧弥合点和平行线交点依一定顺序连接起来，即形成闭合的缓冲区边界。

算法步骤如下：

（1）判断轴线转折点的凹凸性；

（2）计算凹侧缓冲点坐标；

（3）计算凸侧缓冲圆弧的起始点和终点；

（4）确定圆弧弥合方向。

下面介绍按照上述步骤处理算法中的关键问题。

A　轴线转折点的凹凸性判断

轴线转折点的凹凸性决定何处用圆弧弥合，何处用平行线求交，这个问题可以转化为两个向量的叉乘来判断。设有沿轴线方向顺序三个点 $P_{i-1}(x_{i-1}, y_{i-1})$，$P_i(x_i, y_i)$，$P_{i+1}(x_{i+1}, y_{i+1})$，把与转折点相邻的两个线段看为两个三维向量，有如下公式：

$$P_{i-1}P_i = (x_i - x_{i-1}, y_i - y_{i-1}, 0) \tag{11-2}$$

$$P_{i+1} = (x_{i+1} - x_i, y_{i+1} - y_i, 0) \tag{11-3}$$

则轴线转折点的凹凸性可由向量叉乘 $P_{i-1}P_i \times P_iP_{i+1}$ 在 z 方向值 λ 的符号决定，其中：

$$\lambda = (x_i - x_{i-1})(y_{i+1} - y_i) - (x_{i+1} - x_i)(y_i - y_{i-1}) \tag{11-4}$$

若 $\lambda < 0$，P_i 为凸点；若 $\lambda = 0$，则三点共线；若 $\lambda > 0$，P_i 为凹点。

B　内侧缓冲点坐标的计算

内侧缓冲点，即是与 P_i 相邻的两线段内侧平行线的交点。建立平移坐标系，以转折点 P_i 为新坐标系原点，假设相邻两线段的方向角（与 x 轴正向逆时针方向形成的角）分别为 α_1、α_2，缓冲距为 R，平行线交点 P 到转折点 P_i 的距离为 d，因平行线的交点在角平分线上，令角平分线的方向角为 α。

设 P_i 为凹点，下面确定平行线交点 $P(x'_P, y'_P)$ 的坐标。由图 11-7 得：

$$\begin{cases} R = d\sin(\alpha - \alpha_2) = -x'_P\sin\alpha_2 + y'_P\cos\alpha_2 \\ R = d\sin(\alpha_1 - \alpha) = x'_P\sin\alpha_1 - y'_P\cos\alpha_1 \end{cases} \tag{11-5}$$

由式（11-5）解得平行线交点的坐标为：

$$\begin{cases} x'_P = \dfrac{R(\cos\alpha_1 + \cos\alpha_2)}{\sin(\alpha_1 - \alpha_2)} \\ y'_P = \dfrac{R(\sin\alpha_1 + \sin\alpha_2)}{\sin(\alpha_1 - \alpha_2)} \end{cases} \tag{11-6}$$

若 P_i 为凸点，同理可得内侧平行线的交点坐标 $P(x''_P, y''_P)$，得到 $x''_P = -x'_P$，$y''_P = -y'_P$。

C　外侧缓冲圆弧起始点与终止点的计算

在线状目标的外侧，要计算外侧缓冲圆弧的起始点。起始点在转折点的前一线段向外侧平移一个缓冲距 R 得到的缓冲线上，且与前一线段终点的连线垂直于前一线段。终点在转折点的后一线段向外侧平移一个缓冲距 R 得到的缓冲线上，且与后一线段起点的连线垂直于前一线段。

设有沿轴线方向顺序三个点 $P_{i-1}(x_{i-1}, y_{i-1})$、$P_i(x_i, y_i)$、$P_{i+1}(x_{i+1}, y_{i+1})$，下面分别以转折点 P_i 是凹凸点进行讨论。

设 P_i 是凹点，P_iP_{i+1} 的方向角是 α_2。建立新的旋转平移坐标系，使新坐标的原点是 $P_i(x_i, y_i)$，x 轴正向与 P_iP_{i+1} 一致，旋转角是 α_2。假设 $P_{i-1}P_i$ 在新坐标系下的方向角为 α_1，缓冲距为 R，圆弧的起点为 $A(x_A, y_A)$、终点为 $B(x_B, y_B)$，如图 11-8 所示。

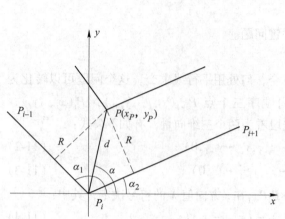

图 11-7　平行线内侧缓冲点

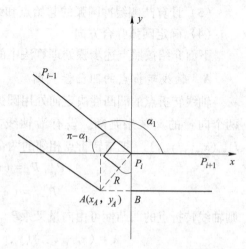

图 11-8　外侧缓冲圆弧起点与终点

由旋转平移坐标公式及 α_2 是新坐标系中坐标轴沿原坐标系的原点转动的角，圆弧的起点 $A(x_A, y_A)$ 在原坐标系中的坐标是 $A(x_A', y_A')$，则有：

$$\begin{cases} x_A' = x_i + x_A\cos\alpha_2 - y_A\sin\alpha_2 = x_i - R\sin\alpha_1\cos\alpha_2 - R\cos\alpha_1\sin\alpha_2 \\ \quad\quad = x_i - R\sin(\alpha_1 + \alpha_2) \\ y_A' = y_i + x_A\sin\alpha_2 + y_A\cos\alpha_2 = y_i - R\sin\alpha_1\sin\alpha_2 + R\cos\alpha_1\cos\alpha_2 \\ \quad\quad = y_i - R\cos(\alpha_1 + \alpha_2) \end{cases} \quad (11\text{-}7)$$

圆弧的终点在原坐标系中的坐标 $B(x_B, y_B)$，则有：

$$\begin{cases} x_B' = x_i + x_B\cos\alpha_2 - y_B\sin\alpha_2 = x_i + R\sin\alpha_2 \\ y_B' = y_i + x_B\sin\alpha_2 + y_B\cos\alpha_2 = y_i - R\cos\alpha_2 \end{cases} \quad (11\text{-}8)$$

若 P_i 是凸点，则同理可得：

$$\begin{cases} x_A' = x_i + R\sin(\alpha_1 + \alpha_2) \\ y_A' = y_i - R\cos(\alpha_1 + \alpha_2) \\ x_B' = x_i - R\sin\alpha_2 \\ y_B' = y_i + R\cos\alpha_2 \end{cases} \quad (11\text{-}9)$$

D　圆弧弥合方向的确定

圆弧弥合与方向有关，在起始点和终止点相同的情况下，若圆弧弥合方向不同，其结果是不同的。为了保证生成的缓冲区边界是顺时针方向的，必须考虑圆弧弥合的方向。从上面研究可见，若转折点是凸点，则圆弧弥合是顺时针方向；若转折点是凹点，则圆弧弥合是逆时针方向。

在拓扑学和地理空间分析中，圆弧弥合的方向通常是根据圆弧的起点和终点确定的。确定圆弧的弥合方向有两种常见的方法：顺时针和逆时针。以下是两种常见的确定圆弧弥合方向的方法。

（1）叉积法：使用叉积计算起点、终点和圆心之间的方向关系。假设起点为 P_1，终点为 P_2，圆心为 C。计算向量 P_1C 和 P_2C 的叉积，如果叉积结果为正，则表示圆弧的弥合方向是逆时针；如果叉积结果为负，则表示圆弧的弥合方向是顺时针。

（2）角度法：计算起点、终点和圆心所形成的角度，可以使用反三角函数（如 $\arctan\theta$）来计算起点和终点与圆心连线之间的角度。如果终点的角度值大于起点的角度值，则表示圆弧的弥合方向是逆时针；如果终点的角度值小于起点的角度值，则表示圆弧的弥合方向是顺时针。

使用上述方法生成缓冲区边界，在轴线转角尖锐的转折点的平行线交点随缓冲距的增大会迅速远离轴线，就会出现尖角和凹陷的失真现象，这类问题需要对其进行修正。龚洁晖于 1999 年通过大量实验和分析总结，将缓冲区边界失真归纳为 3 类 16 种，对不同情况进行不同的处理。

11.2.2.3　自相交处理

当轴线的弯曲度较小，弯曲空间不能容许缓冲边界自身无压覆地通过时，就会产生线的自相交问题，产生多个自相交多边形，包括岛屿多边形和重叠多边形。缓冲线自相交处理的关键是被自相交产生的岛屿多边形和重叠多边形。缓冲区边界自交例子如图 11-9 所示。

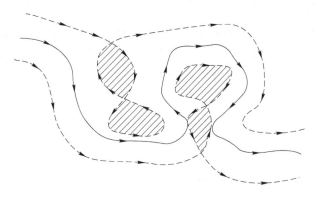

图 11-9　基于凸角圆弧的缓冲线失真

自相交问题处理的基本思想是：求出缓冲线上的自相交点，判断这些点是出点（从缓冲区内测到外侧的点）还是入点（从缓冲区外侧进入内测的点），并判断所产生的自相交多边形的性质。保留岛屿多边形，否则保留面积最大的正向多边形为缓冲区的外边界。

处理算法的基本步骤如下：

（1）判断自相交点是出点还是入点。据前述规定可知，所生成的缓冲线点串始终是顺时针方向，即轴线始终位于前进方向的右侧。同一相交点对于相交的两条缓冲线段具有相反的出入性质，我们通过利用判断轴线转折点凹凸性的向量叉积的方法判断出入点。

求第一条线段的起点、交点 K 所确定的矢量与交点 K、第二条线段的终点所确定的矢量的叉积。若为止，则 K 是第一条线段的入点和第二条线段的出点；若为负，则 K 是第一条线段的出点和第二条线段的入点。如图 11-10 所示，可以判断交点 K 分别是线段 12 的入点和线段 34 的出点。

（2）判断自相交多边形是岛屿还是重叠

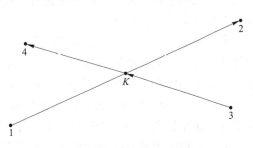

图 11-10　缓冲线交点的出入性判断

区。由于所生成的缓冲线点串始终是顺时针方向，故在边界自相交图形中，负向多边形是岛屿，岛屿边线确定缓冲区的内部轮廓，需要保留；正向多边形中面积最大者是所求缓冲区的外边界，其他均为重叠区，即自相交产生的无效多边形，需要删除，如图 11-11所示。

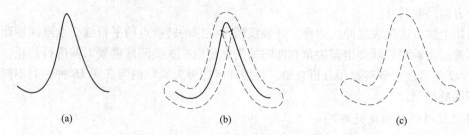

图 11-11　线状目标的缓冲区自相交处理

（a）一个线状目标；（b）生成缓冲区；（c）缓冲区重叠处理之后

11.2.2.4　缓冲区重叠处理

缓冲区重叠处理是指不同目标缓冲区的重叠，也可以称为复杂目标缓冲区。处理方法是：首先通过拓扑分析方法自动识别落在某个特征区内部的线段或弧段，然后删除这些线段或弧段，则得到经过处理后相互连通的缓冲区，如图 11-12 所示。

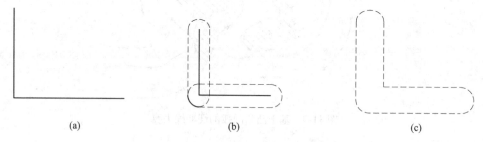

图 11-12　不同目标的缓冲区重叠处理

（a）两个线状目标；（b）分别生成缓冲区；（c）缓冲区重叠处理之后

11.2.3　面缓冲区边界生成算法

面缓冲区边界生成算法是单线问题，采用的依然是凸角圆弧法的基本思想。首先判断边界上每个转折点的凹凸性；在左侧为凸的转折点用半径为缓冲距的圆弧弥合，在左侧为凹的转折点用平行线求交；接下来是对生成的缓冲边界进行特殊情况和自相交处理，具体方法与线目标缓冲区相同。

为了便于进一步将多个点缓冲区合并，在此采用步进拟合思想，即角分线法。将圆心角等分，用等长的弦替换圆弧，即用均匀步长的直线段代替圆弧段。对于整个圆周，根据精度要求，给定步点的个数 n（圆周上拟合的点数），求出等分的圆心角 α，$\alpha = (360°/n)$，并计算步长。显然，等分的圆心角 α 越小，步长越小，误差越小；α 越大，步长越大，误差越大。不同步长的圆弧弥合如图 11-13 所示。

从几何角度理解圆弧弥合思想。如图 11-14 所示为顺时针方向的圆弧弥合。已知缓冲

距为 R 圆弧上的一点 $A(x_a, y_a)$ ，求顺时针方向的步长为 a 的弥合点 $B(x_b, y_b)$ ，即用弦长 AB 代替圆弧 AB 。设 OA 的方向角为 β ，OB 的方向角为 γ ，则 $\gamma = \beta - \alpha$ 。于是有：

$$\begin{cases} b_x = R\cos\gamma = a_x\cos\alpha + a_y\sin\alpha \\ b_y = R\cos\gamma = a_y\cos\alpha + a_x\sin\alpha \end{cases} \tag{11-10}$$

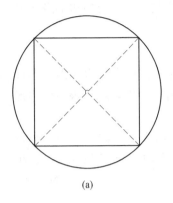 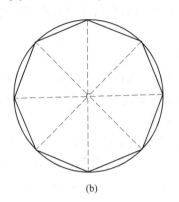 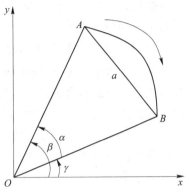

图 11-13 不同步长的圆弧弥合
（a）$n=4$；（b）$n=8$

图 11-14 顺时针圆弧弥合

从初始点开始，通过不断增加步长的倍数（小于或等于布点个数），依次求得弥合点，最后回到初始点，形成闭合。按弥合顺序依次连接点就得到目标的缓冲区边界。同理，逆时针圆弧弥合公式为：

$$\begin{cases} b_x = a_x\cos\alpha - a_y\sin\alpha \\ b_y = a_x\cos\alpha + a_y\sin\alpha \end{cases} \tag{11-11}$$

11.3 叠置分析算法

叠加分析是地理信息系统中最常用的提取空间隐含信息的手段之一。地理信息系统的叠加分析是将同一地区、同一比例尺的两组或更多的专题图层进行叠加，建立具有多重属性的空间分布区域，进行叠加产生一个新的数据层的操作，其结果综合了原来两层或多层地图要素具有的属性，从而满足用户的需求和协助决策的一种方法。叠加分析也是一种使用率很高的空间分析。例如，对土地适应性进行评价，土壤、植被、水系、人口等各自有独立的图层属性，当把它们进行叠加时，通过构建相应的数学模型，形成最终的评价结果；将河流图层与人口行政区图叠加，辅助于河流缓冲区分析，能够进行防洪区域预警；将不同时间序列的海岸线图层叠加，能够分析海岸线的沉陷、位置偏移等情况；将满足某种生物生活的岩石图层、植被图层、气温图层等环境因素叠加，可以推断出某种生物的栖息地。

根据输入数据类型的不同，可将叠置分析分为点与多边形叠置分析、线与多边形叠置分析和多边形与多边形叠置分析；根据输出结果的不同，分为合成叠置分析和统计叠置分析；根据数据类型的不同，可以分为基于栅格数据的叠置分析和基于矢量的叠置分析。

11.3.1 基于矢量的叠置分析算法

将两层或两层以上的多边形要素叠置，产生输出层中的新多边形要素，同时它们的属性也将联系起来，以满足建立分析模型的需要。

　　基于矢量的叠置分析精度较高，但是需要处理大量的空间矢量数据，算法过程较为复杂。由于 GIS 的数据量较大，同时基于矢量的叠置分析运算较为复杂，所以往往对计算机硬件的要求较高。随着计算机处理能力的提高和矢量叠置算法研究的成熟，基于矢量数据进行叠置分析成为可能。基于矢量的叠置分析主要有点与多边形叠置、线与多边形叠置和多边形与多边形叠置。

11.3.1.1　点与多边形叠置

　　点与多边形叠置（Point Overlay）实际上是判断点图层中的点在哪个多边形内，即计算多边形对点的包含关系，叠置是结果是每个点产生一个新的属性。判断点是否在多边形内主要方法有两种：射线法和转角法。

　　（1）射线法。以点 B 为射线端点，穿过多边形边界的次数称为交点数目。交点数目为偶数时，点 B 在多边形外；交点数目为奇数时，点 B 在多边形内（见图 11-15），这种方法限于简单多边形（没有自相交点），对于非简单多边形要考虑过顶点和重合的问题。射线穿越的特殊情况，如图 11-16 所示。

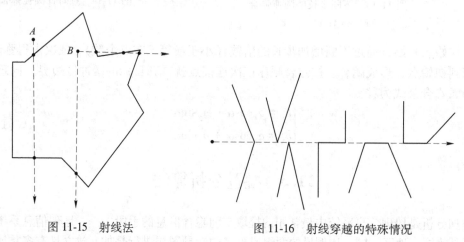

图 11-15　射线法　　　　　　　　　图 11-16　射线穿越的特殊情况

　　（2）转角法。转角法能够很精确地判断一个点是否在非简单多边形内部，它需要计算多边形绕点 P 有多少次。多边形环绕点 P 的次数称为环绕数，环绕次数为零时，点 P 在多边形外部；否则，在多边形内部。转角法也适用于非简单多边形，如图 11-17 所示。

　　在完成点与多边形的几何关系计算后，还需进行属性信息的处理。最简单的方式是将多边形的属性信息叠加到其中的点上，也可以将点的属性叠加到多边形上，用于表示该多边形。

11.3.1.2　线与多边形叠置

　　线与多边形叠置（见图 11-18）是比较线上坐标与多边形坐标的关系，判断线是否在多边形区域内。计算过程通常是计算线与多边形的交点，只要相交，就产生一个结点，将原线打断生成若干条弧线，并将原线和多边形的属性信息一起赋给新弧段。叠置的结果产生了一个新的数据层面，每条线被它穿过的多边形打断成新弧段图层，同时产生一个相应的属性信息表记录原线和多边形的属性信息。根据叠加结果可以确定每条弧段落在哪个多边形内。

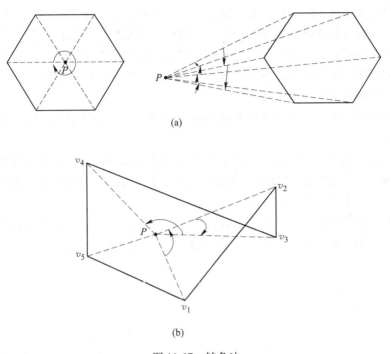

(a)

(b)

图 11-17 转角法

（a）简单多边形转角法；（b）非简单多边形转角法

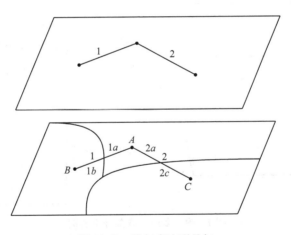

图 11-18 线与多边形叠加

11.3.1.3 多边形与多边形叠置

多边形与多边形叠置是指两个或两个以上的多边形图层叠置。从属性交点处理多边形与多边形的叠置问题，主要有合成叠置和统计叠置。合成叠置是指两个或两个以上的多边形图层进行叠置形成新的多边形，这个新的多边形的属性是不同多边形的属性合并，通过取平均值、最大值、最小值或某种逻辑运算取确定最终多边形的属性；而统计叠置分析是指新的多边形属性具有其他多边形的属性信息。因此，两者均采用多边形与多边形的裁剪算法形成新的多边形。

多边形叠置操作主要有三种：并、交、差。并操作是指保留两个图层的所有图形要素和属性要素；交操作是指保留两个图层的公共部分；差操作是指输出层保留以第二个图层为控制边界之外的所有多边形。还有一种裁剪操作，输出层保留以第二个图层为边界，对输入图层的内容要素进行截取的结果，和差操作相反，在此不做示例展示。

多边形与多边形叠置分析的步骤如下：

（1）两个或两个以上的多边形图层的多边形叠置，进行所有图层多边形的边界求交，并进行切割处理；

（2）根据切割的弧段重构拓扑关系，产生新的多边形图层，对其中多边形重新编号；

（3）判断新的多边形分别落在原多边形层的哪个多边形内，删除无意义多边形，从而建立叠置多边形与原多边形的联系表。

设两个原始多边形图层，一个为本底，另一个为上覆多边形，叠置得到的新多边形为叠置多边形。图 11-19 为两个多边形图层叠置的并、交、差的结果。

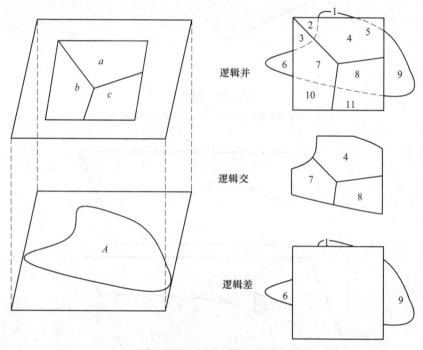

图 11-19　多边形叠置分析实例

属性值的计算分为三类，即布尔逻辑叠置模型、模糊逻辑叠置模型、图层权重叠置模型。在此只做简单介绍，有兴趣的读者可以查阅相关资料。

（1）布尔逻辑叠置模型。布尔逻辑叠置模型主要运算有与、或、非、异或。如果集合 A 是具有 a 属性的集合，集合 B 是具有 b 属性的集合，如图 11-20 表示的各种布尔逻辑运算结果（阴影部分）。

首先按是否满足规定条件，然后将各个输入数据层中的所有要素赋值为 1（真）或 0（假），变成二值图。

（2）模糊逻辑叠置模型。首先了解一个概念：模糊隶属度。在古典集合论中，集合的

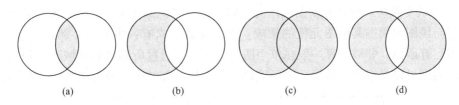

图 11-20 布尔逻辑运算结果

(a) A AND B；(b) A NOT B；(c) A OR B；(d) A XOR B

成员被定义为真值（True）或假值（False），即 0 或 1；但是，对于一个模糊集合来说，其成员是介于［0，1］范围的某个值，称为"模糊隶属度"。对于叠置分析中的各个输入层，可以根据其对应的判别条件和某个模糊关系函数，确定各个位置上的模糊隶属度。模糊逻辑叠置模型有模糊与操作（类似"布尔与"）、模糊或操作（类似"布尔或"）、模糊代数积（计算各个运算值的乘积）。

（3）图层权重叠置模型。不同因素对于所解决问题具有不同程度的影响，需要对各个输入数据层给予不同的权重，按数学运算进行组合，就构成图层权重叠置模型。

11.3.2 基于栅格的叠置分析算法

基于栅格的叠置分析算法是对分析对象栅格图层逐格网地按一定逻辑判断或者数学法则进行运算，从而获得新的栅格图层和属性。栅格叠加分析比较容易实现，但精度往往不能满足用户的要求。

主要基于栅格数据的叠置分析方法有：点变换法、区域变换法和邻域变换法。

（1）点变换法。点变换法是对参与叠置图层相应点的属性值进行新的运算，既与各图层的邻域点的属性无关，也不受区域内一般特征的影响。运算方法包括：逻辑运算、算术运算、指数运算、三角函数运算等，运算后得到的新属性值可能与原图层的属性意义完全不同。如图 11-21 所示为点变换法。

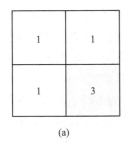
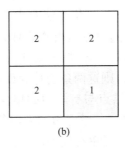
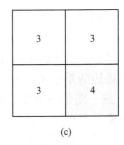

图 11-21 点变换法

(a) 属性 1 附带新属性 3；(b) 属性 2 附带新属性 1；(c) 属性 3 附带新属性 4

（2）区域变换法。以一个数据集为基础，在它所包含的不同类别中对另一个被分类数据集进行数字运算。作为基础进行分类的分类区就是分类区数据中拥有相同值的所有栅格单元，而不考虑它们是否邻近。利用分类区统计可以计算具有某一相同属性的数据包含的另一属性数据的统计信息。例如，可任意计算每个污染区的平均人口密度，计算同一高程处植被类型的种类，或可以计算同一植被类型下高程的平均值。

（3）邻域变换法。在计算新图层图元值时，不仅考虑原始图层上图元本身的值，而且还要考虑与该图元周围其他图元值的影响。邻域运算要素有：中心点、邻域大小与类型，还有邻域运算函数。邻域运算一般在单个图层上进行，通过所确定的邻域类型扫描整个格网，邻域类型可以是矩形、扇形、圆形或环形等图形。邻域统计分析如图 11-22 所示。

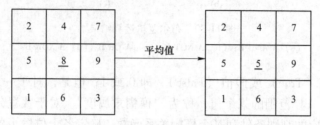

图 11-22　邻域统计分析图

11.4　路径分析算法

在地理信息系统（GIS）中，路径分析是其中一个重要的应用领域。GIS 中的路径分析算法主要用于计算地理空间数据中两个地点之间的最佳路径或最短路径导航方案。这些算法可以应用于各种领域，如车辆导航、物流路线规划、网络路径分析等。

11.4.1　术语引入

11.4.1.1　一般网络的基本要素

一般网络的基本要素包括以下方面。

（1）结点/结点集：网络中任意两条线段的交点为结点 v_i。网络系统 G 中所有结点的集合称为结点集 $V(G) = \{V_1, V_2, \cdots, V_n\} = \{V_1, V_2, \cdots, V_n\}^T$。

（2）边/边集（若边有方向，则为弧/弧集，用 a_i 和 A 表示；为叙述方便，以下简称边/边集）：网络中以一条线段为边 e_i，网络系统 G 中所有边的集合称为边集 $E(G) = \{e_1, e_2, \cdots, e_n\} = \{e_1, e_2, \cdots, e_n\}^T$。边以点集中的某两个点为起点和终点，即 $e_{ij} = v_i v_j$，故边集也可以表示为 $E(G) = \{(v_i, v_j) \mid v_i \in V, v_j \in V\}$，若边的两个端点重合，该边称为环；若两条边的端点是同一对结点，则这两条边称为重边或重弧。

（3）图：图是一个非空的有限结点与有限边的集合，表示为 $G(V, E)$。不考虑边的方向的图称为基础图，记为 $G(V, E)$；考虑边的方向的图称为有向图，记为 $D(V, A)$；既没有环也没有重弧的有向图，称为简单有向图。

（4）网络：给定有向图 $D(V, A)$，如果对图中的每一条弧 a_i 和结点赋予一个实数权重 $w(a_i)$ 或 $w(v_i)$，则称为赋权有向图，即网络，记为 $D = (V, A, W)$。$W = W(D) = \{w_1, w_2, \cdots, w_n\}\{w_1, w_2, \cdots, w_n\}^T$，称为 D 的权函数或权矩阵；只给网络中的弧赋权或只给网络中的结点赋权的网络，称为弧权网络或点权网络。

（5）流：是指网络 D 中任意一条弧 $a_{ij} = (v_i, v_j)$ 的物流量，记为 $f(a_{ij}) = f_{ij}$，则有：

$$f_{ij} = \sum_{(v_i, v_j) \in A} f_{ij} - \sum_{(v_j, v_i) \in A} f_{ji}$$

（11-12）

网络 D 的总流量满足：

$$\sum_{(v_i, v_j) \in A} f_{ij} - \sum_{(v_j, v_i) \in A} f_{ji} = 0 \tag{11-13}$$

11.4.1.2　地理网络的特殊要素

地理网络有以下几种特殊要素。

（1）站点（Stop）：网络路线中物流装、卸的位置（不一定在结点处），如邮政网络中快递的投放点、交通站点中乘客的下车点等。

（2）中心（Center）：网络途中具有接收或分发物流能力的核心结点，如水系网络中的水库、交通体系中的医院和学校等。

（3）障碍点（Barrier）：限制物流通过的结点，如河流的水闸、通风系统的风门等。

（4）转弯点（Turn）：网络系统中物流方向发生改变的结点。若某转弯点是 n 条弧的公共结点，则该转弯可能产生转弯方向最多有 n^2。实际上，转弯点往往有方向控制，如禁左、禁右、禁掉头等，所以其可能是转弯方向远远少于 n^2。

（5）段：段是一条弧或弧的某一部分，段有起始位置和终止位置，可以通过段的长度与其所在该弧段的长度的百分比来度量。

（6）路径：路径是定义了属性的有序弧的集合（至少应包含一条弧或其中一部分），表示一个线形特征，如国基路—三全路路段、毛庄—杨村路段等。路径是地理网络中具有完整意义的特征子类，可以与各种事件直接关联。结点不重复的路径称为简单路径。

（7）路径系统：是路径和段的集合，通常用来管理具有相同属性的多个线性特征。例如，一个城市的天然气管网可以看成一个路径系统。一个路径系统要使用统一的度量标准（如距离、时间等）进行数据管路与分析。

11.4.1.3　地理网络要素的属性

网络要素的属性除了一般 GIS 所要求的名称、关联要素、方向、拓扑关系等空间属性之外，还有一些特殊的非空间属性。

（1）阻强：是指物流子网络中运移的阻力大小，如所花费时间、费用等，阻强一般与弧的长度、弧的方向、弧的属性及结点类型等有关。转弯点的阻强描述物流方向在结点处发生改变的阻力大小，若有禁左控制，表示物流在该结点的往左运动的阻力为无穷大或未赋值。为了网络分析需要，一般要求不同类型的阻强要统一量纲。

（2）资源需求量：是指网络系统中具体的路线、弧段、结点能用手机或可以提供给某一中心的资源量。例如，物流集散地的运输量、网络中水管的供水量、城市交通网络中沿某条街道的流动人口等。

（3）资源容量：是指网络中心为满足各弧段的要求所能提供或容纳的资源总量，也指从其他中心流向该中心或从该中心流向其他中心的资源总量。例如，水库的容量、货运总仓储能力等。

停靠点仅在选择最佳路线时使用，其属性有资源需求量，正值表示装载，负值表示卸载。而中心点仅在寻求网络最佳路线时使用，其属性包括资源最大容量、服务范围（从中心至各可能路径是最大距离）和服务延迟数。

（4）事件：路径系统中某一路径的分段属性。这些属性由用户定义，并用路径的度量来表示。事件分为点事件（与一个位置对应，用一个度量表示）、线事件（用两个度量表示一个区段）和连续事件（用一个度量表示一个区段的开始和下一个区段的开始）三类。

11.4.2   最短路径分析

最短路径问题是图论研究中的一个经典问题，旨在寻找图中两结点之间的最短路径，可以是时间最短、距离最短等。按照起终结点及路径的数量和特征，最短路径问题可分为五种类型，即单结点间最短路径、所有结点间最短路径、K-最短路径、实时最短路径和指定必经结点的最短路径问题。Dijkstra 算法是经典的最短路算法。

11.4.2.1   单源点的最短路径

E. W. Dijkstra 提出了按路径长度递增的次序产生最短路径的算法。算法将网络结点分为三部分：标记结点、临时标记结点和永久标记结点。网络中所有结点首先初始化为标记结点，在搜索过程和最短路径中的结点相连通的结点记为临时结点，每次循环都是从临时标记结点中搜索距源点路径长度最短的结点作为永久标记结点，直至找到目标结点或所有结点都成为永久标记结点才结束算法。

设 $G = < V, E, W >$（V：顶点集；E：边集；W：权重）中，求一源结点 a 到其他结点 x 的最短路径长度。算法思想为：

（1）把 V 分成两个子集 S 和 T，S 为选中的结点集，T 为未选中的结点集。初始时，$S = \{a\}$，$T = V - S$；

（2）对于每个 $t_i (i \in T)$，计算 $D(t_i)$（$D(t_i)$ 表示从 a 到 t_i 的不包含 T 中其他结点的最短路径长度），根据 $D(t_i)$ 值找出 T 中距 a 最短的结点 x，写出 a 到 x 的最短路径长度 $D(x)$；

（3）置 S 为 $US\{x\}$，置 T 为 $T - \{x\}$，若 $T = \varnothing$，则停止，否则重复（2）。

该算法在求解从起点到某一终点的最短距离的过程汇总，还可以得到从该起点到其他各结点的最短路径，它的时间复杂度为 $O(n^2)$（n 为网络结点总数）。

11.4.2.2   多点对间的最短路径

求解网络系统中多点对乃至所有结点对间的最短路径，可以重复上述 Dijkstra 算法多次或 n 次，也可以使用 Floyd 算法。但无论使用何种方法，其事件复杂度均为 $O(n^3)$。

11.4.2.3   Dijkstra 算法改进

在实际应用中，网络模型的数据量通常很大，例如电子地图数据，因此 Dijkstra 算法在理论中可行，但在实际应用中还有一定的局限性。

Dijkstra 算法的核心步骤是从结点集中选择权值最小弧段，其选择过程一般包含两个步骤。第一步：对任何一个临时标记的结点，需要从该结点的相关联结点中选择权值最小的弧段，即局部最小权值弧段；第二步：针对所有临时结点的局部最小权值弧段，从中选择权值最小的弧段，即全局最小权值弧段。

Dijkstra 算法如下：

```
public void ShortPathDJST( AdjMatrix G, int v0, ref PathMatrix P, ref ShortPathTable D)
    {
        //用 Dijkstra 算法求有向网 G 的 v0 顶点到其余顶点 v 的:最短路径 P[v0,v]及其带权长度 D[v]。
```

若 P[v,w]为 true,则 w 是从 v0 到 v 当前求得最短路径上的顶点。final[v]为 true 当且仅当 v∈S 集,即已经求得从 v0 到 v 的最短路径。

```
int i,v,w;
for(v=0;v<G. vexNum;++v)
{
    final[v]=false;
    D[v]=G. arcs[v0,v];
    for(w=0;w<G. vexNum;++w)P[v,w]=false;//设空路径
    if(D[v]<Infinity)
    {//Infinity 为计算机上可允许的最大值
        P[v,v0]=true;P[v,v]=true;
    }
}
D[v0]=0;final[v0]=true;//初始化,v0 顶点属于 S 集
//开始主循环,每次求得 v0 到 v 顶点的最短路径,并加 v 到 S 集
for(i=1;i<G. vexNum;++i)
{//其余 G. vexNum-1 个顶点
    min=Infinity;
    for(w=0;w<G. vexNum;++w)
        if(!final[w])//w 顶点在 V-S 中
            if(D[w]<min)
            {
                v=w;min=D[w];//w 顶点离 v0 顶点最近
            }
    final[v]=true;//离 v0 顶点最近的 v 加入 S 集
    for(w=0;w<G. vexNum;++w)//更新当前最短路径及距离
        if(!final[w]&&(min+G. arcs[v,w]<D[w]))
        {//修改 D[w]和 P[v0,w],W 属于 V-S 集
            D[w]=min+G. arcs[v,w];
            P[v0,w]=P[v0,v];P[w,w]=true;
        }
}
```

下面对这个算法的时间复杂度进行分析。第一个 for 循环的时间复杂度是 $O(n)$, 第二个 for 循环共进行 $n-1$ 次,每次执行的时间复杂度是 $O(n)$, 所以总的时间复杂度是 $O(n^2)$。如果用带权的邻接表作为有向图的存储结构,则虽然修改 D 的时间可以减少,但由于在 D 向量中选择最小分量的时间不变,所以总的时间复杂度仍为 $O(n^2)$。

如果对某一个为标记结点的相关联结点的权值不做任何处理,则需要循环多次才能得到符合要求的结果,降低算法的时间效率;如果按权值对相关邻结点进行升序排列,则循环一次即可得到符合要求的结点,算法的时间效率将相应地提高。

11.4.2.4 次短路径

次短路径可以看作最短路径的一种特殊情况,下面介绍一种求两定点之间的次短路径

算法。我们要对一个有向赋权图的顶点 S 到 T 点之间求次短路径，首先求出 S 的单源点最短路径。遍历有向图，标记出可以在最短路径上的边，加入 K 集。然后按枚举删除集合 K 中的每条边，求从 S 到 T 的最短路径，记录每次求出的路径长度值，其最小值就是次短路径的长度。

11.4.3　最佳路径

最佳路径是指网络两结点间阻强最小的路径。"阻抗最小"可以是时间最短、费用最低、收费站最少、风景最好、换乘最小等单因素考虑，还可以是多个单因素相结合最小的多因素综合考虑阻抗最小。最佳路径的求解算法有许多种，例如基于局部搜索策略的对边交换算法、基于启发式搜索策略的分支算法、基于贪心策略的最近点接近法，以及广泛采用 Dijkstra 算法。

11.4.3.1　最大可靠路径

设网络 $D(V, A)$ 中每条弧 $a_{ij}(v_i, v_j)$ 完好的概率为 p_{ij}，D 中的任意一条路径 P，其完好概率为：

$$p(P) = \prod_{a_{ij} \in E(P)} p_{ij} \tag{11-14}$$

则网络 $D(V, A)$ 中所有（v_s, v_t）路径中完好概率最大的路径为（v_s, v_t）的最大可靠路径。

利用最短路径算法也可以求解最大可靠路径。定义网络 $D(V, A)$ 中每条弧 $a_{ij}(v_i, v_j)$ 的权值为：

$$w_{ij} = -\ln p_{ij} \tag{11-15}$$

因为 $0 \leqslant p_{ij} \leqslant 1$，所以 $w_{ij} \leqslant 0$，从而可以用前述的 Dijkstra 算法求出关于权值 w_{ij} 的最短路径。由于 $\sum w_{ij} = -\ln(\prod p_{ij})$，所以，关于权值 w_{ij} 的最短路径就是（v_s, v_t）的最大可靠路径，其完好概率 $\exp(-\sum w_{ij})$。

11.4.3.2　最大容量路径

设网络 $D(V, E, W)$ 中任意一条路径 P 的容量定义为该路径中所有弧的容量 c_{ij} 的最小值，即：

$$C(P) = \min\{c_{ij}\}, c_{ij} \in E(P) \tag{11-16}$$

则网络 $D(V, A)$ 中所有（v_s, v_t）路径中容量最大的路径记即为（v_s, v_t）的最大容量路径。同样，可以将网络中每条边或弧的权值定义为通过该边或弧的时间，就可以求出时间最优路径；若定义该弧为费用，则求出的为费用最优路径。最优路径的求解有多种形式，两点间最优路径、多点间指定顺序最优路径、多点间最优顺序最优路径、经指定点后回到起点的最优路径等。

11.4.4　最小连通树

在一个任意连通图 G 中，如果取它的全部顶点和一部分边构成一个子图 G'，即：$V(G') \subseteq V(G)$ 和 $E(G') \subseteq E(G)$。若同时满足边集 $E(G')$ 中的所有边既能够使全部顶点连通而又不形成任何回路，则称子图 G' 是原图 G 的一棵生成树。设 T 为图 G 的一个生成树，若把 T 中各边的权数相加，则这个和数称为生成树 T 的权数。一个原图 G 可以有多个生成树。

最小连通树是图论中的一个基本问题，在网络规划中涉及用途广泛，如在局域网建设中，如何用最少的电缆连接所有的结点。

若考虑到点对之间除距离之外的其他因素，最小连通树问题就称为最小加权连通树。树有以下主要性质：（1）树中的边数比结点数少 1；（2）树中两级结点之间最多有一条边；（3）树中任意去掉一条边，就变成不连通的图；（4）树中添加一条边就会构成回路。

最小连通树的求解有两种主要算法，即 Kruskal 算法和 Prim 算法。

设图 $G = (V, E)$，V 为图中所有顶点的集合，E 为边集合。T 为 G 的最小生成树。$T = (U, TE)$，U 是 T 中的顶点集合，TE 是 T 的边集合，T 的初始值为空。

（1）Kruskal 算法又称避圈法，其基本思想是：

1）先将图 G 中的各边按权数从小到大重新排列，并取权数最小的一条边为生成树 T 中的边。

2）在剩下的边中，按顺序取下一条边。若该边与 T 中已有的边构成回路，则舍去该边，否则选中到 U 中。

3）重复2），直到 $n-1$ 条边被选入 TE 中，这 $n-1$ 条边是 G 的最小生成树（刘剑锋，2004）。

如图 11-23 所示的图 G 中，使用两种算法最终的最小生成树（最小生成树不一定只有一个）如图 11-24 所示。

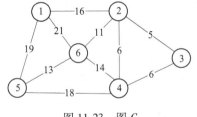

图 11-23　图 G

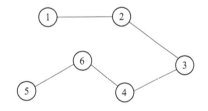

图 11-24　两种算法的最小生成树计算结果

（2）Prim 算法基本原理为：任取一顶点 v_0，并入 U 中，此时 $U = \{v_0\}$；以 v_0 顶点在 V 中找最小的边。设边的顶点为 (v_i, v_j)，并将边的顶点 v_j 并入 U 中，边并入 TE 中。直到 $n-1$ 次后，所有的 n 个顶点并入 U 集，此时 $U=V$，TE 中含有 $n-1$ 条边，即可得到最小生成树 T。

11.5　资源分配算法

资源分配就是为网络中的网线和结点寻找最近的中心。根据中心容量以及网线和结点的需求，将网线和结点分配给中心，分配是沿最佳路径进行的。资源分配包括网络流优化分析、中心定位与资源分配三个方面。其中，定位问题是指已知需求源的分布，要确定和实施的供应点布设位置；而分配问题是已知供应点，要确定供应点的服务对象，即确定为哪些需求源提供服务。

假设研究区域内有 n 个需求点，每个需求点的权重（需求量）为 w_i，t_{ij} 和 d_{ij} 分别为供应点 j 对需求点 i 提供的服务和两者之间的距离。如果供应点的服务能够覆盖到区域内的所有需求点，则：

$$\sum_{j=1}^{p} t_{ij} = w_i \quad (i = 1, \cdots, n) \tag{11-17}$$

若规定每个需求点只分配给离其目标最近的一个供应点，则：

$$\begin{cases} t_{ij} = w_i & (d_{ij} = \min d_{ij}) \\ t_{ij} = 0 & (其他情况) \end{cases} \tag{11-18}$$

网络整体的目标方程必须满足：

$$\sum_{i=1}^{n} \sum_{j=1}^{p} c_{ij} = \min \tag{11-19}$$

其中，c_{ij} 可以有以下几种基本理解，如图 11-25 所示。

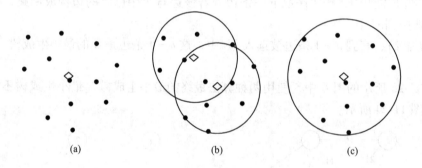

图 11-25 P-中心模型的基本形式

（a）总距离最小；（b）均在某一理想服务半径内；（c）服务范围尽可能大

（1）当要求所有需求点到供应点的距离最小时，有：

$$c_{ij} = w_i d_{ij} \tag{11-20}$$

（2）当要求所有需求点均在某一理想服务半径之内时，有：

$$c_{ij} = \begin{cases} w_i d_{ij} & (d_{ij} \ll s) \\ +\infty & (d_{ij} > s) \end{cases} \tag{11-21}$$

（3）当要求所有供应点的服务范围尽可能最大，即新增需求点的代价最低时，有：

$$c_{ij} = \begin{cases} 0 & (d_{ij} \ll s) \\ w_i & (d_{ij} > s) \end{cases} \tag{11-22}$$

式（11-20）~式（11-22）是资源分配问题的基本表达式。在运筹学里，可以通过线性规划理论与方法求其最佳解。但是，当网络结点众多时（如超过 100 个点），则计算量和需求量都非常大。因此，就需要使用 GIS 思想，将问题简化，根据地理网络的实际情况，使用简单的图来解决。

11.5.1 中心定位与资源分配

中心定位与资源分配可以理解为中心选址问题。选址是确定机构设施的最佳地理位置，需要考虑需求与供给在空间上的相互作用，根据选择需求点或者供给点的最佳地理位置，以获得最大的经济效益或最小的运输费用。定位问题是指已知需求源的分布，要确定和实施的供应点选择位置；而分配问题是已知供应点，要确定供应点的服务对象，即确定为哪些需求源提供服务。

P-中心定位问题（P-median location problem）最初由 Hakimi 提出，该模型假定结点代表需求点或者潜在的供应点，而弧段表示其间通公路或链接。Revclle 和 Swan（1974）将此问题表达为一个整数规划模型。

假设研究区域内有 n 个需求点，现在要从 m 个候选点中选出 p 个供应点为其服务，并要求供应点的服务能够覆盖到区域内的所有需求点，且使得服务总距离（或时间、费用等）最少。假设每个需求点的需求量为 w_i，t_{ij} 和 d_{ij} 分别为供应点 j 对需求点提供服务的系数（也称分配系数）和两者之间的距离，则定位要求为：

$$\begin{cases} \sum_{i=1}^{n} \sum_{j=1}^{p} t_{ij} w_{ij} d_{ij} = \min \\ \sum_{j=1}^{n} t_{ij} = 1 \quad (i = 1 \sim n) \\ \sum_{j=1}^{n} \left(\prod_{t=1}^{n} t_i \right) = p \quad (p \le m \le n) \end{cases} \tag{11-23}$$

若规定每个需求点只由离其最近的一个供应点提供服务，则有：

$$\begin{cases} t_{ij} = 1 & （当 i 由 j 服务时） \\ t_{ij} = 0 & （其他情况） \end{cases} \tag{11-24}$$

若令 $E_{ij} = w_i d_{ij}$，则 E_{ij} 有以下几种基本理解：

（1）当要求所有需求点到相应供应点的距离均不超过 S 时：

$$E_{ij} = \begin{cases} w_i d_i & (d_{ij} \le S) \\ \infty & (d_{ij} > S) \end{cases} \tag{11-25}$$

（2）当要求所选的供应点具有最大服务范围，且需求点到相应供应点的距离不超过 S 时：

$$E_{ij} = \begin{cases} 0 & (d_{ij} \le S) \\ w_i & (d_{ij} > S) \end{cases} \tag{11-26}$$

（3）当要求供应点的服务范围最远不超过 T 时：

$$E_{ij} = \begin{cases} 0 & (d_{ij} \le S) \\ w_i & (S \le d_{ij} \le T) \\ \infty & (d_{ij} > S) \end{cases} \tag{11-27}$$

P-中心定位问题的解有以下三条性质：

（1）每个供应点均位于其服务需求点的中央；

（2）所有的需求点均分配给离其最近的供应点；

（3）若从最优解集中移去一个供应点，并用未选上的供应点代替，会导致目标函数的增加。

P-中心问题可以用线性规划的方法求得全局性的最佳结果，但由于计算量及内存需求量巨大，在实际应用中常用一些启发式算法来逼近或求得最佳结果，其中最著名的有 Teitz-Bart 算法。该算法实现过程如下：

（1）选择 P 个候选点作为起始供应点集 p_t：c_1，c_2，…，c_p。

（2）将所有的需求点分配给它们最邻近的供应点，使其距离为最短，计算总的加权距离为 B_t。

（3）从未被选取的候选点集中选一候选点 c_b。

（4）对 p_t 中的每个供应点 c_j 用 c_b 替换，并计算其总加权距离的变化 Δb_j。

（5）如果用 c_b 替换某个 c_j 后，可以使总加权距离减少，那么就替换总加权距离减少最多的供应点 c_k，令 $B_t=B_t-\Delta b_k$，并将 p_t 修改为所在的供应点。

（6）重复（3）~（5），直至未被选取的候选集为空。

（7）当所有不在 p_t 中的候选点都试过后，其结果记为 p_t'，并取代 p_t。

继续重复（2）~（7），如果没有任何取代能减少总的加权距离，则停止。其最后的结果 p_t'，即为所求的 p 个中心的供应点。

11.5.2 网络流优化

11.5.2.1 网络流简介

1955 年，T. E. 哈里斯在研究铁路最大通量时首先提出在一个给定的网络上寻求两点间最大运输量的问题。1956 年，L. R. 福特和 D. R. 富尔克森等人给出了解决这类问题的算法，从而建立了网络流理论。所谓网络或容量网络指的是一个连通的赋权有向图 $D(V，E，C)$ 中，其中 V 是该图的顶点集，顶点集中包括一个起点和一个终点，E 是有向边（即弧）集，C 是弧上的容量。

在一个每条边都有容量（capacity）的有向图分配流，使每一条边的流量不会超过它的容量。一道流必须匹配一个结点进出的流量相同的限制，除非这是一个源点（source，只出不进，通常规定为 1 号点），或是一个汇点（sink，只进不出，通常规定为 n 号点）。从结点 $i~j$ 的容量通常用 $c[i，j]$ 表示，流量则通常是 $f[i，j]$。对于每个不是源点和汇流的结点来说，可以类比成没有存储功能的货物中转站，所有"进入"它们的流量和等于所有从它们"出去"的流量。最大流就是不超过容量限制的最大流量。

网络流具有三大特性：

（1）每一条边的流量不超过最大水流量；

（2）对于任意一道流，$f(i，j)=-f(i，j)$（反对称性）；

（3）对于任意一个非源点和汇点的网络结点，流入的水流量一定等于流出的水流量。

概念介绍如下：

（1）可行流。假设所有边的流量都没有超过容量，则将此流称为可行流。例如，零流，即所有的流量都是 0。

（2）增广路径。每次寻找新流量并构造新残余网络的过程，就叫作寻找流量的"增广路径"，也叫作"增广"。以零流为例，假设有一条路，从源点开始，有 n 段连接到汇点，同时，这条路每一段都满足流量严格小于容量。那么，从这 n 段中找到最小的 δ（容量与流量的差），将 n 段路上每一段都加上 δ，一定可以保证这个流依然是可行流，这样我们就得到了一个更大的流，它的流量是之前的流量加上 δ，这条路叫做增广路。我们不断地从起点开始寻找增广路，每次都对其进行增广，直到源点和汇点不连通，也就是找不到增广路为止，此时当前的流量就是最大流。

（3）残余网络（Residual Network）。在一个网络流图上，找到一条源点到汇点的路径（即找到了一个流量）后，对路径上所有的边，其容量都减去此次找到的流量，对路径上所有的边，都添加一条反向边，其容量也等于此次找到的流量，这样得到的新图，称为原图的"残余网络"。

（4）图的基本算法有 DFS(Deep First Search) 和 BFS(First Search)。

DFS（深度优先搜索）在搜索过程中访问某个顶点后，需要递归地访问此顶点的所有未访问的顶点。当结点的所有边都已经被搜寻过时，搜索将回溯到发现结点的起始点。如果还存在未被发现的结点，则选择其中一个作为源结点并重复以上过程，整个反复进程直到所有结点都被访问为止，属于盲目搜索。

BFS（广度优先搜索）在进一步遍历图中顶点之前，先访问当前顶点的所有邻接结点。首先从队列的首部选出一个起始点，并找出所有与之邻接的结点，将找到的邻接结点放入队列，按照同样的方法处理队列中的下一个结点，直到所有结点完结。

11.5.2.2　求解最大流

网络流优化是根据某种优化指标（如时间最少、费用最低、路径最短或运量最大等），找出网络物流的最优方案的过程。最大流求解方法有许多种，首先介绍一种最基本的方法，即朴素 DFS 法。

朴素 DFS 法的思路是：使用 DFS 每次寻找 $s{\to}t$ 的一条通路，然后将这条路上的流量值定义为其中最小的容量值，完成这次运输后，将通路上所有的容量值减去流量值，开始下一次的寻找，直到没有通路，完成算法。

但是，简单的 DFS 面对一些情况时也不能够很好地完成，如图 11-26 所示。

如果第一次 DFS 到的通路是 $s{\to}a{\to}b{\to}t$，那么这次之后再无其他从 $s{\to}t$ 的通路了。按照这种算法思路，这个网络最大就是 100，然而，很明显这个网络最大流是 200。

在上面的例子中出错的原因是 $a{\to}b$ 的实际流量应该是 0，但是我们过早地认为它们之间是有流量的，因此封锁了我们最大流继续增大的可能。

一个改进的思路：能够修改已建立的流网络，使得"不合理"的流量被删掉。

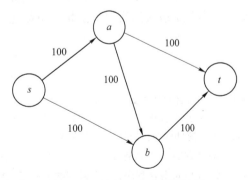

图 11-26　朴素 DFS 法错误计算

一种实现：对上次 DFS 时找到的流量路径上的边，添加一条"反向"边，反向边上的容量等于上次 DFS 时找到的该边上的流量，然后再利用"反向"的容量和其他边上剩余的容量寻找路径。

对此，我们进行优化算法，使用 Ford-Fulkerson 算法。

Ford-Fulkerson 算法：求最大流的过程，就是不断找到一条源到汇的路径，然后构建残余网络，在残余网络上寻找新的路径，使总流量增加，然后形成新的残余网络，再寻找新路径，直到某个残余网络上找不到从源到汇的路径为止，得到最大流。

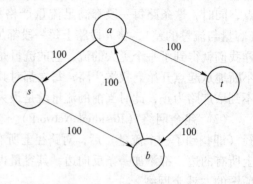

图 11-27　添加反向边的 DFS

再次以此为例，方法如下：

（1）第一次 DFS 仍然是 $s→a→b→t$，同时添加反向边，如图 11-27 所示。

（2）继续在新图上找可能通路，如图11-28中我们可以找到另一条流量为 100 的通路 $s→b→a→t$，从宏观上来看，反向边起到了"取消流"的功能，也可以看成是两条通路的合并。

（3）对第二次找到的路径添加反向边，此时，图 11-29 中 $s→t$ 已没有通路，于是该网络的最大流就是 200。

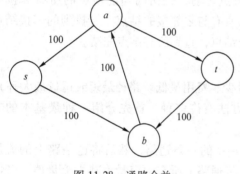

图 11-28　通路合并

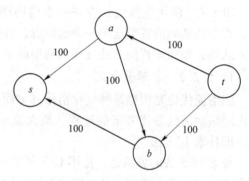

图 11-29　最大流

还有其他的优化最大流的方法，例如 Edmonds-Krap 算法、Dinic 算法等，同时还有相关的最小费用最大流问题，在此不做赘述。

习　　题

11-1　空间集合分析主要完成（　　）。

　　（A）地形分析　　　　（B）缓冲区分析　　　（C）逻辑运算　　　（D）叠置分析

11-2　编写缓冲区生成算法，生成线状目标缓冲区。

11-3　编写 Dijkstra 算法程序，实现单点源最短路径的计算。

11-4　编写 Prim 算法程序，实现求解图的最优生成树。

11-5　编写 Kruskal 算法程序，求解图的最优生成树。

11-6　简述地理信息系统的主要空间分析功能及应用领域。

11-7　空间拓扑关系研究的意义是什么？

11-8　简述空间数据拓扑关系的类型。

12　空间统计分析算法

地理学中的统计分析方法是现代地理学发展史上计量革命的主要成果之一，空间统计分析是 GIS 中一项重要的特色工作，主要基于空间数据进行空间和非空间数据的分类、统计、分析和综合评价。空间统计方法很多，除一般的统计图表分析、密度分析之外，还有多变量统计分析（含主成分分析、主因子分析、关键变量分析、变量聚类分析和采样点聚类分析等）、空间分类分析（空间聚类分析、空间聚合分析和判别分析）以及层次分析等。

12.1　多变量统计分析算法

多变量统计分析是统计方法的一种，包含了许多方法，是统计资料中有多个变量（或称因素、指标）同时存在的统计分析。随着数据采集技术的进步和采集手段的多样化，在同一采样点（或称样本点、数据点）上往往可以收集到几十种不同数据或变量，不仅给 GIS 模型的构建带来很大的困难，也增加了数据库存储和系统运算的负担。从空间统计学和地理学角度，这些数据或变量之间往往是相互关联的，只是关联的程度不同而已。如何从众多的变量中，找出一组相互独立的变量，使原始采样数据得以简化，是一个变量筛分的过程，此即多变量统计分析的主要任务。常用的多变量统计分析算法主要有主成分分析、主因子分析、关键变量分析和变量聚类分析（含采样点聚类分析）。

12.1.1　主成分与主因子分析算法

主成分分析（Principal Component Analysis，PCA）是一种降维和提取重要信息的多变量统计方法。其作用是：在尽可能多地保留原始信息的基础上，将多个指标简化为少量的指标，即对高维变量进行降维，基于数理统计分析，求得变量之间线性关系的表达式，进而将众多变量的信息压缩表达成若干具有代表性的合成变量，为空间聚类分析和应用模型构建铺平道路。设有 n 个采样点，每个采样点有 m 个变量，采样数据集合 X 的矩阵表示为：

$$X = \begin{bmatrix} x_{11} & \cdots & x_{1n} \\ \vdots & \ddots & \vdots \\ x_{n1} & \cdots & x_{nn} \end{bmatrix} \tag{12-1}$$

若将原始数据转换为一组新的特征变量，即主成分 $z_i(i = 1 \sim p, \ p < m)$。主成分是原变量 $x_i(i = 1 - m)$ 的线性组合且具有正交特性：

$$Z = \begin{bmatrix} x_{11} & \cdots & x_{1n} \\ \vdots & \ddots & \vdots \\ x_{n1} & \cdots & x_{nn} \end{bmatrix} \times \begin{bmatrix} x_1 \\ \vdots \\ x_n \end{bmatrix} \tag{11-2}$$

其中，z_1，z_2，$\cdots$，z_p 按方差比例依次称为原变量的第一、第二、$\cdots$、第 p 主成分。实际操作时，往往挑选几个方差比例最大的主成分，这样既可以减少变量的数目，又抓住了主要矛盾。

主成分分析（PCA）的步骤如下：

（1）标准化数据。对原始数据进行标准化处理，使得每个变量具有零均值和单位方差，以消除变量之间的尺度差异。

（2）计算协方差矩阵。通过计算标准化后数据的协方差矩阵，可以了解不同变量之间的相关性。

（3）特征值分解。对协方差矩阵进行特征值分解，得到特征值和特征向量。特征向量表示主成分的方向，特征值表示对应主成分的重要性或方差贡献。

（4）选择主成分。根据特征值的大小，选择前 k 个特征值对应的特征向量作为主成分，其中 k 是要保留的维度。

（5）构造主成分。通过将原始数据与所选的主成分进行线性组合，得到降维后的数据集。

可以看出，主成分分析的数学实质是：寻找以取样点为坐标轴，以变量为矢量的 m 维空间中椭球体的主轴，主轴即变量之间的相似系数 $r_{ij}(i, j = 1 \sim m)$ 矩阵中 p 个较大特征值所对应的特征向量。通常，可以用雅克比（Jacobi）法计算特征值和特征向量。主成分分析可以帮助我们发现数据中的主要变化模式，通过保留最重要的主成分，实现数据降维，并尽量保留原始数据的方差。

与此类似，还有一种主因子分析技术，也是一种特征降维方法，可以从原始高维数据中，挖掘出仍然能表现众多原始变量主要信息的低维数据，此低维数据可以通过高斯分布、线性变换、误差扰动生成原始数据。它是以变量作为坐标轴，以取样点作为矢量，通过取样点之间的相似系数建立相关矩阵，来研究采样点之间的亲疏关系，进而找出代表性的取样点。

在选择是 PCA 还是因子分析时，需要考虑数据的特点、分析目标和假设。如果关注的是变量之间的相关性和主要变化模式，可以选择 PCA。如果关注的是潜在因素之间的结构和变量的解释，可以选择因子分析。

12.1.2 关键变量分析算法

关键变量分析是利用变量之间的相似系数建立相关矩阵，通过用户确定的阈值，从数据库变量集中找出一定数量的关联独立变量，进而消除其他冗余变量。

以下是几种常见的关键变量分析算法。

（1）方差分析（ANOVA）：方差分析是一种统计方法，用于比较多个组或类别之间的差异。它可以帮助我们确定哪些变量对目标变量具有显著影响，通过计算各组之间的方差差异来判断变量的重要性。

（2）相关性分析（Correlation Analysis）：相关性分析用于衡量两个变量之间的线性关系强度。在相关性分析中，最常用的相关系数是皮尔逊相关系数（Pearson Correlation Coefficient），它衡量了两个变量之间的线性相关强度和方向。皮尔逊相关系数的取值范围为-1~1，其中 1 表示完全正相关、-1 表示完全负相关、0 表示无相关性，具有高相关性的变量被认为是重要的关键变量。相关性分析可以帮助我们理解变量之间的关联程度和方向，从而为数据探索、模型建立和决策制定提供重要的信息。

（3）回归分析（Regression Analysis）：回归分析是一种统计方法，用于建立变量之间的关系模型，以预测或解释一个或多个因变量（响应变量）的值。它可以帮助我们理解自变量（解释变量）与因变量之间的关系，并用于预测新观测数据的因变量值。回归模型可以定量评估每个自变量对目标变量的影响，并确定关键变量的重要性。在回归分析中，常见的回归模型是线性回归模型，它假设因变量与自变量之间存在线性关系。线性回归模型的基本形式可以表示为：

$$Y = \beta_0 + \beta_1 X_1 + \beta_2 X_2 + \cdots + \beta_p X_p + \varepsilon \tag{12-3}$$

式中，Y 为因变量（响应变量）；X_1，X_2，$\cdots$，X_p 为自变量（解释变量）；β_0，β_1，β_2，$\cdots$，β_p 为回归系数（模型的参数）；ε 为误差项（模型无法解释的随机误差）。

（4）决策树分析（Decision Tree Analysis）：决策树是一种基于树状结构的机器学习算法，用于建立预测模型和进行决策分析。决策树模型通过从数据中学习规则和条件来进行预测和分类。

在决策树分析中，树状结构由结点和边组成，重要的变量将作为根结点或分支结点，对目标变量的预测产生最大的影响。每个结点表示一个特征或属性，边表示不同属性值之间的关系。决策树的分析过程是从根结点开始，根据特征的取值进行分支，直到达到叶结点，叶结点表示最终的决策或预测结果。

设有 n 个采样点，每个采样点有 m 个变量，变量之间的关系可以用相关系数 $r_{ij}(i, j = 1 \sim m)$ 表示，r_{ij} 为变量 x_i、x_j 之间数据标准差标准化后夹角的余弦：

$$r_{ij} = \frac{\sum_{k=1}^{n} (x_{ki} - \overline{x_i})(x_{kj} - \overline{x_j})}{\sqrt{\sum_{k=1}^{n} (x_{ki} - \overline{x_i})^2 \sum_{k=1}^{n} (x_{kj} - \overline{x_j})^2}} \tag{12-4}$$

显然，$|r_{ij}|$ 越接近于 1，说明变量之间关系越密切；$|r_{ij}|$ 越接近于 0，关系越疏远。选定某一阈值 t，比如 $t = 0.01$，0.04，0.09，0.16，0.25 等，就可以从相关矩阵中将关系疏远的变量逐个挑选出来。以表 12-1 中的观测变量相关矩阵为例，关键变量的分析过程为：

（1）将相关矩阵中对角线之下，$j > i$ 的所有元素 r_{ij} 的值求平方 r_{ij}^2；

（2）在新的平方矩阵中，选取 r_{ij}^2 的最小值所对应的两个变量 x_i 和 x_j 为两个关键变量；

（3）将其他所有与变量 x_i 和 x_j 有联系，且 $r_{ij}^2 > t$ 的变量均从变量表中删除；

（4）将剩余变量中 x_i 和 x_j 有联系，且平方最小的相关系数所对应的两个变量选为两个关键变量；

（5）重复（3）（4）；直到全部变量均经过处理，或者关键变量个数已满足要求为止。

若预设 $t = 0.25$，则按本算法由表 12-1 得到的前 8 个关键依次为 x_8、x_{14}、x_7、x_1、x_4、x_5、x_{13}、x_{18}。

表 12-1　采样点的欧几里得距离矩阵 $ED(0)$

序号	1	2	3	4	5	6	7	8	9	10	11	12	13	14	15	16	17	18	19	20
1	1																			
2	0.41	1																		
3	—	0.02	1																	
4	0.01	0.24	0.55	1																
5	—	—	0.65	0	1															
6	0.91	0.47	—	0.08	—	1														
7	—	—	0.09	—	0.09	—	1													
8	—	—	—	—	—	—	—	1												
9	—	0.51	—	—	—	—	0.74	0.05	1											
10	—	—	0.37	0.34	0.08	0.11	0.09	—	0.17	1										
11	0.14	—	0.27	0.13	0.12	—	0.76	—	0.39	0.27	1									
12	—	—	0.27	0.46	0.08	—	—	—	—	0.36	0.06	1								
13	0.46	0.58	0.18	0.01	0.04	0.49	0.32	0.14	0.36	—	0.19	0.16	1							
14	—	0.02	—	—	—	—	0	—	—	—	—	—	—	1						
15	—	0.26	0.26	0.14	0.25	0.01	0.06	—	—	0.06	0.18	0.20	0.20	—	1					
16	0.15	0.46	—	—	0.15	0.13	0.28	0.11	0.10	0.19	0.08	—	0.10	—	—	1				
17	0.16	0.40	0.38	0.21	0.37	0.14	—	—	—	—	—	0.08	—	—	0.11	—	1			
18	—	—	—	0.36	—	0.09	0.19	0.21	0.32	—	0.02	0.29	—	0.18	—	0.56	—	1		
19	0.22	0.64	0.59	0.41	0.20	0.33	0.07	—	—	0.06	0.21	0.04	0.43	—	0.44	—	0.47	—	1	
20	0.27	0.57	0.63	0.45	0.18	0.38	0.04	—	0	0.24	0.10	0.45	—	0.41	—	0.39	—	—	0.95	1

12.1.3　变量聚类分析算法

变量聚类分析算法是一种用于对变量进行聚类的方法，它能够将具有相似特征的变量划分到同一组中。变量聚类分析可用于数据降维、变量选择、特征提取等任务，帮助我们理解变量之间的关系和相似性。依据研究对象的特征，对其进行分类的方法，减少研究对象的数目。变量聚类分析是将一组采样点或变量，按其亲疏程度进行分类。变量一般可分为数值型变量和分类型变量。同样，依照聚类变量角度，聚类算法可以分为数值型聚类算法、分类型聚类算法和混合型聚类算法。采样点或变量的相似性可以用欧几里得距离（Euclidean distance）Ed_{ij}、马氏距离（Mahalonobis distance）Md_{ij}、切比雪夫距离、兰氏距离或绝对距离等来进行度量。此处重点介绍基于欧几里得距离或马氏距离 Md_{ij} 的变量聚类与采样点聚类算法。

12.1.3.1　变量聚类分析算法

设任意两个变量 x_i、$x_j(i, j = 1 \sim m)$ 在 n 维采样空间的相似性可以用欧几里得距离 Ed_{ij} 或马氏距离 Md_{ij} 来度量：

$$Ed_{ij} = \sqrt{\sum_{k=1}^{m} (x_{ik} - x_{jk})^2} \tag{12-5}$$

式中，k 为采样点的编号（$k = 1 \sim n$）；x_{ik}、x_{jk} 为变量 x_i、x_j 在第 k 号采样点的数据值。

12.1.3.2　采样点聚类分析算法

$$Md_{ij} = (X_i - X_j) \sum{}^{-1} (X_i - X_j) \tag{12-6}$$

式中，X_i、X_j 为采样点 i、j 对应 m 个变量的数据向量；$\sum^{-1}$ 为逆协方差矩阵。

距离 Ed_{ij} 或 Md_{ij} 越小，说明两个采样点的相似性越大。以基于欧几里得距离 Ed_{ij} 的采样点聚类分析为例，算法的基本步骤为：

（1）计算采样点之间的欧几里得距离 Ed_{ij}，形成距离矩阵 $ED(0)$。

（2）选择 $ED(0)$ 中的非对角最小元素，设为 Ed_{pq}，则将 p、q 并为一类，记为 $G_r = \{G_p, G_q\}$。

（3）计算新类及其他类的距离，将 $ED(0)$ 中的第 p、q 行和第 p、q 列删除，并在第 p 行 q 列的位置上记上 $D_{rk}(k = 1, 2, \cdots, m; k \neq p, q)$，形成新矩阵 $ED(1)$。

（4）对新矩阵 $ED(1)$ 重复关于 $ED(0)$ 的步骤，得到新矩阵 $ED(2)$、$ED(3)$ 等，直到所有采样点均归为一类。

以表 12-2 中的采样点欧几里得距离矩阵 $ED(0)$ 为例，经过 14 次矩阵运算和聚类，最后得到的归类结果如图 12-1 所示。

表 12-2　采样点的欧几里得距离矩阵 $ED(0)$

序号	1	2	3	4	5	6	7	8	9	10	11	12	13	14	15	16	17	18	19	20	21
1	0																				
2	1.82	0																			
3	3.22	1.3	0																		
4	2.37	0.51	0.91	0																	
5	3.00	1.18	0.41	0.73	0																
6	3.58	1.66	0.33	1.23	0.72	0															
7	4.23	2.49	1.18	1.98	1.31	0.89	0														
8	3.56	1.82	0.51	1.31	0.74	0.32	0.66	0													
9	1.64	0.52	1.95	1.05	1.76	0.28	2.65	2.06	0												
10	4.04	2.16	0.83	1.69	1.22	0.54	0.35	0.78	2.74	0											
11	3.11	1.27	0.20	0.78	0.33	0.51	1.32	0.65	1.81	1.01	0										
12	3.56	1.64	0.31	1.21	0.75	0.08	0.97	0.30	2.26	0.60	0.45	0									
13	4.18	2.34	1.03	1.85	1.40	0.74	0.33	0.76	2.72	0.20	1.17	0.82	0								
14	2.06	1.10	2.43	1.53	2.08	2.06	2.93	2.24	0.48	2.82	2.29	2.74	3.20	0							
15	1.79	0.27	1.60	0.70	1.29	1.93	2.44	1.79	0.47	2.39	1.46	1.91	2.45	0.83	0						

序号	1	2	3	4	5	6	7	8	9	10	11	12	13	14	15	16	17	18	19	20	21
16	3.95	2.17	0.86	1.66	1.17	0.57	0.52	0.43	2.33	0.67	1.00	1.70	0.65	2.55	2.22	0					
17	2.89	1.15	0.78	0.64	0.39	1.11	1.60	1.05	1.65	1.57	0.64	1.09	1.21	1.97	1.18	1.48	0				
18	2.94	1.20	0.91	0.69	0.66	1.24	1.51	0.95	1.36	1.70	0.71	1.22	1.68	1.52	1.71	1.53	0.44	0			
19	2.84	1.10	0.83	0.69	0.51	1.06	1.39	0.84	1.26	1.62	0.68	1.14	1.60	1.66	1.07	1.15	0.43	0.14	0		
20	3.43	1.67	0.38	1.16	0.67	0.72	1.02	0.47	1.83	1.17	0.49	0.69	1.15	2.05	1.72	0.50	0.93	0.53	0.63	0	
21	3.22	1.38	0.59	0.89	0.46	0.92	1.31	0.76	1.58	1.33	0.45	0.90	1.38	1.83	1.49	0.81	0.75	0.32	0.42	0.31	0

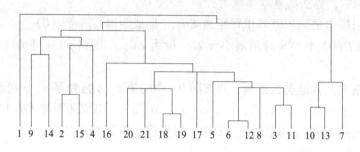

图 12-1　采样点聚类结果

12.2　空间分类统计算法

空间分类统计算法是一组用于处理空间数据并进行分类的方法。这些算法结合了空间分析和统计学的技术，用于预测、识别和分类空间数据中的模式和特征，这些空间分类统计算法可根据具体问题、数据类型和算法特点进行选择。它们结合了空间数据的位置和属性信息，可以用于地理信息系统（GIS）、遥感图像分类、地质分类等应用。同时，还可以结合其他技术和方法，如特征提取、空间插值、地图代数等，以进一步提高空间分类的准确性和效果。空间分类统计包括空间聚类、空间聚合和判别因子分析三类。

12.2.1　空间聚类分析算法

空间聚类分析是指将空间数据集中的对象分成由相似对象组成的类，同类中的对象间具有较高的相似度，而不同类中的对象间差异较大。它是一种无监督的方法，不需要任何的先验知识，应用很广。空间聚类分析的基本思想是：在栅格地图的基础上，经过对两个或两个以上变量的逻辑运算，将符合某种预设聚类条件的新栅格做地图输出，而不符合聚类条件的则区域空白。其算法表达式为：

$$C_e(U) = \{(A,P) \in U \mid (A,P)\text{满足}e\} \tag{12-7}$$

式中，U 为变量的栅格数据集；A 为变量集；P 为游程标识；e 为聚类条件集。

以基于二元变量（A，B）和三元变量（A，B，C）的布尔逻辑运算为例，其逻辑表达如图 12-2 所示。布尔逻辑运算遵循以下基本定律。

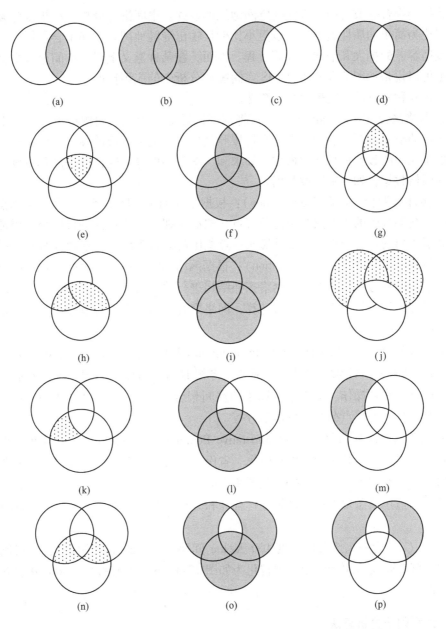

图 12-2　基于二元变量和三元变量的空间聚类的逻辑运算实例

（a）A and B；（b）A or B；（c）A not B；（d）A×or B；（e）（A and B）and C；

（f）（A and B）or C；（g）（A and B）not C；（h）（A or B）and C；（i）（A or B）or C；

（j）（A or B）not C；（k）（A not B）and C；（l）（A not B）or C；（m）（A not B）not C；

（n）（A×or B）and C；（o）（A×or B）or C；（p）（A×or B）not C

12.2.2　空间聚合分析算法

空间聚合分析算法是一种用于处理空间数据的分析方法，它旨在将空间数据聚合成具有一定意义的空间单元。空间聚合分析的基本思想是：根据地图的空间分辨率或属性分类表进行数据类别合并或转换，以实现空间地域的兼并。空间聚合分析的结果是将复杂的属性类别转化为简单的属性类别，并以更小比例尺输出专题地图。空间聚合包括分类等级的粗化、数据容差的扩大和细部合并等过程。因而，在某种意义上说，空间聚合类似于地图综合，也可以说是地图综合技术在 GIS 空间统计分析中的应用扩展。

以下是几种常见的空间聚合分析算法。

（1）栅格聚合（Grid Aggregation）：将空间区域划分为规则的栅格单元，每个栅格单元代表一定的空间范围；然后将空间数据按照其位置分配到相应的栅格单元中；最后，对每个栅格单元中的数据进行聚合操作，如求和、求平均值等。这种方法简单直观，适用于等距离的栅格数据，如遥感影像数据。

（2）缓冲区聚合（Buffer Aggregation）：根据指定的缓冲区半径，在每个数据点周围创建缓冲区，缓冲区内的数据点被视为邻近点，然后将邻近点的数据进行聚合。缓冲区聚合常用于基于距离的聚合分析，例如计算某一点周围的人口密度、设施设备的服务范围等。

（3）网络聚合（Network Aggregation）：根据网络结构，将空间数据聚合到网络的结点或边上，这可以通过将空间数据与网络拓扑结构进行关联来实现。聚合可以基于网络结点或边上的属性，如流量、距离等进行计算，网络聚合常用于交通流量分析、路径优化、通信网络分析等。

（4）基于聚类算法的空间聚合（Clustering-based Aggregation）：使用聚类算法（如 K-means、DBSCAN 等）对空间数据进行聚类，将相似的数据点归为同一簇；然后，对每个簇中的数据进行聚合操作。基于聚类算法的空间聚合可以发现空间数据的内在分布特征，并进行聚合分析，如热点分析、群体划分等。

（5）基于行政区划的聚合（Administrative Boundary Aggregation）：将空间数据聚合到行政区划的边界内，行政区划可以是国家、省份、城市等行政单元。通过将空间数据与行政区划边界进行空间关联，将数据分配到相应的行政区划中，然后进行聚合操作。基于行政区划的聚合适用于需要按行政区划进行统计和分析的应用，如人口统计、区域规划、选区分析等。

图 12-3（a）为一幅按人口密度 100 人/km² 间距 1∶5000 的乡村级人口统计分区图，若按人口密度 200 人/km² 为间距，则转化为如图 12-3（b）所示的 1∶25000 的县市级人口统计分区图。

12.2.3　判别因子分析算法

判别因子分析（Discriminant Factor Analysis，DFA）是一种多变量统计分析方法，用于解决分类问题。它是主成分分析（PCA）和线性判别分析（LDA）的结合，旨在寻找一组低维特征空间，以最大限度地区分不同类别的样本。判别因子分析的主要目标是通过构造一组判别变量（判别因子），使得在判别空间中不同类别的样本尽可能地分离开来。这些判别因子是原始变量的线性组合，具有较高的判别性能力。判别分析区别于聚类分析之处是：根据预先确定的等级序列因子标准和判别临界值，将待分析的对象进行分析判别，并将其划归到序列中的合理位置，其具体应用领域包括水土流失评价、土地适宜性评价、矿体可采性评价、环境容量评价等。

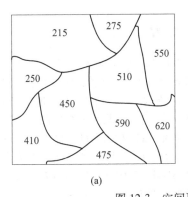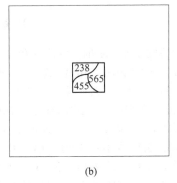

图 12-3　空间聚合分析示例

（a）1∶5000 人口密度分区图；（b）1∶25000 人口密度分区图

设评判对象集的属性要素（变量）为 x_i（$i = 1 \sim m$），则可以构造一个线性判别函数：

$$Y = \sum_{i=1}^{m} a_i x_i \tag{12-8}$$

按判别因子 Y 的大小排队，则可以实现对评判对象集的简单分类。但是，为使各分类之间的界限尽可能分明，而且各分类对象之间尽可能接近，应设定一个分类临界值。设有 A、B 两类，其类中对象数目分别为 n_1 和 n_2，类中各对象的判别因子值分别为 $Y_i(A)$（$i = 1 \sim n_1$）、$Y_i(B)$（$i = 1 \sim n_2$），两类的判别因子平均值分别为 $\bar{Y}(A)$、$\bar{Y}(B)$，应满足以下比值条件：

$$I = \frac{[\bar{Y}(A) - \bar{Y}(B)]^2}{\sum_{i=1}^{n_1} [Y_i(A) - \bar{Y}(A)]^2 + \sum_{i=1}^{n_2} [Y_i(B) - \bar{Y}(B)]^2} = T \tag{12-9}$$

式中，T 为预先设定的分类临界值。

由此可见，判别因子分析的分类过程为：

（1）构建判别函数，确定属性要素及评价权重；

（2）计算各对象的判别因子并排序，按排序结果进行简单的初始分类；

（3）检查比值是否大于分类临界值；若非，则调整初始分类后再检查；若是则动态调整分类结果，直到满意为止。

习　题

12-1　空间聚类分析是一种用于识别空间数据中的群集和簇的统计方法。思考空间聚类分析的应用场景，并讨论一些常用的空间聚类算法，如 DBSCAN、K-Means 等。

12-2　分析在地球表面上应用空间统计分析算法时可能面临的挑战，并讨论可能的解决方案。

12-3　判别因子分析与主成分分析有何不同？思考这两种分析方法的区别和联系，并讨论在特征提取和降维方面它们的优势和适用性。

12-4　为什么要进行空间统计分析？

12-5　空间统计分析与传统的统计分析算法有何异同点？

参 考 文 献

[1] 汤鑫. 基于交集成分细分的拓扑关系扩展模型 [D]. 长沙：长沙理工大学，2021.

[2] 岑湘荣. 基于 GIS 的城镇建设用地生态适宜性评价研究 [D]. 长沙：中南大学，2008.

[3] 陈光荣. 复合材料构件成型过渡模 CAD 技术研究与开发 [D]. 南京：南京航空航天大学，2008.

[4] 陈鹤. DSU 数据库在 CBTC 系统中的研究与实现 [D]. 北京：北京交通大学，2008.

[5] 陈红华，程朋根. 一种矿山 GIS 三维数据结构的研究 [J]. 矿山测量，2001，4：33-34.

[6] 陈江宁. 飞机结构试验加载系统集成与交互技术研究 [D]. 西安：西北工业大学，2006.

[7] 陈玲. 浅谈算法的复杂性和常用算法 [J]. 教育信息化，2004 (12)：66-67.

[8] 陈述彭. 地理系统与地理信息系统 [J]. 地理学报，1991，46 (1)：1-7.

[9] 陈述彭，鲁学军，周成虎. 地理信息系统导论 [M]. 北京：科学出版社，1999.

[10] 陈优良. 数据结构与算法 [M]. 长沙：中南大学出版社，2023.

[11] 陈优良，朱倩，陈小芒. 基于空间聚类的石城县客家地名景观分布特征研究 [J]. 西北师范大学学报（自然科学版），2020，1：98-106.

[12] 陈优良，翁和霞. GIS 线状缓冲区生成算法研究 [J]. 江西理工大学学报，2008，5：37-40.

[13] 邓敏，樊子德，刘启亮. 空间分析实验教程 [M]. 北京：测绘出版社，2015.

[14] 冯亮. 曲面重建中 Voronoi 图的并行算法研究 [D]. 秦皇岛：燕山大学，2009.

[15] 龚健雅. 地理信息系统基础 [M]. 2 版. 北京：科学出版社，2019.

[16] 郭仁忠. 空间分析 [M]. 北京：高等教育出版社，2001.

[17] 郭赛球. 基于数字化技术的虚拟仪器电路的研究与实现 [D]. 长沙：中南大学，2010.

[18] 郭新成. 拓扑地图模型与图库一体化研究 [D]. 西安：长安大学，2011.

[19] 胡伏原，李林燕，吴宏杰，等. 一种有效的基于电子海图的面积测量方法 [J]. 苏州科技学院学报（工程技术版），2012，4：76-80.

[20] 柯敏毅，王治. 移动 GIS 中的空间矢量数据压缩方法 [J]. 地理空间信息，2007，1：24-26.

[21] 孔明. 基于 GIS 技术的通信资源综合管理技术研究与实现 [D]. 长沙：国防科学技术大学，2007.

[22] 黎远松，王小玲. 算法性能分析技术研究 [J]. 四川理工学院学报（自然科学版），2004 (Z1)：53-56.

[23] 李建勋，解建仓，张永进，等. 基于 OGC 的中客户端 WebGIS 解决方案 [J]. 计算机工程与应用，2006，23：211-214.

[24] 李清泉，李德仁. 八叉树的三维行程编码 [J]. 武汉测绘科技大学学报，1997，2：12-16.

[25] 李涛，江玮. Delaunay 三角网的构建理论研究 [J]. 黑龙江科技信息，2015，1：98-100.

[26] 李晓翠. GIS 技术在空间选址中的应用 [D]. 西安：长安大学，2007.

[27] 李新，程国栋，卢玲. 空间内插方法比较 [J]. 地球科学进展，2000，3：260-265.

[28] 梁文全. 基于 ArcObjects 的城市地下空间资源系统研究与开发 [D]. 北京：中国地质大学（北京），2009.

[29] 刘春凤. 第一类样条权函数神经网络的算法复杂度研究及其应用 [D]. 南京：南京邮电大学，2013.

[30] 刘建聪. 森林资源矢量数据边界优化算法研究与应用 [D]. 长沙：中南林业科技大学，2011.

[31] 刘剑锋. 基于 GIS 的数字校园地下管网信息系统研究 [D]. 西安：陕西师范大学，2004.

[32] 刘俊. TM 遥感影像的水系网提取研究 [D]. 成都：西南交通大学，2009.

[33] 陆善彬. 一步模拟中冲压方向、单元模型及松弛因子算法研究 [D]. 长春：吉林大学，2004.

[34] 罗德安. 一种基于关系数据库的空间数据模型及其特殊应用 [D]. 成都：西南交通大学，2001.

[35] 罗可，林睦纲，郗东妹. 数据挖掘中分类算法综述 [J]. 计算机工程，2005，1：3-5.

［36］吕俊燕．基于改进 B~+树算法的数据索引机制研究［D］．阜新：辽宁工程技术大学，2008.

［37］孟炳林．嵌入式地理信息系统的设计与实现［D］．郑州：中国人民解放军信息工程大学，2002.

［38］聂俊兵，谢迎春．空间数据内插方法的比较与研究［J］．科技信息（科学教研），2007，34：56-57.

［39］彭清山．基于 COM 技术的计算几何基础组件的建立及其在 GIS 中的应用［J］．科技咨询导报，2007，27：175-176.

［40］沈丹．基于 AJAX 的 WebGIS 平台设计与实现［D］．汕头：汕头大学，2007.

［41］史静，孙振球．决策树法的哲学思考［J］．长沙：湖南医科大学学报（社会科学版），2007，2：6-8.

［42］史舟，周越．空间分析理论与实践［M］．北京：科学出版社，2020.

［43］寿华好，袁子薇，缪永伟，等．一种平面点集 Voronoi 图的细分算法［J］．图学学报，2013，2：1-6.

［44］汤国安，赵牡丹，杨昕，等．地理信息系统［M］.2 版．北京：科学出版社，2010.

［45］王彬．昆曼公路交通地理信息系统的建立［D］．昆明：昆明理工大学，2009.

［46］王佳.Maximal Flow 在京津冀公路交通网络管理中的应用［J］．统计与决策，2011，22：170-172.

［47］魏桂花．浅析几种矢量数据向栅格数据转化算法［J］．甘肃科技，2017，5：29-32.

［48］吴立新，史文中．地理信息系统原理与算法［M］．北京：科学出版社，2003.

［49］肖源源．基于虚拟城市的三维空间模型的研究［D］．贵阳：贵州大学，2008.

［50］谢顺平，王结臣，冯学智，等．基于结点逼近提取的平面点集 Voronoi 图构建算法［J］．测绘学报，2007，4：436-442.

［51］徐国智．基于 GIS 的配电网辅助决策系统在电力规划中的应用研究［D］．广州：华南理工大学，2010.

［52］徐素梅．算法的时间复杂性［J］．科技视界，2013，3：12-13.

［53］许多文．不规则三角网（TIN）的构建及应用［D］．赣州：江西理工大学，2010.

［54］闫庆庆．基于 GIS 的煤矿多元信息拟合系统的设计与实现［D］．焦作：河南理工大学，2010.

［55］严凡．计算机多种算法分析［J］．硅谷，2009，17：49-50.

［56］杨建宇，杨崇俊，明冬萍，等.WebGIS 系统中矢量数据的压缩与化简方法综述［J］．计算机工程与应用，2004，32：36-38.

［57］尹亚娟．地性线提取及 DEM 数据格式转换方法研究［D］．郑州：中国人民解放军信息工程大学，2007.

［58］于兴刚．具有可扩充功能电子词典的实现［D］．长春：吉林大学，2005.

［59］袁兵．三维栅格地质建模及其空间分析方法研究［D］．西安：西安科技大学，2005.

［60］袁洋．激光盘煤系统的研究［D］．北京：华北电力大学（北京），2009.

［61］袁子薇．Voronoi 图细分算法研究［D］．杭州：浙江工业大学，2013.

［62］张宏，等．地理信息系统算法基础［M］．北京：科学出版社，2006.

［63］张俊平．基于 AutoCAD 的房产共有面积分摊模型的设计与实现［D］．西安：西安科技大学，2009.

［64］张文艺.GIS 缓冲区和叠加分析［D］．长沙：中南大学，2007.

［65］张莹．动态规划算法综述［J］．科技视界，2014，28：126-158.

［66］张长锁.WebGIS 在校园地理信息系统中的研究与应用［D］．大连：大连理工大学，2007.

［67］赵安军．对象关系多媒体数据库系统研究［D］．西安：西北工业大学，2002.

［68］赵军．基于 GIS 空间统计分析的区域房地产动态预警模型［D］．北京：中国地质大学（北京），2011.

［69］赵凯迪，赵学东．气象地理信息系统（MeteoGIS）的设计与实现［C］．第 32 届中国气象学会年会，

2015 （10）：14.

［70］赵学胜，陈军，王金庄．基于 O-QTM 的球面 Voronoi 图的生成算法［J］．测绘学报，2002，2：157-164.

［71］周培德．计算几何算法设计与分析［M］．北京：清华大学出版社，2011.

［72］邹北骥，石文博．WebGIS 平台构建中的若干关键技术研究［J］．企业技术开发，2010，9：1-3.

［73］BRERETON Richard G. Introduction to statistical, algorithmic and theoretical basis of principal components analysis. ［J］. Journal of Chemometrics, 2022, 9：1.

［74］CHEN Youliang, XU Hanli, ZHANG Xiangjun, et al. An object detection method for bayberry trees based on an improved YOLO algorithm ［J］. International Journal of Digital Earth, 2023, 1：781-805.

［75］CHEN Youliang, ZHANG Xiangjun, KARIMIAN Hamed, et al. A novel framework for prediction of dam deformation based on extreme learning machine and Levy flight bat algorithm ［J］. Journal of Hydroinformatics, 2021, 5：935-949.

［76］EGENHOFER M J, SHARMA J, MARK D M. A critical comparison of the 4-intersection and 9-intersection models for spatial relations：formal analysis ［J］. Autocarto, 2011.

［77］GUTTMAN A. R-trees a dynamic index structure for spatial searching ［C］. Proceedings of ACM SIGMOD. Boston MA, 1984：334-344.

［78］KARIMIAN Hamed, LI Yaqian, CHEN Youliang, et al. Evaluation of different machine learning approaches and aerosol optical depth in PM2.5 prediction ［J］. Environmental Research, 2022, 2：114465.

［79］LI Xiaoyong, LI Houpu, LIU Guohui, et al. Optimization of complex function expansions for gauss-krüger projections ［J］. ISPRS International Journal of Geo-Information, 2022 （11）：566.

［80］LUO Yining, WANG Kaiping. The raster graphic algorithm of the Voronoĭ diagram in a discrete plane ［J］. Sichuan Daxue Xuebao, 2003, 3：596-599.

［81］ORIHUELA Sebastian. Generalization of the Lambert-Lagrange projection ［J］. Cartographic Journal, 2016, 2：158-165.

［82］ÖZAY BilalandOrhan Osman. Flood susceptibility mapping by best-worst and logistic regression methods in Mersin, Turkey ［J］. Environmental Science and Pollution Research, 2023, 15：45151-45170.

［83］SOLER Tomas, HAN Jen Yu. On transformations of ellipsoidal （triaxial） orthogonal curvilinear coordinates ［J］. Survey Review, 2023.

［84］YANG C, ZHAO Y, WANG F, et al. Algorithm for rapid buffer analysis in three-dimensional digital earth （Article） ［J］. Yaogan Xuebao/Journal of Remote Sensing, 2014, 2：353-364.